江苏省自然科学基金项目(BK20151161)资助
江苏省高等学校自然科学研究重大项目(17KJA610004)资助
徐州工程学院学术著作出版基金资助

污泥龄对 HMBR 中膜污染的影响与作用机理

刘 强 闫军伟 著

U0337736

中国矿业大学出版社

·徐州·

图书在版编目(C I P)数据

污泥龄对 HMBR 中膜污染的影响与作用机理 / 刘强，
闫军伟著. —徐州：中国矿业大学出版社，2018.12

ISBN 978 - 7 - 5646 - 1182 - 8

Ⅰ. ①污… Ⅱ. ①刘… ②闫… Ⅲ. ①生物膜反应器
—污水处理—研究 Ⅳ. ①X703

中国版本图书馆 CIP 数据核字(2019)第 006489 号

书　　名	**污泥龄对 HMBR 中膜污染的影响与作用机理**
著　　者	刘　强　闫军伟
责任编辑	褚建萍
出版发行	中国矿业大学出版社有限责任公司
	（江苏省徐州市解放南路　邮编 221008）
营销热线	(0516)83884103　83885105
出版服务	(0516)83995789　83884920
网　　址	http://www.cumtp.com　**E-mail**：cumtpvip@cumtp.com
印　　刷	江苏淮阴新华印务有限公司
开　　本	787 mm×960 mm　1/16　**印张** 7.5　**字数** 170 千字
版次印次	2018 年 12 月第 1 版　2018 年 12 月第 1 次印刷
定　　价	33.50 元

（图书出现印装质量问题，本社负责调换）

前　言

　　据《2017 中国生态环境状况公报》,2017 年,全国地表水 1 940 个水质断面(点位)中,Ⅰ～Ⅲ类水质断面(点位)1 317 个,占 67.9%;Ⅳ、Ⅴ类 462 个,占 23.8%;劣Ⅴ类 161 个,占 8.3%。与 2016 年相比,Ⅰ～Ⅲ类水质断面(点位)比例上升 0.1 个百分点,劣Ⅴ类下降 0.3 个百分点,水环境质量继续改善。但不可否认的是,我国地表水仍存在不同程度的污染。

　　长江、黄河、珠江、松花江、淮河、海河、辽河七大流域和浙闽片河流、西北诸河、西南诸河的 1 617 个水质断面中,Ⅰ类水质断面 35 个,占 2.2%;Ⅱ类 594 个,占 36.7%;Ⅲ类 532 个,占 32.9%;Ⅳ类 236 个,占 14.6%;Ⅴ类 84 个,占 5.2%;劣Ⅴ类 136 个,占 8.4%。西北诸河和西南诸河水质为优,浙闽片河流、长江和珠江流域水质为良好,黄河、松花江、淮河和辽河流域为轻度污染,海河流域为中度污染。

　　2017 年,112 个重要湖泊(水库)中,Ⅰ类水质的湖泊(水库)6 个,占 5.4%;Ⅱ类 27 个,占 24.1%;Ⅲ类 37 个,占 33.0%;Ⅳ类 22 个,占 19.6%;Ⅴ类 8 个,占 7.2%;劣Ⅴ类 12 个,占 10.7%。主要污染指标为总磷、化学需氧量和高锰酸盐指数。109 个检测营养状态的湖泊(水库)中,贫营养的 9 个,中营养的 67 个,轻度富营养的 29 个,中度富营养的 4 个。

　　污水未经处理或有效处理便直接排放是造成地表水污染的主要原因。另外,大量污水未经有效利用便直接排放也会造成水资源的巨大浪费。因此,越来越多的专家开始致力于污水再生利用技术的研究。

　　在各种污水处理技术中,膜生物反应器(MBR)具有处理效率高、出水水质好、占地面积小、剩余污泥量少等优点,是一种新型高效的污水再生利用处理技术。然而,膜污染是限制该技术在实际生产中迅速推广应用的关键因素,胞外聚合物(EPS)已被公认是导致膜污染的主要物质。国内外很多学者对 MBR 的膜污染过程进行了研究,但其机理至今尚不完全清楚。笔者在前期研究中发现,由普通 MBR 与生物膜技术复合而成的复合式 MBR(HMBR)具有良好的抗膜污染性能,其实现途径主要是通过降低松散附着性 EPS 含量以提高活性污泥相关物理性能,从而降低滤饼层阻力,但是污泥龄(SRT)对同时具有活性污泥和生物膜的 HMBR 中微生物群落结构的影响目前仍然不清楚，微生物群落结构演替对 EPS 的影响也不清楚。因此，从 EPS 的角度探明 SRT 对微生物群落结构的影响，明确微生物群落结构与 EPS 的关系，筛选特征微生物种群，这些研究成果可为深入了解 EPS 含量的影响因素与变化过程提供理论依据；对 EPS 与膜污染的相关性进行研究具有重要的现实意义，研究成果对实际生产具有重要指导意义；基于上述研究成果，从 EPS 的角度阐明 SRT 对 HMBR 中膜污染的影响与作用机理不仅具有重要的理论意义，还具有重要的应用价值，对深入了解 MBR 的膜污染过程有重要借鉴意义，期望能为 MBR 的膜污染控制提供新的思路。

刘　强

2018.10

目　　录

1　绪　　论

1.1　引言

　　水是所有生物赖以生存的基础,是社会经济发展不可或缺的自然资源。我国淡水资源非常有限,2016 年我国水资源总量为 32 466.4 亿 m³,其中地表水资源量为 31 273.9 亿 m³,地下水资源量为 8 854.8 亿 m³,地下水与地表水资源不重复量为 1 192.5 亿 m²,人均水资源量为 2 354.9 m³/人,仅为世界人均水平的 27%,属于世界人均水之源匮乏国家之一。依据目前经济和人口的发展速度,预计 2030 年我国缺水量将达到 500 亿 t。随着我国城市化进程的不断加快、人口的持续增长以及对生态环境要求的日益严格,水资源缺乏已成为制约我国经济发展和社会进步的最大瓶颈。在用水量急剧增长的同时,排水量也在相应急剧增长,2016 年我国废水排放总量为 711.1 亿 m³。但是,由于污水处理技术相对落后,污水处理和回用率低下,尤其是在较为偏远的农村地区,大量污水未经处理或处理不达标便直接排入天然水体,每年污水排放量超过环境容量的 82%,导致水环境恶化现象高居不下,使本已严重的水资源供需失衡问题更加严重。另外,大量污水未经有效利用便直接排放入天然水体也造成了水资源的巨大浪费。如何有效解决水环境污染与水资源短缺现状,已成为促进我国经济社会可持续发展的关键问题。因此,开发高效污水再生利用处理技术,对于解决上述问题具有重要意义。

　　膜生物反应器(MBR)是一种将活性污泥法与膜分离技术相结合的新型工艺,被认为是 20 世纪末发展起来的最具发展潜力和应用前景的新型高效污水再生利用处理技术。MBR 具有生物降解能力强、出水水质好、剩余污泥少、占地面积小等一系列优点,是解决我国水污染严重与水资源紧缺问题的最有效技术之一。据统计,目前全世界有 2 500 多水厂使用 MBR 技术,并且在 2008 年到 2013 年之间以每年高于 10.5% 的速率增长。然而,在 MBR 技术被日益大规模应用的同时,膜污染仍然是需要克服的瓶颈问题。在 MBR 的运行过程中,膜污染所增加的动力费用和膜更换费用分别占总运行费用的 20% 和 50% 左右,严重限制了 MBR 技术的推广应用。因此,在保持 MBR 生物降解能力强、出水水质好、剩余污泥少、占地面积小等优点的同时,高效低耗地控制膜污染是快速推动

MBR 应用进程的关键,是目前 MBR 技术的研究热点与难点。

1.2 MBR 的发展概况

1.2.1 MBR 在国外的发展概况

MBR 是随着超滤技术的深入研究和发展而在污水处理领域得到新的开发和利用的,这项技术最早起源于 20 世纪 60 年代的美国。

MBR 在污水处理方面的研究与应用可以分为三个阶段。

1. 第一阶段(1966—1980 年)

1966 年,美国 Dorr-Oliver 公司的 Smith 等人第一次报道了将膜与生物反应器相结合以处理城市污水的方法。该工艺采用一个外部循环的板框式组件来实现膜过滤,出水 BOD 小于 1 mg/L,出水 COD 为 20~30 mg/L,系统处理能力为 10~100 m³/d。该项研究的目的在于开发一种比传统活性污泥法结构更为紧凑、出水水质更好的处理工艺。

Dorr-Oliver 公司在 20 世纪 60 年代还开发出了另一种膜处理工艺 MST (membrane sewage treatment)。在该系统中,污水进入悬浮生长的生物反应器内,通过超滤膜组件的抽吸作用而达到连续出水。

1968 年,Smith 进行了使用活性污泥法与超滤膜相结合的 MBR 处理城市污水的研究。1969 年,Budd 等人的分离式 MBR 获得美国专利,这可作为 MBR 用于水处理的标志。1970 年,Hardt 等人采用好氧生物反应器处理合成废水,流程中用一个死端超滤膜来实现泥水分离,反应器中的 MLSS 浓度高达 30 000 mg/L,膜通量为 7.5 L/m² · h,COD 去除率为 98%。1971 年,Bemberis 等人在一座实际的污水处理厂进行了 MBR 的试验,取得了良好的效果。20 世纪 70 年代初期,在好氧分离式 MBR 的研究进一步扩大的同时,厌氧 MBR 的研究也在相继进行。1972 年,Shelf 等人进行了厌氧 MBR 的试验研究;1974 年,Cruver 等人进行了厌氧 MBR 的中试研究;1977 年,Arika 等人进行了 MBR 的研究,发现用超滤膜代替二沉池可以有效防止污泥膨胀对出水水质的影响,同时发现较高的污泥浓度有较高的耐冲击负荷能力;1978 年,Grethlein 等人进行了厌氧消化池-膜系统处理生活污水的研究,结果表明,反应器对 BOD、NO_3^- 的去除率分别为 90% 和 75%;Hammer(1969)和 Li(1984)等人分别进行了厌氧-膜系统操作的可行性研究,结果表明,厌氧污泥的沉淀性能较差,若想获得高浓度的污泥,提高污泥龄是关键。

这一时期的膜由于受生产技术的限制,渗透通量较小,使用寿命较短,MBR

未能在北美得到商业化应用。

2. 第二阶段(1980—1990 年)

进入 20 世纪 80 年代以后,随着新型膜材料的相继开发、膜制造技术的不断进步以及膜清洗方法的不断改进,MBR 的研究有了很大的进展,一些公司成功地使自己的 MBR 进入了商业化应用。

日本国土面积较小,地表水体径流距离较短而导致其自净能力较差,生态系统脆弱,易受到污染。MBR 由于占地面积较小且出水水质优良,得到了日本 Sanki Engineering 的应用许可。自 1983 年至 1987 年,日本相继有 13 家公司使用好氧 MBR 处理大楼污水,处理能力为 $50\sim250 \ m^3/d$,出水作为中水回用。自 1985 年至 1990 年,日本建设省制定了"Aqua Renaissance'90"研究计划,该计划耗资总额高达 118 亿日元,目的是把高技术应用于水处理。从高效、节能的角度出发,通过小试、中试,最后进入到生产性试验,研制出了处理 7 类污水的 MBR 系统,其中包括酒精发酵废水处理系统($5 \ m^3/d$)、淀粉厂废水处理系统($5 \ m^3/d$)、造纸厂废水处理系统($10 \ m^3/d$)、油脂以及蛋白质厂废水处理系统($7.5 \ m^3/d$)、小规模城市污水处理系统($10 \ m^3/d$)、粪便处理系统($0.5 \ m^3/d$)和大规模城市污水处理系统($20 \ m^3/d$)。

20 世纪 80 年代初,Thetford 公司将 Cycle-Let 工艺用于更大规模的污水处理,如大型办公楼、运动区、商业中心、工业区等,这些地方都要求对冲洗水进行回用以减少污水的排放。日本的三井石化公司采用活性污泥法与平板膜相结合,直接处理未经稀释的高浓度粪便污水,取得了良好的效果。用于处理大楼生活污水时,该工艺不仅能够很好地去除 COD 和 BOD,而且还能够有效地去除细菌,出水可以直接作为草地喷洒水、楼房中水道用水和汽车冲洗水。

1982 年,Dorr-Oliver 公司采用膜厌氧反应器(MARS)处理高浓度食品废水。与此同时,英国采用超滤膜和微滤膜研制出了 2 套污水处理工艺,其概念在南非得到进一步发展并最终形成了厌氧消化超滤工艺(ADUF)。

1988 年,Yamamoto 等人将中空纤维膜组件直接置于活性污泥反应器中,开发出了一体式 MBR 新工艺,将 MBR 的能耗大大降低。自此以后,MBR 在结构形式上分为了分置式和一体式两种。与此同时,Zenon 公司为了减少泵的能耗,开发出了 ZeeWeed 淹没式中空纤维膜组件,并于 1993 年使之进入商业化应用。

20 世纪 80 年代末和 90 年代初,Zenon 公司将美国 Dorr-Oliver 公司早期在工业污水领域的研究进一步深入,成功研制出了 Zenon-Gen、PermaFlow Z-8 等系列工艺,尤其是形成了 ZW-145、ZW-500、12 件组合 ZW-150、8 件组合 ZW-500 等一系列产品,大大推动了 MBR 技术的市场化进程。

3. 第三阶段(1990 年至今)

20 世纪 90 年代以后,国际上对 MBR 在生活污水、工业废水以及饮用水等方面的处理进行了大量的研究,对 MBR 研究的广度和深度都在不断拓展,MBR进入了快速发展阶段。1990 年,Chiemchaisri 等人进行了中空纤维膜-生物反应器中试规模的研究。1991 年,Livingston 采用选择性高分子憎水硅橡胶制成了萃取 MBR,即隔离式 MBR。同年,Brook 和 Livingston 采用该工艺进行了 3-氯硝基苯及硝基苯的降解并取得了良好的处理效果。而 Freitas 和 Livingston 则使用该工艺对有毒、易挥发的 1,2-二氯乙烷进行了处理。1992 年,Chiemchaisri等人采用 MBR 工艺处理生活污水,结果表明,系统出水水质优于传统二级处理后再经消毒的水。1992 年,Chand 采用 MBR 进行了饮用水脱氮的研究。1993年,Krarth 采用 MBR 进行了脱氮的研究。1993 年,Harada 采用 MBR 进行了高效氨氮硝化的研究。1994 年,Trouve 等人将无机膜生物反应器工艺运用至巴黎的 Aubergenville WWTP 以处理城市废水,处理能力为 1 840 m^3/d,结果表明,该工艺对 SS、BOD 的去除率大于 99.9%,对 COD 的去除率大于 96%,对 NH_4^+-N 的去除率大于 97%。1996 年,Kobayashi 等人采用带电聚丙烯腈超滤MBR 处理蛋白胨合成废水,结果表明,正电膜的过滤性能优于负电膜。1997年,Scott 等人采用 MBR 工艺处理冰激凌厂废水并促进曝气取得成功。

1.2.2　MBR 在国内的发展概况

我国对 MBR 的开发研究始于 20 世纪 90 年代后期,由于我国社会经济和人口的迅速发展,水资源紧缺和水污染问题日益突出,具有显著优越性的 MBR技术得到了政府的重视。该研究先后获得国家"九五"攻关研究资助和"863"项目资助。虽然我国对 MBR 的研究相比欧美国家起步较晚,但发展势头迅猛。1991 年,岑运华把 MBR 在日本的研究情况进行了介绍。1993 年,上海华东理工大学环境工程研究所对 MBR 处理人工合成污水以及制药废水的可行性进行了研究。同年,中国科学院环境工程研究中心王菊思对 MBR 进行了研究。1995 年,樊耀波采用 MBR 处理石油化工污水,并成功研制出了一套实验室规模的好氧分离式 MBR,该工艺对石油化工污水中 COD、BOD_5、SS、浊度、石油类的去除率分别为 78%~98%、96%~99%、74%~99%、98%~100%、87%。越来越多的专家开始关注 MBR 技术,MBR 的处理对象不断得到拓展。1997 年,邢传宏采用无机膜-生物反应器处理生活污水,考察了 MBR 在不同 SRT 下的处理效果,进行了膜堵塞及清洗的研究。1998 年,管运涛进行了两相厌氧 MBR 工艺的研究,结果表明,该工艺对 COD 的去除率为 95%,对 SS 的去除率超过 92%,酸化率为 60%~80%,汽化率为 80%~90%。1999 年,吴志超采用 MBR 处理

COD 浓度高达 3 000～12 000 mg/L 的巴西基酸生产废水。2000 年,王连军采用无机膜-生物反应器处理啤酒废水。顾平等人采用 MBR 处理生活污水,试验结果表明:系统出水悬浮物为零,细菌总数优于饮用水标准,COD 和氨氮去除率均高于 95%,出水可直接回用。

2001 年,为了缓解水资源短缺问题,国家计划委员会发布了关于实施膜技术及其应用产业化的专项公告,以推动膜技术在我国的发展和广泛应用,使膜技术能够在我国经济建设和社会可持续发展中发挥重要作用,MBR 成为我国在 21 世纪大力推广的水处理与回用技术之一。2000～2003 年期间,MBR 工艺逐渐在我国投入应用,主要用于小规模(日处理量百吨级)的小区楼宇废水和工业废水的处理。2000—2004 年期间,MBR 工艺开始应用于日处理量千吨级的中等规模城市污水和工业废水处理工程。2004—2005 年期间,日处理量万吨级的 MBR 工程开始进入可行性研究阶段。2006 年,我国第一座万吨级的 MBR 污水处理工程在北京密云再生水厂建成并投产运营,处理规模为 45 000 m³/d,是当时我国最大规模的 MBR 污水处理工程。2008 年,北京奥运会为 MBR 工艺应用向大规模污水处理领域迈进起到了关键性的推动作用。作为北京"绿色奥运"工程的组成项目,北京北小河污水处理厂采用 MBR 工艺进行水厂扩建,扩建系统污水处理规模为 60 000 m³/d,成为当时我国规模最大的 MBR 污水处理工程。MBR 系统出水直接满足回用标准,有效地保障了奥运公园的用水要求。截至 2013 年年底,我国投产的日处理量万吨级以上规模的项目已达 50 个,运行的 MBR 系统累计处理能力已超过 2.3×10⁶ m³/d。目前,我国已成为世界上主要的膜技术应用大国,占据了全球三分之一以上市场份额。在水资源紧缺问题日益严重与水环境标准日益严格的背景下,MBR 技术以其独特的优越性得到了越来越多的关注。

1.3 MBR 的分类

按照构造方式来分,目前在市场上应用的 MBR 主要有两种:一种是循环式,另一种是淹没式。

1.3.1 循环式 MBR

如图 1.1 所示,在循环式 MBR(recirculated membrane bioreactor, RMBR)中,膜组件安置在曝气池的外部,因此该形式的反应器又被称为分置式 MBR。

循环式 MBR 通常采用加压型过滤,加压泵从生物反应器内抽水并压入膜组件中,滤后水排出系统,浓缩液回流至生物反应器中。

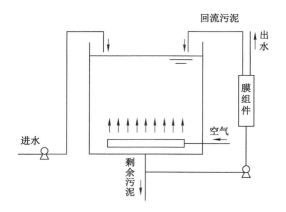

图 1.1 循环式 MBR 工艺流程图

循环式 MBR 具有以下特点：

（1）膜组件和生物反应器各自分开、独立运行，因而相互干扰较小，易于调节和控制。

（2）膜组件置于生物反应器之外，易于清洗和更换。

（3）膜组件在有压条件下运行，膜通量较大，且加压泵产生的工作压力在膜组件承受压力范围内可自由调节，从而可以根据需要自由调整膜通量。

（4）由于采用加压泵，分置式 MBR 的动力消耗较大。

（5）生物反应器中的活性污泥始终都在加压泵的作用下循环，某些微生物菌体经过加压泵时会在叶轮高速旋转而产生的剪切力作用下产生失活现象。

循环式 MBR 由于具有结构紧凑、占地面积小、膜组件易于清洗等优点，目前在工业废水的处理中应用较为广泛。其缺点是动力费用过高，每吨出水的能耗为 2～10 kW·h，为传统活性污泥法能耗的 10～20 倍，因此，能耗较低的淹没式 MBR 逐渐引起了人们的关注。

1.3.2 淹没式 MBR

淹没式 MBR（submerged membrane bioreactor，SMBR），又称为一体式 MBR。该工艺由 Yamamoto 于 1989 年首次报道，其结构特点是将膜组件直接浸没于曝气池中，如图 1.2 所示。在这种工艺中，混合液在跨膜压差的作用下流入膜组件，在膜的过滤作用下，污泥被截留在膜表面，而滤后水自膜组件中流出。曝气头一般安装在膜组件的下方。曝气有两种功能：一是为生化反应提供充足的溶解氧，二是提供上升气泡冲刷膜表面以控制膜污染。

淹没式 MBR 由于比循环式 MBR 能节省更多的能耗，近年来逐渐成为研究

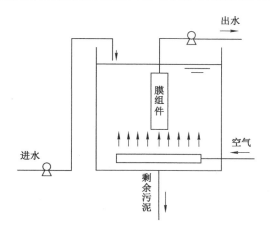

图 1.2 淹没式 MBR 工艺流程图

的热点,目前在城市污水处理中应用较为普遍。

1999 年,Ueda 等在淹没式 MBR 的基础上开发出了重力自压流淹没式 MBR,并进行了中试规模的试验,试验装置如图 1.3 所示。很明显,与采用泵抽吸的淹没式 MBR 相比,该工艺能节省更多的能耗。

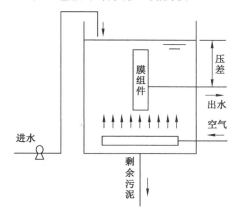

图 1.3 重力自压流淹没式 MBR 工艺流程图

淹没式 MBR 的主要特点有:

(1) 由于膜组件置于生物反应器中,系统的占地面积较小。

(2) 采用抽吸泵或真空泵抽吸出水,能耗远远低于循环式 MBR。相关数据表明,淹没式 MBR 每吨出水的能耗为 0.2~0.4 kW·h,约是循环式 MBR 的 1/10。若采用重力出水,则可完全省去这部分费用。

（3）淹没式 MBR 不使用加压泵，因此，可避免微生物菌体因受到剪切而失活。

（4）与循环式 MBR 相反，淹没式 MBR 中膜的清洗及维护较为困难。

（5）淹没式 MBR 的膜通量低于循环式 MBR。

淹没式 MBR 源于日本，主要用来处理生活污水和粪便污水。近年来，欧洲一些国家也开始热衷于它的研究和应用（表 1.1）。

表 1.1 淹没式 MBR 在欧洲的研究

项 目	德 国	德 国	英 国	法 国
膜组件形式	中空纤维膜	板式膜	板式膜	中空纤维膜
膜孔径	$0.2\ \mu m$	$0.4\ \mu m$	$0.4\ \mu m$	20 000 Daltons
膜面积/m²	83.4	80	160	12
反应器容积/m³	4.1（硝化） 2.8（反硝化）	6.3（硝化） 2.75（反硝化）	15.5	0.65（硝化） 0.25（反硝化）
曝气量/（m³/h）	138	8	142	—
过滤压力/kPa	30	10	—	—
膜通量/[L/（m²·h）]	16	20	21	—
MLSS/（g/L）	12～18	12～16	16	15～25
污泥龄/d	15～20	20～25	45	—
进水 COD/（mg/L）	200～300	200～300	300～800	290～720
出水 COD/（mg/L）	<20	<20	61	13～16
进水 NH_4^+-N/（mg/L）	40～60	40～60	30～70	22.3～50
出水 NH_4^+-N/（mg/L）	5	未检出	5	1.6～3.2

1.4 MBR 的优点

MBR 与活性污泥法非常相似，所不同的只是前者采用膜过滤的方式出水。由于膜的加入，与活性污泥法相比，MBR 具有很多优点。

1. 污染物去除特性

由于采用膜分离技术来实现泥水分离，活性污泥可以被完全截留在反应器内，因此 MBR 可保持较高的污泥浓度（可高达 20～35 g/L）。而生化反应速率又与反应物浓度密切相关，反应物浓度越高，反应速率则越大，MBR 的体积负荷可达 5 kg COD/（m³·d）。

MBR 既可用于处理高浓度、难降解的有机工业废水,又可用于处理生活污水和一般工业废水。Shim 等人的试验结果表明,在进水 COD 浓度为 900～1 600 mg/L TN 浓度为 50～600 mg/L 的情况下,淹没式 MBR 对 COD 的去除率为 98%,对氨氮的去除率为 95%。Malack 的试验结果表明,MBR 对 COD 的去除率为 80%～98%。Ueda 对淹没式 MBR 去除 BOD、TOC、TN 及 TP 的效果进行了研究,结果表明,MBR 对上述各指标的去除率分别为 99%、93%、79% 和 74%。Belfort 认为,对于采用超滤膜的 MBR,其出水甚至可以去除细菌和病毒,出水可以直接回用。

其他学者也对 MBR 进行了相关的研究(表 1.2)。

表 1.2　MBR 的去除效果及出水水质

项　　目	去除率/%	出水水质
TSS/(mg/L)	>99	<2
浊度/(NTU)	98.8～100	<1
COD/(mg/L)	89～98	10～30
BOD/(mg/L)	>97	<5
NH_4^+-N/(mg/L)	80～90	<5.6
总大肠菌群/(CFU/100 mL)	10^5～10^8	<100
粪大肠菌群/(CFU/100 mL)	—	<20

2. 抗冲击负荷特性

MBR 对水力负荷、有机负荷变化的适应能力极强。由于膜的高效截留作用,活性污泥可以被完全截留,实现了反应器内水力停留时间(HRT)和污泥停留时间(SRT)的完全分离,这使得整个反应器的运行控制更为灵活。因此,MBR 不必考虑当系统水力负荷和有机负荷发生变化时传统水处理工艺中容易出现的污泥膨胀等问题。

3. 操作运行特点

由于 MBR 具有较高的体积负荷,处理生活污水时 HRT 可缩减至 2 h,反应器的容积可大大缩小。同时,由于省去了二沉池、滤池以及相关辅助设备,MBR 工艺流程短,占地面积小,设备紧凑,运行方式较为简便。

在传统的活性污泥法中,由于在运行过程中经常会出现波动和不稳定,为了确保出水水质,必须对运行管理投入大量的人力、物力以及财力。而 MBR 由于采用了膜分离技术,省去了污泥分离设施,用微机就可以很容易地实现系统的全程自动化控制。Zenon 公司的经验表明,采用自控系统和远程电话预警系统后,

MBR 系统只需每周 1～2 次、每次 2～3 h 的维护即可实现正常运行。

由于可以很好地保持水中的污泥浓度，在反应器运行初期没有排泥，因此能够迅速地提高系统内的污泥浓度，整个 MBR 系统启动速度快，水质可以很快达到要求。

另外，由于 HRT 与 SRT 相分离，SRT 可控制在较高的水平（一般情况下会超过 20 d）。因此，反应器可以在高容积负荷、低污泥负荷、长泥龄的情况下运行，完全可以实现在较长周期内（6 个月或更长时间）不排泥或少排泥，污泥的处理和处置费用因而会大大降低。Urbain 发现用好氧 MBR 处理 COD 在 (488 ± 143) mg/L 范围的生活污水时，污泥产率为 0.23 kg SS/kg COD，低于常规活性污泥工艺的 0.3～0.5 kg SS/kg COD。Muller 认为当 MLSS 的浓度达到 40～50 g/L 时，剩余污泥难以产生。Eikelboom 采用 MBR 处理生活污水时，污泥产量为零，不用排泥。表 1.3 为不同废水处理工艺污泥产生量的比较。

表 1.3　不同废水处理工艺污泥产生量的比较

处理工艺	污泥产生量 /(kg/kg BOD)	处理工艺	污泥产生量 /(kg/kg BOD)
淹没式 MBR	0～0.3	传统活性污泥法	0.6
结构介质生物曝气滤池	0.15～0.25	颗粒介质生物曝气滤池	0.63～1.06
滴滤池	0.3～0.5		

1.5　MBR 的缺陷——膜污染

1.5.1　膜污染的定义

膜污染是指处理料液中的微粒、胶体粒子以及溶质大分子等由于与膜存在着物理、化学或机械作用而引起在膜表面或膜孔内部吸附、沉积，造成膜孔变小或堵塞，使得膜通量减小的现象。它主要包括两个方面：① 污染物质在膜表面或膜孔内的吸附或在膜孔内的不可逆堵塞；② 膜的浓差极化。

在 MBR 中，由于膜处于由有机物、无机物及微生物等组成的混合液中，特别是生物细胞具有活性，有着比物理过程、化学过程更为复杂的生物化学反应，因此，膜污染是一个极其复杂的过程，其机理目前尚不完全清楚。

膜污染可以按照污染物的位置和污染物的来源进行分类：① 按照污染物的位置划分，膜污染可分为膜附着层污染和膜孔堵塞、膜流道堵塞。在附着层中，发现由悬浮物、胶体物质以及微生物形成的滤饼层,溶解性有机物浓缩后黏附的凝胶层,溶解性无机物形成的水垢层,而特定反应器中膜表面附着的污染物随试验条件和试验水质的不同而不同。膜堵塞是由于上述料液中的溶质浓缩、结晶及沉淀导致膜孔和膜的流道产生不同程度的堵塞。② 按照污染物的来源划分,膜污染可分为有机、无机和颗粒污染。不同料液、操作方式和膜组件形式的反应器中,占主导地位的污染物不尽相同。Choo 等研究厌氧 MBR 后发现,发酵液中微细胶体是导致膜污染的主要物质。Choo 等发现,金属及非金属离子与细胞物质在膜表面共同作用会形成致密的滤饼层,在这里无机污染占主导。有机污染主要包括有机大分子和生物物质的污染。相关研究表明,胞外多聚物(extracellular polymeric substances,EPS)是导致膜污染的主要物质。

膜通量随运行时间下降的经典曲线见图 1.4。

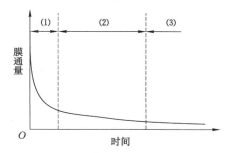

图 1.4　膜通量随运行时间下降的三个阶段

试验中以纯水为原水,在阶段(1),纯水过滤初期膜通量迅速下降;在阶段(2),随着过滤的继续进行,膜通量随时间的延长而缓慢下降;在阶段(3),膜通量最终趋于稳定。不管操作条件如何,阶段(2)一般都能被观测到。然而,由于某种原因,阶段(1)和(3)在某些试验中不易被发现,例如,当跨膜压差足够高或者原水中的污染物质浓度足够低时,即使膜组件运行相当长的时间,膜通量也不易稳定下来。

过滤初期膜通量迅速下降主要是膜孔的迅速堵塞而引起的。过滤刚开始时,由于所有的膜孔未被堵塞,此时的膜通量最大。随着过滤的进行,膜孔被污染物质堵塞,膜通量下降。与滤饼层的形成相比,膜孔堵塞的过程非常快,因为仅仅薄薄一层的膜孔堵塞就足以产生非常大的膜孔阻力。

阶段(2)中膜通量的下降主要是滤饼层的形成并不断加厚而引起的。滤饼层的形成会增加过滤时的阻力,因此,随着过滤时间的延长,膜通量逐渐下降。

1.5.2 膜污染的成因

导致膜污染的原因有很多,概括起来主要有以下几种:

(1) 膜的性质

膜的性质主要是指膜材料的物化性能,如由膜材料的分子结构决定的膜表面的电荷性、憎水性、粗糙度、膜孔径大小等。

Nakao 等人发现与膜表面有相同电荷的料液能有效改善膜表面的污染状况,提高膜通量。Reihanian 等人在对膜分离蛋白质的研究中发现,憎水性膜对蛋白质的吸附小于亲水性膜,因此能获得相对较高的膜通量。易受蛋白质等污染的膜有聚砜等,而具有憎水性质的聚丙烯腈膜和聚烯烃膜等受到的污染程度则较轻。

膜孔径对膜通量和过滤过程的影响,一般认为存在一个合适的范围。相对分子质量小于 300 000 时,随着截留相对分子质量的增大,膜孔径增加,膜通量也相应增大;大于该截留相对分子质量时,膜通量变化较小。而膜孔径增加至微滤范围时,膜通量反而减少,这与细菌在微孔内造成的不可逆堵塞有关。Shoji 等人认为,膜表面粗糙度的增加使膜表面吸附污染物的可能性增加,但同时另一方面也增加了膜表面的搅动程度,阻碍了污染物在膜表面的形成,因而粗糙度对膜通量的影响是两方面效果的综合体现。

(2) 膜分离的操作条件

膜分离的操作条件主要包括:操作压力、膜面流速和运行温度。对于压力,一般认为会存在一个临界压力值。当操作压力低于该值时,膜通量随压力的增加而增加;当操作压力高于该值时则会引起膜表面污染的加剧。膜通量随压力的增加变化不大。

膜面流速的增加可以增大膜表面水流的搅动程度,从而可以改善污染物在膜表面的积累,提高膜通量。其影响程度根据膜面流速的大小和水流状态(层流或紊流)而异。然而,Devereux 等人发现,膜面流速并非越高越好,膜面流速的增加使得膜表面污染层变薄,有可能造成不可逆污染。

升高温度会有利于膜的过滤分离过程。Magara 和 Itoh 的试验结果表明,温度每升高 1 ℃可引起膜通量变化 2%。他们认为,这是温度变化引起料液黏度的变化所致。

(3) 胞外聚合物

胞外聚合物(EPS)已被公认是导致膜污染的主要物质。EPS 是对多种不同类高分子物质的总称,其相对分子质量＞10 000 Dalton,主要组分为多糖、蛋白质、糖醛酸、腐殖酸、核酸、脂类等,主要来源于微生物的新陈代谢和细胞的消解,普遍存在于活性污泥絮体的内部与表面,是污泥絮体的重要组成部分,其生成与降解同外界环境以及微生物的生存状态密切相关。主要作用包括:黏附于细胞表面维持絮体结构;保护絮体免受不利环境因素的影响;截留水分;吸附并提供营养物质等。

EPS 一般可分为两种类型:一种是以胶体或溶解状态松散存在于液相主体中的黏性聚合物,即溶解性 EPS(S-EPS),很多学者认为 S-EPS 与溶解性微生物产物(SMP)实际上是同一种物质;另一种是附着于细胞壁上的胞囊聚合物,即附着性 EPS(B-EPS)。其中,S-EPS 又可分为两种类型:一种是与基质利用有关的产物(UAP),由基质新陈代谢直接产生;另一种是与微生物内源代谢有关的产物(BAP),由微生物自身产生。而 B-EPS 依据其依附细胞壁的紧密程度不同呈现为具有流变性的双层结构分布,内层是紧密附着性 EPS(TB-EPS),外层是松散附着性 EPS(LB-EPS)。

B-EPS 对活性污泥性质有重要影响。Forstor 等认为随着 B-EPS 含量的增加,污泥表面的 Zeta 电位升高,絮体会由于相互间斥力增大导致沉降性能恶化;B-EPS 的主要组分例如蛋白质、糖类、DNA 等都与 SVI 值呈正比关系。刘强等人对 B-EPS 与活性污泥性质的相关性进行了试验研究,结果表明,随着 B-EPS 含量的减少,活性污泥的絮凝与沉降性能均会提高,污泥平均粒径增大,絮体结构趋于密实;与 TB-EPS 相比,LB-EPS 与活性污泥上述性能的相关性更强。Jin 等也对 LB-EPS 进行了研究,认为 LB-EPS 含量的增加使得污泥絮体界面粗糙度相对增加,同时可能导致絮体 Zeta 电位升高,电泳迁移率增大,造成絮体与水分离的难度增大,因此 LB-EPS 含量越高,污泥的沉降性能就越差。

国内外很多学者对 EPS 与膜污染的相关性进行了研究。Lee 等认为 EPS 是膜阻力的主要贡献者,膜通量的下降主要是由黏附于膜孔和膜表面的 EPS 以及细小污泥颗粒共同作用的结果。EPS 一方面使得污染物更容易在膜表面沉积并形成致密的滤饼层,另一方面会恶化污泥的可滤性。Wang 等发现,EPS 含量减少 40%,滤饼层阻力相应减少 40%,EPS 与膜污染呈明显的线性关系。需要说明的是,早期研究成果中述及的 EPS 主要指的是 B-EPS 或总的 EPS。近年来,一些学者开始关注 TB-EPS 和 LB-EPS 对膜污染的影响。王晓昌和刘强等的前期研究结果表明,LB-EPS 对膜污染的影响远大于 TB-EPS,其含量降低 42%,滤饼层阻力相应降低 57%;LB-EPS 对滤饼层阻力的影响主要是通过改善活性污泥相关物理性能实现的。S-EPS 对膜污染的重要影响是近年来才开始引起业内学者重视的,其污染机理主要是小分子有机物吸附于膜孔内,造成膜孔变小或堵塞,大分子物质则沉积于膜表面,形成凝胶层。另外,S-EPS 还会恶化混合液的可滤性。Huang 等发现,MBR 中积累的 S-EPS 能够抑制微生物代谢活性,同时造成膜通量下降。Kimura 等认为,S-EPS 的相对分子质量分布对膜污染的影响比其浓度或料液黏度更为显著。申请人等在前期研究工作中也同样发现,S-EPS 含量的降低会导致膜阻力的减小,但对其内在作用机理并未进行深入研究。早期的研究主要关注 EPS 总量对膜污染的影响,近年来一些学者开始重视 EPS 组分,所采用的技术手段以三维荧光激发发射光谱法(EEM)较为普遍。Chabalina 等认为,B-EPS 中的主要膜污染组分是蛋白质。Juang 等认为,S-EPS 中的主要膜污染组分也是蛋白质。有必要说明的是,上述研究结果的得出主要依赖于以人工配水为原水、为期较短、规模较小的实验室小试,与实际生产可能会有一定的差异。

EPS 的影响因素主要包括基质类型、污泥负荷、SRT、pH 值、溶解氧(DO)、水温等,这些因素的改变均会导致微生物的生活状态发生变化,从而分泌的 EPS 含量与组分也会有所不同。因此,从微生物的角度对 EPS 特性进行分析对于深入了解膜污染过程是非常有必要的。近年来,随着聚合酶链反应(PCR)、荧光原位杂交(FISH)、焦磷酸测序等现代分子生物技术的发展,快速准确鉴定细菌的条件已经成熟,一些学者开始对 MBR 中的微生物种群分布情况进行研究,所研究的微生物主要指活性污泥上的微生物。

1.6 课题来源、研究目的与意义

1.6.1 课题来源

本课题为江苏省自然科学基金项目(编号 BK20151161)。

1.6.2 研究目的与意义

国内外很多学者对 MBR 的膜污染过程进行了研究,但其机理至今尚不完全清楚。课题组在前期研究中发现,由普通 MBR 与生物膜技术复合而成的复合式 MBR(HMBR)具有良好的抗膜污染性能,其实现途径主要是通过降低松散附着性 EPS 含量以提高活性污泥相关物理性能,从而降低滤饼层阻力,但是 SRT 对同时具有活性污泥和生物膜的 HMBR 中微生物群落结构的影响目前仍然不清楚,微生物群落结构演替对 EPS 的影响也不清楚。因此,从 EPS 的角度探明 SRT 对微生物群落结构的影响,明确微生物群落结构与 EPS 的关系,筛选特征微生物种群,这些研究成果可为深入了解 EPS 含量的影响因素与变化过程提供理论依据。同时依托以实际污水为原水、为期较长、规模较大的中试对

EPS 与膜污染的相关性进行研究具有重要的现实意义。基于上述研究成果,从 EPS 的角度阐明 SRT 对 HMBR 中膜污染的影响与作用机理不仅具有重要的理论意义,还具有重要的应用价值,期望能为 MBR 的膜污染控制提供新的思路。

2 试验材料与方法

2.1 试验装置

2.1.1 HMBR 小试装置

HMBR 小试装置主要由曝气池、原水管道系统、曝气系统、生物填料、膜组件以及出水管道系统等组成(图 2.1),处理能力为 10 L/h。

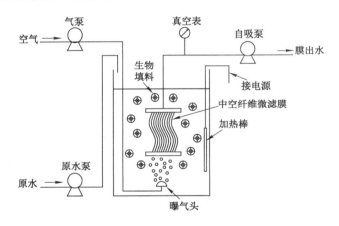

图 2.1 HMBR 小试装置工艺流程图

曝气池有效容积为 100 L,HRT 为 10 h,混合液溶解氧(DO)浓度约为 1 mg/L。通过加热棒将混合液温度控制在 20 ℃左右。池内放置 K₃ 型生物填料,填料为直径 25 mm、高 12 mm、内部多孔的圆柱体,材质为聚乙烯,投加率为 50%(体积分数)。膜组件为中空纤维微滤膜,材质为增强型聚偏氟乙烯 (Polyvinylidene Fluoride,PVDF),膜面积为 1 m²,膜孔径为 0.1 μm,膜通量为 10 L/m·h。膜组件采用自吸泵抽吸出水,运行周期为 10 min(开 9 min,停 1 min)。通过真空表监测 TMP 的变化情况,当 TMP 达到 0.1 MPa 时进行化学清洗。池底曝气头的作用有两个:一是向混合液中提供溶解氧,以满足微生物新陈代谢的需求;二是提供上升气泡冲刷膜丝表面的滤饼层,以减缓膜污染。

2.1.2 HMBR 中试装置

HMBR 中试装置如图 2.2 所示,其工艺流程如图 2.1 所示,处理能力为 100 L/h。曝气池有效容积为 1 m³,HRT 为 10 h,DO 浓度约为 1 mg/L。通过加热棒将混合液温度控制在 20 ℃左右。池内放置 K₃ 型生物填料,填料为直径 25 mm、高 12 mm、内部多孔的圆柱体,材质为聚乙烯,投加率为 50%(体积分数)。膜组件为中空纤维微滤膜,材质为增强型 PVDF,膜面积为 10 m²,膜孔径为 0.1 μm,膜通量为 10 L/(m·h)。膜组件采用自吸泵抽吸出水,运行周期为 10 min(开 9 min,停 1 min)。通过真空表监测 TMP 的变化情况,当 TMP 达到 0.1 MPa 时进行化学清洗。

图 2.2　HMBR 中试装置

2.2　膜组件

反应器内安装的微滤膜组件由杭州凯滤膜技术有限公司生产,膜组件外观形状如图 2.3 所示。

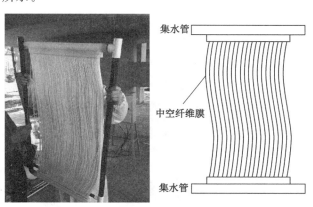

集水管

中空纤维膜

集水管

图 2.3　中空纤维微滤膜组件

微滤膜组件的主要工艺参数见表 2.1。

表 2.1　微滤膜组件的主要工艺参数

项　目	规　格
膜组件类型	中空纤维膜
膜材料	增强型 PVDF
膜孔径/μm	0.1
膜丝外(内)径/mm	1.0/0.6
膜丝长度/mm	1 010
膜丝壁厚/μm	150
膜组件总面积/m^2	10(中试装置)
TMP/MPa	$\leqslant$0.1
pH 工作范围	2～10

安装后的膜组件见图 2.4。

图 2.4　安装后的膜组件

2.3　K$_3$型生物填料

HMBR 中安装的 K$_3$型生物填料外观形状如图 2.5 所示。

图 2.5　K$_3$型生物填料

K₃型生物填料的主要规格见表 2.2。

表 2.2　K₃型生物填料主要规格

项　　目	规　　格
材料	聚乙烯(Polyethylene,PEHD)
PEHD 的密度/(g/cm³)	0.95
填料直径/mm	25
填料高度/mm	12
堆积密度/(kg/m³)	100
生物填料有效表面积/(m²/m³)	500
投加率(体积比)/%	50

曝气池中的生物填料见图 2.6。

图 2.6　曝气池中的生物填料

2.4　原水水质

试验在徐州市某污水处理厂进行,该厂处理规模为 5 万 m³/d,主要工艺为 A²/O+氧化沟,如图 2.7 所示。

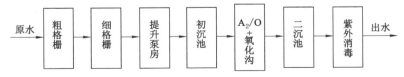

原水 → 粗格栅 → 细格栅 → 提升泵房 → 初沉池 → A₂/O +氧化沟 → 二沉池 → 紫外消毒 → 出水

图 2.7　徐州市某污水处理厂工艺流程图

试验原水取自该厂旋流式沉砂池出水,原水水质指标见表 2.3。

表 2.3　原水水质指标

项　目	数　量
COD/(mg/L)	76.3～386
BOD_5/(mg/L)	45.7～245
水温/℃	17.8～22.6
pH	7.53～7.69
NH_4^+-N/(mg/L)	26.3～47.9
TN/(mg/L)	31.4～53.3
TP/(mg/L)	2.47～5.7

2.5　试验方法

同时运行 5 套 HMBR 小试装置,每套装置的 SRT 分别为 10 d、20 d、30 d、40 d 和 60 d,检测试验装置进出水水质,比较不同 SRT 条件下 HMBR 对有机物及营养物质的去除效果;关注 TMP 的变化趋势并计算各种膜过滤阻力,研究不同 SRT 对膜污染的影响。

在不同 SRT 条件下运行 HMBR 中试装置,重复上述试验步骤,确定最佳 SRT。

2.6　检测项目及方法

2.6.1　常规水质指标

(1) COD:重铬酸钾法;

(2) BOD_5:生化需氧量标准法;

(3) NH_4^+-N:纳氏试剂分光光度法;

(4) TN:过硫酸钾氧化法;

(5) NO_2^--N:N-(1-萘基)-乙二胺光度法;

(6) NO_3^--N:分光光度法;

(7) TP:钼锑抗分光光度法;

(8) 铁、锰:火焰原子吸收法;

(9) TSS、MLSS、MLVSS:重量法;

(10) 色度:铂钴标准比色法;

(11) 细菌总数、总大肠菌群、粪大肠菌群:多管发酵法;

(12) TOC:TOC 仪(1030 AURORA SIN, OI Analytical);

(13) pH:pH 计(Model 525, ORION);

(14) 溶解氧(DO):溶解氧仪(Model 842, ORION);

(15) 浊度:浊度仪(Model 2100N,HACH);

(16) 生物膜:碱洗法。

自曝气池内随机抽取一定数量的生物填料置于烘箱中,于 105 ℃下烘干 2 h。取出填料在干燥器内冷却至恒温,称重为 W_1。用 20% 的 NaOH 溶液浸泡并不断搅拌将其表面上附着的生物膜完全去除,用清水冲洗填料,然后将填料置于烘箱中于 105 ℃下烘干 2 h。取出填料在干燥器内冷却至恒温,称重为 W_2。总的生物量 W 为:

$$W = \frac{(W_1 - W_2)N}{n} \tag{2-1}$$

式中,n 为取样填料数量;N 为曝气池内填料总数。

生物膜浓度 b 为 W 与曝气池体积 V 的比值,即

$$b = \frac{W}{V} \tag{2-2}$$

2.6.2 高通量测序技术

1. 样本 DNA 抽提和检测

样本中微生物 DNA 的提取采用 QIAamp DNA Stool Mini Kit 试剂盒(QIAGEN, Hilden, Germany)。提取方法按照试剂盒说明书进行。利用 1.2% 琼脂糖凝胶电泳检测抽提的基因组 DNA 的完整性。

2. 细菌 16S rDNA 序列扩增和 MiSeq 测序

选取 16S rDNA 的 V4-V5 区序列进行高通量测序分析。采用两步 PCR 扩增方法进行文库构建。将纯化的 DNA 作为模板,利用 16S rDNA V4-V5 区通用引物 515F(5'-GTGCCAGCMGCCGCGG-3')和 926R(5'-CCGTCAATTCMTTTGAGTTT-3')PCR 扩增目的片段 16S rDNA V4-V5 区,并用 1.2% 琼脂糖凝胶电泳检测,检测效果较好的样本于 2% 琼脂糖凝胶电泳切胶回收,以回收产物为模板进行一次 8 循环的 PCR 扩增,将 Illumina 平台测序所需要的接头、测序引物、标签序列添加到目的片段两端。全部 PCR 产物采用 AxyPrepDNA 凝胶回收试剂盒(AXYGEN 公司)进行回收,并

用 FTC-3000TM Real-Time PCR 仪进行荧光定量,均一化混匀后完成文库构建,在 Illumina MiSeq 2×300 bp 平台上完成测序。

第一次 PCR 反应体系:5xBuffer 10 μL,dNTP(10 mmol/L) 1 μL,Phusion 超保真 DNA 聚合酶 1U,正反向引物(10 mmol/L)各 1 μL,模板 DNA 20~50 ng,补充超纯水至 50 μL。PCR 反应条件为 94 ℃ 2min;94 ℃ 30 s,56 ℃ 30 s,72 ℃ 30 s,72 ℃ 5 min,25 个循环。

第二次 PCR 反应体系:5xBuffer 8 μL,dNTP(10 mmol/L) 1 μL,Phusion 超保真 DNA 聚合酶 0.8U,正反向引物(10 mmol/L)各 1 μL,模板 DNA 5 μL,补充超纯水至 40 μL。PCR 反应条件为 94 ℃ 2 min;94 ℃ 30 s,56 ℃ 30 s,72 ℃ 30 s,72 ℃ 5 min,10 ℃ 保温,8 个循环。

3. 数据分析

对测得的原始数据通过 barcode 分配样品 reads,得到每个样本的有效序列,采用 Trimmomatic 软件,将测序结果末端低质量的序列去掉,根据 PE reads 之间的 overlap 关系,采用 flash 软件将成对的 reads 拼接成一条序列,同时采用 mothur 软件对序列质量进行质控和过滤,将模糊碱基(ambiguous)、单碱基高重复区(homologous)、过长和过短的序列以及 PCR 过程中产生的一些嵌合体去除,从而得到优化序列,之后进行 OTU(operational taxonomic unit)聚类(UPARSE software)和物种信息注释。将相似性等于或大于 97% 的序列(3% cutoff)归为同一分类单元 OTU。基于分类学信息,在门、纲、目、科、属、种分类水平上进行群落结构的统计分析。在上述分析的基础上,进行一系列群落结构和系统发育等统计学和可视化分析。利用 mothur(Version 1.33.3)进行 Alpha 多样性分析(Chao、Ace 等物种丰富度统计,Shannon、Simpson 等物种多样性统计)、VENN 图、Beta 多样性分析[(un)Weighted UniFrac 分析],利用 R 语言(Version 3.2.3)进行 Heatmap 分析、PCA 分析,CCA/RDA 分析则采用 CANOCO(Version 4.54)。

2.6.3 EPS 的提取与检测

1. S-EPS、B-EPS、LB-EPS 和 TB-EPS 的提取

取 5 mL 活性污泥,经 0.2 μm 微滤膜过滤以除去微生物,然后经 3 500 Da 透析膜过滤以除去小分子的代谢产物,滤液表征 S-EPS。

另取 5 mL 活性污泥,60 ℃水浴 30 min,高速离心(12 000 r/min)20 min,上清液依次经 0.2 μm、3 500 Da 的膜过滤,所得滤液为 S-EPS 与 B-EPS 的总和,该值与 S-EPS 的差值表征 B-EPS。

另取 5 mL 活性污泥,不投加任何化学提取剂,高速离心(12 000 r/min)

20 min 后,上清液依次经 0.2 μm、3 500 Da 的膜过滤,最终所得滤液为 S-EPS 与 LB-EPS 的总和,该值与 S-EPS 的差值表征 LB-EPS。

向残留物中加入缓冲溶液(2 mmol/L Na_3PO_4,4 mmol/L NaH_2PO_4,9 mmol/L NaCl,1 mmol/L KCl,pH=7)并定容至 5 mL,按照以下方法提取 TB-EPS:60 ℃水浴 30 min,高速离心(12 000 r/min)20 min,上清液依次经 0.2 μm、3 500 Da 的膜过滤,所得滤液表征 TB-EPS。

2. EPS 的检测

(1) S-EPS、B-EPS、LB-EPS 和 TB-EPS:以单位质量 VSS 中总有机碳(total organic carbon,TOC)的浓度表征,mg TOC/g VSS;

(2) 多糖:蒽酮比色法,以葡萄糖作为标准;

(3) 蛋白质:修正后的 Lowry 法,以牛血清蛋白作为标准;

(4) 腐殖质:修正后的 Lowry 法,以腐殖酸作为标准;

(5) 糖醛酸:采用 Blumenkrantz 等人的方法,以葡萄糖醛酸作为标准;

(6) DNA:二苯胺法,以鲑鱼精 DNA 作为标准。

2.6.4 活性污泥的絮凝与沉淀性能

取污泥混合液 1 L,慢速(15 r/min)搅拌 10 min,沉淀 30 min,取上清液浊度(supernatant turbidity,ST)表征污泥的絮凝性能。

以污泥混合液的 SVI 值表征污泥的沉淀性能。

2.6.5 微生物种类

反应器中的微生物种类采用配备有彩色闭路监控摄像机(WV-GP 460)的显微镜(北京泰克仪器有限公司)观测。

2.6.6 滤饼层比阻

自膜丝表面取定量污泥(滤饼层污泥),以超纯水配制成混合液。混合液的过滤性能采用一个带搅拌装置的 350 mL 的过滤器(Model 8200,Amicon)进行检测,所用滤膜为 0.2 μm 的醋酸平板膜。试验时,取 100 mL 待测水样置于过滤器中,同时开启搅拌装置,过滤过程中由氮气罐中的氮气提供稳定的压力。则滤饼层污泥的比阻按式(2-3)计算:

$$SRF = \frac{2\ 000A^2\Delta Pb}{\mu C} \tag{2-3}$$

式中,SRF 表示污泥比阻,m/kg;ΔP 表示跨膜压差,kPa;A 表示过滤面积,m^2;μ 表示过滤液体的黏度,Pa·s;C 表示污泥浓度(以 MLSS 计),kg/m^3;b 表示过

滤时间 t 与滤液体积 V 的平方的比值 $\left(\dfrac{t}{V^2}\right)$，$s/m^6$。

2.6.7　各种膜阻力

根据 Darcy 定律，膜过滤阻力可用下式表示：

$$R_t = R'_m + R_p + R_c = \frac{\Delta P}{\mu \cdot J} \tag{2-4}$$

式中　J——膜通量；

R_t——过滤时的总阻力；

R'_m——膜固有的阻力；

R_p——因膜孔堵塞及不可逆吸附而产生的阻力；

R_c——滤饼层阻力；

ΔP——跨膜压差，TMP；

μ——水的黏度。

根据不同阶段测得的通量可通过式（2-4）计算得到不同的污染阻力值。① R'_m：根据清洁膜过滤去离子水时的通量可计算得到膜自身的阻力；② R_t：根据实际料液过滤时的最终通量可计算得到膜过滤时的总阻力；③ R_p：冲洗膜表面以去除滤饼层，然后过滤去离子水，根据此时的通量计算出的阻力值为 $(R'_m + R_p)$，该值与 R'_m 的差值即 R_p；④ R_c：R_t 与 $(R'_m + R_p)$ 的差值即 R_c。

3　SRT 对 HMBR 运行特性的影响

MBR 具有生物降解能力强、出水水质好、占地面积小等优点,近年来在污水处理中的应用越来越多,然而膜污染严重迟滞了该工艺的应用进程。相关研究表明,污泥龄(SRT)是膜污染的重要影响因素之一。随着 SRT 的改变,混合液的黏度、Zeta 电位、微生物存在形态、胞外聚合物(EPS)等均会产生变化,最终会影响膜过滤阻力。

课题组的前期研究结果表明,HMBR 具有生物降解效率高、出水水质好、抗膜污染能力强等优点。本课题通过小试和中试,研究了 SRT 对 HMBR 运行效能的影响,重点关注 SRT 对 HMBR 生物降解效能、脱氮除磷效能及膜污染的影响。

3.1　小试研究

本试验同时运行 5 套 HMBR 小试装置进行对照试验,每天定量排泥将 SRT 分别控制在 10 d、20 d、30 d、40 d 和 60 d,比较各个反应器对有机物与营养物质的去除效果以及 TMP 的变化情况,对 SRT 对 HMBR 运行特性的影响进行研究,重点关注 HMBR 的生物降解能力以及膜污染控制性能。

3.1.1　SRT 对 COD 去除效果的影响

按 SRT 由小到大的顺序将 5 套试验装置分别标记为 H_1、H_2、H_3、H_4 和 H_5。试验期间,5 套试验装置中的生物量情况见表 3.1,其中生物总量为 MLSS 与生物膜浓度之和。可以发现,当 SRT≤30 d 时,MLSS 和 MLVSS 都随着 SRT 的延长快速增加;当 SRT 超过 30 d 以后,MLVSS 基本保持稳定,表明活性污泥中微生物的增值量和死亡量基本平衡,但是原水中难降解 SS 和微生物代谢产物的累积,使得 MLSS 的浓度继续增加。在 5 套试验装置中,生物膜浓度变化不大,生物总量随 SRT 的延长而增高。

得益于反应器内较高的生物量,5 套试验装置均表现出良好的生物降解能力,对 COD 的去除率均在 90% 以上,出水 COD 平均浓度小于 20 mg/L。当 SRT 为 10 d 时,HMBR 对 COD 的平均去除率为 92.9%。随着 SRT 的继续延长,COD 去除率有所提高。当 SRT 为 20 d 时,COD 平均去除率为 93.9%;当

表 3.1　HMBR 中的生物量

试验装置	MLSS/(mg/L)	MLVSS/(mg/L)	生物膜/(mg/L)	生物总量/(mg/L)
H₁	4 162	2 963	1 732	5 894
H₂	5 376	3 654	1 716	7 092
H₃	6 328	4 187	1 728	8 056
H₄	7 293	4 275	1 736	9 029
H₅	8 672	4 368	1 711	10 383

注:表中的数值为平均值,$n=20$。

SRT 为 30 d 时,COD 平均去除率为 94.6%。当 SRT 超过 30 d 以后,COD 去除率基本保持稳定(图 3.1)。上述情况与 MLVSS 的变化规律基本吻合,当 SRT 超过 30 d 以后,MLVSS 不再增加,因此 COD 去除率不再继续提高。

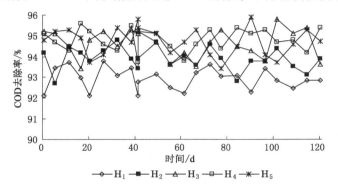

图 3.1　不同 SRT 条件下 HMBR 对 COD 的去除效果

在活性污泥处理系统中,有机污染物从污水中被去除过程的实质就是有机污染物作为营养物质被生活在活性污泥上的微生物摄取、代谢与利用的过程,也就是所谓的"活性污泥反应"过程。这一过程的结果是污水得到净化,而微生物获得能量合成新的细胞,并使活性污泥得到增长。

这一过程较为复杂,它是由物理、化学、物理化学以及生物化学等反应过程共同组成的。

该过程大致由下列几个净化阶段组成。

(1)初期吸附去除

在活性污泥处理系统中,在污水与活性污泥接触后的较短时间(5～10 min)内,污水中的有机污染物即被大量去除,出现很高的 BOD 去除率。这种初期的高速去除现象是由物理吸附和生物吸附的共同作用所导致的。

　　活性污泥有着很大的比表面积(介于 2 000～10 000 m²/m³ 混合液之间),在表面上栖息着大量的微生物,在其外部覆盖着多糖类的黏质层。当它与污水接触时,污水中呈悬浮和胶体状态的有机污染物即被活性污泥所凝聚和吸附而得以去除,这一现象就是"初期吸附去除"。

　　这一过程进行得较快,一般情况下能够在 30 min 内完成,污水 BOD 的去除率可达 70%。它的速率主要取决于:① 微生物的活性程度;② 反应器内水力扩散程度与水动力学的规律。前者决定活性污泥微生物的吸附、凝聚功能;后者决定活性污泥絮凝体与有机污染物的接触程度。活性较强的活性污泥,除了应具有较大的比表面积外,活性污泥微生物所处的增殖期也很重要,一般处在"饥饿"状态的内源呼吸期的微生物,其活性最强,吸附能力也最强。

　　被吸附在微生物细胞表面的有机物,在经过数小时的曝气后,才能相继被摄入到微生物体内,因此,被"初期吸附去除"的有机污染物的数量是有一定限度的。

　　(2) 微生物的代谢

　　存活在曝气池内的活性污泥微生物,不断地从周围的环境中摄取有机污染物作为营养物质并加以代谢。

　　污水中的有机污染物,首先被吸附到大量微生物栖息的活性污泥表面,并与微生物细胞表面接触,在微生物透膜酶的催化作用下,透过细胞壁进入微生物细胞内。小分子的有机物能够直接透过细胞壁进入微生物体内,而如淀粉、蛋白质等大分子有机物,则必须在细胞外酶——水解酶的作用下,被水解成小分子后再被微生物摄入细胞内。

　　被摄入细胞内的有机物进行氧化分解,在各种胞内酶,如脱氢酶、氧化酶等的催化作用下,微生物对其进行代谢反应。

　　微生物对一部分有机物进行氧化分解,最终形成 CO_2 和 H_2O 等稳定的无机物质,并为合成新细胞物质提供所需的能量。这一过程可用下列化学方程式表示:

$$C_xH_yO_z + \left(x + \frac{y}{4} - \frac{z}{2}\right)O_2 \xrightarrow{\text{酶}} xCO_2 + \frac{y}{2}H_2O + \Delta H \qquad (3\text{-}1)$$

式中　$C_xH_yO_z$——有机污染物。

　　另一部分有机污染物被微生物用于合成新细胞,即合成代谢,所需能量取自分解代谢。这一反应过程可用下列化学方程式表示:

$$nC_xH_yO_z + nNH_3 + n\left(x + \frac{y}{4} - \frac{z}{2} - 5\right)O_2 \xrightarrow{\text{酶}}$$

$$(C_5H_7NO_2)_n + n(x-5)CO_2 + \frac{n}{2}(y-4)H_2O - \Delta H \qquad (3\text{-}2)$$

式中　　$C_5H_7NO_2$——微生物细胞组织的化学式。

当有机底物充足时,微生物大量合成新的细胞物质。当有机底物匮乏时,微生物对其自身的细胞物质进行代谢反应,并提供能量,此即内源呼吸或自身氧化。其过程可用下列化学方程式表示:

$$(C_5H_7NO_2)_n + 5nO_2 \xrightarrow{\text{酶}} 5nCO_2 + 2nH_2O + nNH_3 + \Delta H \qquad (3\text{-}3)$$

活性污泥微生物在曝气池内所进行的有机物氧化分解、新细胞物质合成以及内源代谢三项反应的数量关系如图 3.2 所示。

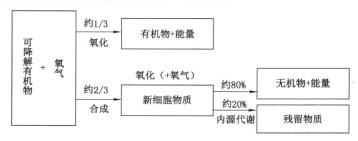

图 3.2　活性污泥微生物三项代谢之间的数量关系

（3）活性污泥的膜分离

活性污泥系统净化污水的最后程序是泥水分离,在 MBR 中,这一过程是依靠膜的分离作用来实现的。

无论是分解代谢还是合成代谢,都能够去除污水中的有机污染物,但产物却有所不同。分解代谢的产物是 CO_2 和 H_2O,可直接排入环境。合成代谢的产物是新的微生物细胞,只有将它从溶液中去除才能实现完全处理,因为细胞组织本身也是有机物,将在出水中作为 BOD 被检测出来。如果微生物细胞没有被去除,仅完成了将原水中的有机物转化成各种气体中间产物的处理过程,部分微生物细胞以剩余污泥的方式被排出系统,对其须进行妥善处理,否则可能会造成二次污染。

在 HMBR 内,由于投加了生物填料,因此除了活性污泥以外,生物膜对有机物的去除也起着极其重要的作用。

生物膜附着生长在生物载体上,它有时均匀地分布在整个载体表面,有时却非常不均匀;有时仅由单层的细胞所组成,有时却相当厚,随着营养底物、时间和空间的变化而发生改变。从开始形成到完全成熟,生物膜要经历潜伏和生长两个阶段。对于一般的城市污水,在 20 ℃左右的条件下大约需要 30 d 的时间。

生物膜是高度亲水的物质,在污水不断更新的条件下,在其外侧总是存在着一层附着水层。生物膜又是微生物高度密集的物质,在膜的表面和一定深度的内部栖息着大量各种类型的微生物,并形成有机污染物—细菌—原生动物(后生动物)的食物链。

生物膜在形成和成熟后,由于微生物不断增殖,生物膜的厚度会不断增加,当其增厚到一定程度时,在氧气不能透入的内侧深部就会转变为厌氧状态,形成厌氧性膜。因此,生物膜由好氧层和厌氧层组成,好氧层的厚度一般为 2 mm,有机物的降解主要发生在好氧层内。

活性污泥法和生物膜法的区别不仅仅是微生物的悬浮和附着之分,更重要的是扩散过程在生物膜处理系统中是一个必须考虑的因素。在生物膜反应器中,有机污染物、溶解氧以及各种必需的营养物质首先要从液相扩散到生物膜表面,进而才能够进入生物膜内部。只有扩散到生物膜表面或内部的污染物才有可能被生物膜内的微生物分解与转化,并最终形成各种代谢产物。

在生物膜内、外,生物膜与水层之间进行着多种物质的传递过程。空气中的氧溶解于流动水层中,从那里通过附着水层传递给生物膜,供微生物用于呼吸;而污水中的有机污染物则由流动水层传递给附着水层,然后进入生物膜,并通过细菌的代谢活动而被降解,最终使污水得到净化。微生物的代谢产物如 H_2O 等则通过附着水层进入流动水层,随其排走,而 CO_2 及厌氧层分解产物如 H_2S、CH_4 以及 NH_3 等气态代谢产物则从水层逸出进入空气中。

生物量是影响 HMBR 生物降解能力的决定性因素,随着 SRT 由 10 d 延长到 30 d,反应器中的 MLVSS 由 2 963 mg/L 提高到 4 187 mg/L,因此,HMBR 对 COD 的去除能力相应增强。继续延长 SRT,反应器中的 MLVSS 虽然有所增加,但增加的幅度很小,因此 HMBR 对 COD 的去除能力基本保持恒定。

3.1.2 SRT 对 NH_3-N 去除效果的影响

在 5 套试验装置中,即便是最短的 SRT(10 d)也能够满足活性污泥中氨氧化菌和亚硝酸盐氧化菌对世代时间的要求。另外,生物膜的污泥龄比活性污泥更长,更适宜对世代时间要求长的硝化细菌的生长,因此与普通的 MBR 相比,HMBR 的硝化效果更好。本试验中,5 套试验装置均取得了良好的硝化效果。当 SRT 为 10 d 时,NH_3-N 平均去除率为 97.2%,出水 NH_3-N 平均浓度为 1.2 mg/L;当 SRT 为 20 d 时,NH_3-N 平均去除率提高了 2.1%;继续延长 SRT,对 NH_3-N 去除效果的影响不大,NH_3-N 平均去除率都保持在 99.4% 以上,出水 NH_3-N 平均浓度约为 0.3 mg/L(图 3.3)。可以看出,提高 SRT 有利于 NH_3-N 的去除,当 SRT 为 20 d 时可达到最好的 NH_3-N 去除效果。

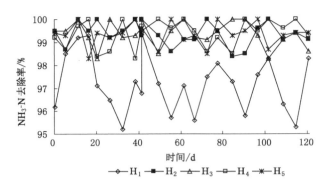

图 3.3 不同 SRT 条件下 HMBR 对 NH_3-N 的去除效果

3.1.3 SRT 对 TN 去除效果的影响

污水中的氮以有机氮和无机氮的形式存在。生物脱氮就是在有机氮转化为氨氮的基础上,通过硝化反应将氨氮转化为亚硝酸盐氮、硝酸盐氮,然后再通过反硝化反应将之转化为氮气从水中去除。生物脱氮包括以下三个过程。

（1）氨化反应

氨化反应是在好氧状态下,有机氮在氨化菌的作用下分解为氨氮的过程。

（2）硝化反应

硝化反应是在好氧状态下,氨氮转化为硝酸盐氮的过程。硝化反应包括两个基本步骤:第一步是亚硝化反应,即亚硝化细菌将氨氮转化为亚硝酸盐。亚硝化细菌有亚硝化单胞菌属、亚硝化螺旋杆菌属和亚硝化球菌属等。第二步是硝化反应,即硝化细菌将亚硝酸盐进一步转化为硝酸盐。硝化细菌有硝化杆菌属、硝化螺旋菌属和硝化球菌属等。亚硝化细菌和硝化细菌统称硝化菌,严格好氧,是专性化能自养菌。

影响硝化反应过程的主要因素有:

① 温度。硝化反应适宜的温度范围是 15～35 ℃。温度高时,硝化速率快,但超过 30 ℃时,硝化速率随温度的增加幅度减少;当温度低于 15 ℃时,硝化速率迅速降低。

② pH 值。硝化反应的最佳 pH 值范围为 7.5～8.5,当 pH 低于 7 时,硝化速率明显降低,低于 6 和高于 9.6 时,硝化反应将停止。

③ 溶解氧。硝化反应必须在好氧条件下进行,一般应维持混合液的溶解氧浓度在 2～3 mg/L 之间。

④ BOD 负荷。硝化菌是自养型菌,其产率或比增长速率比 BOD 异养菌低

得多,BOD 负荷高时,将有利于异养菌的迅速繁殖,从而使自养型的硝化菌不能占优,降低了硝化速率。为了保证充分硝化,BOD 负荷应维持在 0.15 kg(BOD5)/[kg(SS)·d]以下。

⑤ 污泥龄。硝化菌的增殖速率慢,为了维持反应系统中一定量的硝化菌群,微生物在反应器中的停留时间即污泥龄应大于硝化菌的最小世代周期。一般污泥龄宜为硝化菌最小世代周期的两倍以上。

⑥ 抑制物质。对硝化反应有抑制作用的物质有:过高浓度的氨氮、重金属等有毒物质。一般来说,同样有毒物质对亚硝酸菌的影响比对硝酸菌大。

(3) 反硝化反应

反硝化反应是在缺氧(无分子态氧)的条件下,反硝化菌将亚硝酸盐和硝酸盐还原为气态氮的过程。参与反硝化作用的细菌有自养菌和异养菌,通常为异养菌,包括假单胞菌属、反硝化杆菌属、螺旋菌属和无色杆菌属。它们多数是兼性菌,有分子态氧存在时,利用分子氧作为电子受体进行好氧呼吸。无分子态氧存在时,则利用硝酸盐和亚硝酸盐作为电子受体,有机物作为碳源及电子供体进行反硝化反应。

影响反硝化过程的主要因素有:

① 温度。反硝化反应的最佳温度范围为 35～45 ℃。若气温过低,可采取增加污泥停留时间、降低负荷等措施。

② pH 值。反硝化反应的最佳 pH 值范围为 6.5～7.5,当 pH 低于 6.0 或高于 8.0 时,反硝化反应将受到强烈抑制。

③ 溶解氧。溶解氧对反硝化反应有很大影响,主要由于氧会与硝酸盐竞争电子供体,同时分子态氧还会抑制硝酸盐还原酶的合成及活性。一般反硝化反应器内溶解氧浓度应控制在 0.5 mg/L(活性污泥法)或 1 mg/L(生物膜法)以下。

④ 有机碳源。反硝化过程需要充足的碳源,BOD/TN 大于 3～5 时,无须外加碳源。否则需要投加甲醇或其他易降解的有机物作为碳源。

在传统工艺中,生物脱氮至少需要两个构筑物,一个是好氧池,另一个是缺氧池。但是,近年来有研究发现,在条件适宜的情况下,在一个池子内也能够完成生物脱氮,此即同步硝化反硝化(SND)。SND 的效果不仅与 DO 浓度有关,还与污泥絮体粒径的大小有关。当 DO 浓度较低而絮体粒径较大时,在氧传质阻力的影响下,有可能会在絮体外层形成好氧区、内层形成缺氧区,进行 SND 反应。Liu 等人认为,絮体的致密程度也会影响氧传质阻力,进而影响 SND。与活性污泥类似,在一定厚度的生物膜内同样会出现好氧区和缺氧区,进行 SND 反应。因此与普通的 MBR 相比,HMBR 具有更好的脱氮效果。

本次试验结果表明,当 SRT 由 10 d 延长到 30 d 时,TN 平均去除率由 48.7%提高到了 59.4%;当 SRT 超过 30 d 以后,TN 去除率呈下降趋势;当 SRT 为 60 d 时,TN 平均去除率降到了 44.0%(图 3.4)。在本次试验中,5 套反应器中的 DO 浓度均控制在 1 mg/L 左右,而生物膜浓度基本相同,因此污泥絮体粒径的大小与致密程度是影响 SND 效果的主要因素。当 SRT 过短或过长,即污泥负荷过高或过低时,都不利于微生物的成长。只有在适宜的污泥负荷范围内,活性污泥才能生长良好,絮体粒径才会变大或更为致密,在内部更易形成缺氧区。一些研究者证实了过长的 SRT 会造成污泥絮体粒径的减小。

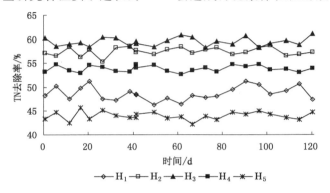

图 3.4 不同 SRT 条件下 HMBR 对 TN 的去除效果

3.1.4 SRT 对 TP 去除效果的影响

污水的生物除磷包括两个过程:一个是厌氧释磷过程;另一个是好氧吸磷过程。

1. 厌氧释磷

污水的微生物除磷工艺中的好氧吸磷和除磷过程是以厌氧释磷过程为前提的。在厌氧条件下,聚磷菌体内的 ATP 水解,释放出磷酸和能量,形成 ADP,即

$$ATP+H_2O \rightarrow ADP+H_3PO_4+能量 \tag{3-4}$$

相关研究表明,经过厌氧处理的活性污泥,在好氧条件下有很强的吸磷能力。

2. 好氧吸磷

在好氧条件下,聚磷菌有氧呼吸,不断地从外界摄取有机物,ADP 利用分解有机物所得的能量与磷酸合成 ATP,即

$$ADP+H_3PO_4+能量 \rightarrow ATP+H_2O \tag{3-5}$$

其中大部分磷酸是通过主动运输的方式从外部环境被过量摄取的(超过其

正常生长的需要量),这就是所谓的"磷的过量摄取"现象。此时,聚磷菌将磷以聚合磷酸盐的形式储藏在菌体内形成高磷污泥,然后通过剩余污泥的方式排出,达到生物除磷的目的。

生物除磷的生化机理如图 3.5 所示。

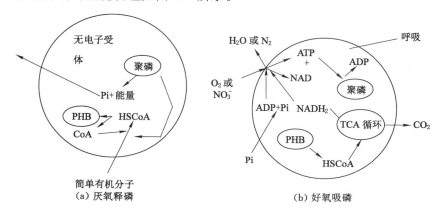

图 3.5　生物除磷的生化机理

在传统工艺中,生物除磷需要两个构筑物,一个是好氧池,一个是厌氧池。然而,近年来有研究表明,在同一个池子内也可以有效除磷。其原因在于,在氧传质阻力的作用下,离曝气头较远区域的 DO 浓度较低,因此有可能会在反应器内出现厌氧区,满足聚磷菌释磷的要求。但是,当 SRT 过长、污泥负荷过低时,聚磷菌内源呼吸加剧,会造成磷的过度释放,导致除磷效果下降。

本次试验结果表明,随着 SRT 的延长,HMBR 对 TP 的去除效果呈现出先升后降的趋势。当 SRT 为 10 d 时,TP 平均去除率为 77.7%;当 SRT 为 20 d 时,TP 平均去除率升高到了 85.6%;随着 SRT 的继续延长,TP 去除率快速下降,当 SRT 为 60 d 时,TP 平均去除率降低到了 70%(图 3.6)。分析原因后认为,当 SRT 由 10 d 提高到 20 d 时,曝气池内的污泥浓度增大,氧的传质阻力会随之增大,在曝气池中厌氧区的面积会增大,即厌氧条件下的释磷作用增强。继续提高 SRT,会造成磷的过度释放,导致除磷效果下降。

3.1.5　SRT 对膜污染的影响

试验结果表明,当 SRT 为 10 d 时,膜组件的运行周期为 95 d;当 SRT 为 20 d 时,膜组件的运行周期延长到了 112 d;当 SRT 为 30 d 时,膜组件的运行周期继续延长,为 117 d;但是当 SRT 超过 30 d 后,膜组件的运行周期则大幅度缩短;当 SRT 为 60 d 时,膜组件的运行周期为 69 d(图 3.7)。

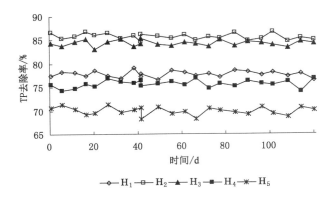

图 3.6 不同 SRT 条件下 HMBR 对 TP 的去除效果

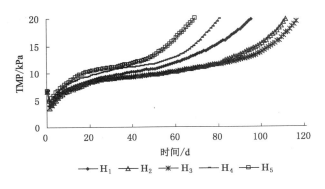

图 3.7 不同 SRT 条件下 TMP 的变化情况

目前,越来越多的研究者认为 EPS 是导致膜污染的主要物质。MBR 中 SRT 的改变会引起 MLSS 的变化,进而影响污泥负荷,污泥负荷过高或过低都会促进 EPS 的产生。在本试验中,当 SRT 由 10 d 延长到 30 d 时,膜组件的运行周期延长了 23.2%,这很可能是反应器中 EPS 的减少引起的;当 SRT 超过 30 d 后,由于污泥负荷过低,微生物内源呼吸加剧,很可能会造成 EPS 的大量产生,使得膜污染加剧。当然,反应器中 EPS 的变化情况还需要通过进一步的试验证实。

3.1.6 小结

(1) SRT 对 HMBR 中的生物量有重要影响。MLSS 和 MLVSS 均随 SRT 的延长逐渐增高,当 SRT 超过 30 d 以后,MLSS 继续增高而 MLVSS 基本保持稳定。生物膜浓度受 SRT 的影响不大,生物总量随 SRT 的延长逐渐增高。

（2）SRT 对有机物去除效果和硝化效果有重要影响，COD 和 NH₃-N 的平均去除率均随 SRT 的延长而增高。当 SRT 为 30 d 时，COD 平均去除率为 94.6％；当 SRT 为 20 d 时，NH₃-N 平均去除率为 99.4％。继续延长 SRT，COD 和 NH₃-N 的去除效果基本保持稳定。

（3）SRT 对脱氮除磷效果有重要影响，随着 SRT 的延长，TN 和 TP 平均去除率均呈现出先升后降的变化规律，平均去除率最高值分别为 59.4％ 和 85.6％，对应的 SRT 分别为 30 d 和 20 d。

（4）SRT 对膜污染有重要影响，过长和过短的 SRT 均会加剧膜污染。当 SRT 为 30 d 时，膜污染程度最轻，膜组件运行周期为 117 d，比 SRT 为 10 d 延长了 23.2％。

3.2 中试研究

小试研究结果表明，当 SRT 为 20 d 时 HMBR 对 NH₃-N 和 TP 的去除效果最好，当 SRT 为 30 d 时 HMBR 对 COD 和 TN 的去除效果最好。因此，在中试研究时重点比较 SRT 分别为 20 d 和 30 d 时 HMBR 的运行特性。

本试验在 SRT 分别为 10 d、20 d、30 d 和 60 d 时运行 HMBR 中试装置，对 HMBR 的生物降解效能、脱氮除磷效能及膜污染情况进行研究。

3.2.1 生物量增殖规律

以试验装置所在污水厂好氧池污泥为接种污泥，启动 HMBR 中试装置。运行初期，曝气池中生物量增长速度较快，MLSS 大约需要 15 d 达到稳定，而生物膜增长缓慢，大约需要 70 d 才能达到稳定。

以 SRT 为 10 d 时为例，在 0～15 d 期间，MLSS 增长迅速，但生物膜量增长较缓慢；超过 15 d 后，MLSS 基本稳定在 4 000 mg/L 左右，但生物膜量仍然在缓慢增长；超过 68 d 后，生物膜量达到稳定，基本维持在 1 700 mg/L 左右（图 3.8）。

3.2.2 SRT 对生物量的影响

不同 SRT 条件下活性污泥浓度的变化情况见表 3.2。可以看出，MLSS 和 MLVSS 均随着 SRT 的延长而增高，MLSS 增加的幅度明显高于 MLVSS。当 SRT 超过 20 d 后，MLVSS 的增加幅度明显减缓，表明污泥的活性逐渐降低。

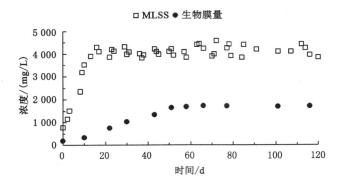

图 3.8　HMBR 生物量增殖规律

表 3.2　不同 SRT 条件下的活性污泥浓度

SRT/d	MLSS/(mg/L)	MLVSS/(mg/L)
10	3 871～4 053	2 201～2 533
20	4 412～4 693	2 359～2 690
30	4 690～4 813	2 423～2 769
60	5 250～5 468	2 675～2 953

3.2.3　SRT 对污染物质去除效能的影响

中试结果在总体趋势上与小试结果一致,即 SRT 对 HMBR 的污染物去除效能有明显的影响;但在细节部分与小试结果有所不同,即最优的 SRT 具体数值有所差异。在不同 SRT 条件下,HMBR 对 COD、NH_3-N、TN 和 TP 的去除效果见表 3.3。

表 3.3　不同 SRT 时 HMBR 的污染物质去除效果

项　目		COD /(mg/L)	NH_3-N /(mg/L)	TN /(mg/L)	TP /(mg/L)
原　水		257～386	36.5～47.9	48.3～53.3	4.5～5.7
SRT=10 d	出水	19.1～28.8	0.8～1.5	20.3～28.6	0.8～1.3
	平均去除率/%	92.9	97.6	49.5	76.5
SRT=20 d	出水	16.1～27.8	0.1～0.5	18.3～25.1	0.5～1.1
	平均去除率/%	93.8	99.5	55.2	82.4

表 3.3(续)

项 目		COD /(mg/L)	NH₃-N /(mg/L)	TN /(mg/L)	TP /(mg/L)
SRT＝30 d	出水	15.8～25.1	0.1～0.4	17.3～25.6	0.7～1.1
	平均去除率/%	93.9	99.5	57.1	80.4
SRT＝60 d	出水	16.6～27.3	0.1～0.5	23.8～31.4	1.2－1.9
	平均去除率/%	93.8	99.6	41.9	66.7

当 SRT≤20 d 时,COD 去除率随 SRT 的延长而增高;当 SRT 超过 20 d 以后,COD 去除率变化不大,基本保持稳定。

NH₃-N 的去除主要依赖于硝化细菌,该细菌具有世代周期长、繁殖速度慢的特点,因此当 SRT 由 10 d 延长到 20 d 时,NH₃-N 去除率由 97.6% 提高到了 99.5%。继续延长 SRT,反应器对 NH₃-N 的去除效果没有明显变化。

生物脱氮需要两个过程:一是好氧条件下的硝化反应,二是缺氧条件下的反硝化反应。生物除磷也需要两个过程:一是厌氧条件下的释磷反应,二是好氧条件下的吸磷反应。传统的生物脱氮除磷理论认为,由于反应条件不同,不同的反应必须在不同的构筑物中进行。相关研究结果表明,在 DO 浓度较低的情况下,由于氧传质阻力的影响,一定粒径的活性污泥内部和一定厚度的生物膜内部都可能会形成缺氧区和厌氧区,因此会进行缺氧条件下的反硝化反应和厌氧释磷反应,使反应器具有较好的脱氮除磷效果。在本试验中,DO 浓度控制在 1 mg/L 左右,反应器具有一定的脱氮除磷效果。由表 3.3 可知,当 SRT 为 30 d 时的 TN 去除率最高,为 57.1%。当 SRT 为 20 d 时的 TP 去除率最高,为 82.4%。

3.2.4 SRT 对膜污染的影响

在不同 SRT 条件下,TMP 的变化趋势明显不同。当 SRT 为 10 d 时,膜组件的运行周期为 57 d;当 SRT 为 20 d 时,膜组件的运行周期大幅度延长,为 99 d;当 SRT 为 30 d 时,膜组件的运行周期缩短到了 74 d;当 SRT 为 60 d 时,膜组件的运行周期最短,仅为 43 d(图 3.9)。

另外,比较图 3.7 和图 3.9 后发现,在相同 SRT 条件下中试装置膜组件的运行周期明显比小试装置短,分析原因认为与膜组件的构造有关,中试装置膜组件的膜丝两端聚集成束,膜丝过于密集,滤饼层较厚,而小试装置的膜丝间距则较稀疏,滤饼层较薄。另外,由于小试和中试装置的规模不同,曝气池容积差异较大,曝气池中不同区域的溶解氧浓度可能存在差异,微生物的新陈代谢可能有所不同,导致 EPS 含量有所差异,进而影响膜过滤阻力。但是,小试和中试体现

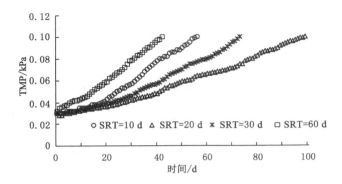

图 3.9　不同 SRT 条件下 HMBR 中 TMP 的变化趋势

了相同的规律,即存在一个最优的 SRT,在此 SRT 下 HMBR 中膜组件的运行周期最长,即膜污染程度最轻。

3.2.5　小结

(1) SRT 对 HMBR 的有机物去除效果有重要影响。当 SRT 为 20 d 时,COD 去除效果最好,平均去除率为 93.8%。

(2) SRT 对 HMBR 的营养物去除效果有重要影响。当 SRT 为 20 d 时,NH$_3$-N 和 TP 的去除效果最好,平均去除率分别为 99.5% 和 82.4%。当 SRT 为 30 d 时,TN 去除效果最好,平均去除率为 57.1%。

(3) SRT 对 HMBR 的膜污染控制性能有重要影响。当 SRT 为 20 d 时,膜组件的运行周期最长,当 TMP 达到 0.1 MPa 时,膜组件运行了 99 d。

3.3　结论

(1) 小试和中试结果均表明,SRT 对 HMBR 的运行特性有重要影响。

(2) 小试结果表明,当 SRT 为 20 d 时,NH$_3$-N 和 TP 去除效果最好;当 SRT 为 30 d 时,COD 和 TN 去除效果最好,膜污染程度最轻。

(3) 中试结果表明,当 SRT 为 20 d 时,HMBR 对 COD、NH$_3$-N 和 TP 的去除效果最好,膜污染程度最轻;当 SRT 为 30 d 时 HMBR 对 TN 的去除效果最好。

(4) 综合考虑小试和中试结果,其中又以中试结果为重,最终确定最优 SRT 为 20 d。

4 HMBR 的微生物群落结构与 EPS 分布特性

近年来,淹没式 MBR 在污水处理与再生利用处理中的应用越来越多。与活性污泥法相比,该工艺具有很多显著的优点,主要包括生物降解能力强、出水水质优良、占地面积小、剩余污泥少等。然而,膜污染始终是制约该工艺大面积推广应用的主要问题。对于膜污染的机理,很多学者主要关注微生物在新陈代谢过程中产生的有机污染物。目前,胞外聚合物(EPS)已被公认是导致膜污染的主要物质。EPS 是微生物在新陈代谢过程中产生的一类复杂的高分子有机物,主要来自细胞的溶解与水解,主要成分有多糖、蛋白质、腐殖质、糖醛酸等。

既然 EPS 是导致膜污染的主要物质,而 EPS 又是微生物在新陈代谢过程中产生的,那么可以断定,了解微生物群落结构对于深入了解 MBR 中膜污染机理有重要作用。迄今为止,检测 MBR 中微生物群落的方法主要是基于核糖体核糖核酸(rRNA)的分子生物学技术,例如荧光原位杂交(FISH)、末端限制长度多态性(T-RFLP)和变性梯度凝胶电泳(DGGE)等技术。焦磷酸测序技术一次可以产生大量的 DNA 序列,可以提供物种丰富性和多样性的相关信息。高通量测序技术(HTS)是对传统测序技术的一次革命性改变,它可以一次对几十万到几百万条 DNA 分子进行序列测定,因此有的文献称其为下一代测序技术。同时,HTS 使得对一个物种的转录组和基因组进行细致全面的分析成为可能,所以又被称为深度测序技术。

很多学者致力于开发能够有效控制膜污染的新型技术。刘强等人采用 HMBR 处理生活污水,运行时间约为 1 年。研究结果表明,由于附着型微生物的参与,与 CMBR 相比,HMBR 中的微生物浓度明显增高,反应器对有机物和营养物质的去除效果明显增强。另外,HMBR 还表现出了另一个优于 CMBR 的特点,即跨膜压差(TMP)的增速明显减缓,膜组件的运行周期大幅度延长。换言之,HMBR 表现出了良好的膜污染控制能力。然而,HMBR 中的微生物群落结构、EPS 分布以及两者之间的对应关系目前仍然不清楚。

在本次试验中,采用 HMBR 中试装置处理生活污水,HRT 为 10 h,SRT 为 10 d,膜通量为 10 L/(m² · h),曝气池中混合液溶解氧(DO)浓度约为 1 mg/h,中试装置的运行时间约为半年,同时运行一套 CMBR 中试装置作为参照,重点关注 HMBR 中的微生物群落结构和 EPS 分布特性。

4.1　HMBR 的运行特性

整个试验期间,CMBR 中的 MLSS 浓度介于 3 670～3 820 mg/L,MLSS 平均浓度为 3 740 mg/L。HMBR 的 MLSS 与 CMBR 基本相同,生物膜浓度介于 1 680～1 830 mg/L 之间,总的生物量平均值为 5 490 mg/L。

归功于生物膜的加入和较低的 DO 浓度(1 mg/L 左右),HMBR 表现出了良好的有机物和营养物质去除性能(表 4.1)。有机物的去除效果与生物量有关,生物量越高则有机物去除效果越好。CMBR 出水中的 COD 平均浓度为 13.7 mg/L,对应的 COD 平均去除率为 86.1%。而 HMBR 出水中的 COD 平均浓度为 9.6 mg/L,对应的 COD 平均去除率为 90.2%。与 CMBR 相比,HMBR 对 COD 的去除效果提高了 4.1%。与 COD 的去除情况基本相同,HMBR 对 BOD_5 的平均去除率比 CMBR 提高了 4.2%。

表 4.1　HMBR 对有机物和营养物质的去除性能

项目	CMBR		HMBR	
	出水/(mg/L)	去除率/%	出水/(mg/L)	去除率/%
COD	13.7	86.1	9.6	90.2
BOD_5	8.9	83.1	6.3	87.3
NH_4^+-N	0.7	97.6	0.4	98.6
TN	25.8	31.0	19.2	48.7
TP	0.72	77.5	0.65	79.7

当 DO 浓度较低时,在一定粒径的活性污泥和一定厚度的生物膜内部均会形成缺氧区甚至厌氧区,因此 HMBR 也表现出了良好的脱氮除磷能力。

4.2　微生物群落结构

根据分类学分析结果,可以得知一个或多个样品在各分类水平上的分类学比对情况。在结果中,包含了两个信息:① 样品中含有何种微生物;② 样品中各微生物的序列数,即各微生物的相对丰度。

因此,可以使用统计学的分析方法,观测样品在不同分类水平上的群落结构。将多个样品的群落结构分析放在一起对比时,还可以观测其变化情况。根据研究对象是单个还是多个样品,结果可能会以不同方式展示。群落结构的分析可在任一分类水平进行(不包含未能比对上数据库的物种),通常使用较直观的饼图或柱状图等形式呈现。

对 CMBR 和 HMBR 活性污泥中的微生物群落结构进行检测分析,门、纲、目、科、属、种 6 个水平的群落结构柱状图见图 4.1。

门水平的检测结果表明,CMBR 和 HMBR 中数量最多的 4 种微生物按由高到低的顺序排列依次为拟杆菌门(Bacteroidetes)、变形菌门(Proteobacteria)、酸杆菌门(Acidobacteria)和糖化菌门(Saccharibacteria),这 4 种微生物的数量占到了微生物总量的 85% 以上。HMBR 中的拟杆菌门数量约占总量的 45.0%,比 CMBR 高 12.5% 左右。HMBR 中的变形菌门数量约占总量的 29.3%,与 CMBR 基本持平。HMBR 中的糖化菌门数量约占总量的 8.7%,比 CMBR 少 35.6% 左右。HMBR 中的酸杆菌门数量约占总量的 5.5%,比 CMBR 高 0.8% 左右。

纲水平的检测结果表明,CMBR 和 HMBR 中数量最多的微生物是鞘脂杆菌纲(Sphingobacteria),其次是 β-变形菌纲(Betaproteobacteria),排名第三的微生物种类无法确定,排名第四的微生物是 α-变形菌纲(Alphaproteobacteria)。前三种微生物在 HMBR 中占的比重比 CMBR 分别低 2.3%、6.7% 和 4.5%,而第 4 种微生物(α-变形菌纲)在 HMBR 中占的比重则比 CMBR 高出 22.5%。令人意外的是,HMBR 中的黄杆菌纲数量约为总量的 6.1%,但在 CMBR 中未发现该菌。

目水平的检测结果表明,CMBR 和 HMBR 中数量最多的 4 种微生物按由高到低顺序排列依次是鞘脂杆菌目(Sphingobacteriales)、无法归类的微生物、嗜氢菌目(Hydrogenophilales)和根瘤菌目(Rhizobiales),这 4 种微生物的数量占总量的 70% 以上。HMBR 中的鞘脂杆菌数量约占总量的 38.7%,比 CMBR 低 1.3%。HMBR 中无法归类的第 2 种微生物数量占总量的 16.9%,比 CMBR 少 4.4%。HMBR 中的嗜氢菌目数量占总量的 8.0%,比 CMBR 高出 2.0% 以上。HMBR 中的根瘤菌数量占总量的 6.0%,与 CMBR 基本持平。

科水平的检测结果表明,CMBR 和 HMBR 中数量最多的 4 种微生物按由高到低顺序排列依次是腐螺旋菌科(Saprospiraceae)、无法归类的微生物、嗜氢菌科(Hydrogenophilaceae)和生丝微菌科(Hyphomicrobiaceae),它们的数量之和占总量的 72.0% 以上。HMBR 中的腐螺旋菌科数量约占总量的 35.0%,比 CMBR 低 2.0%。HMBR 中无法归类的微生物数量约占总量的 29.5%,比 CMBR 低 1.5%。HMBR 中的嗜氢菌科数量约占总量的 8.1%,比 CMBR 高出 2.2%。HMBR 中的生丝微菌科数量约占总量的 4.2%,与 CMBR 基本

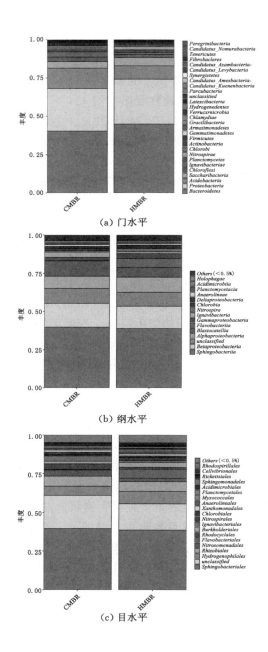

图 4.1　CMBR 和 HMBR 活性污泥中的微生物群落结构

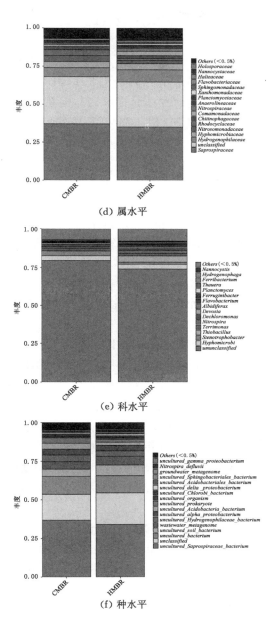

(d) 属水平

(e) 科水平

(f) 种水平

图 4.1(续)

持平。

属水平的检测结果表明,HMBR 中数量最多的微生物无法归类,约占总量的 74.0%,比 CMBR 低 5.5%。HMBR 中的生丝微菌属(*Hyphomicrobium*)数量约占总量的 2.9%,与 CMBR 基本持平。HMBR 中的寡养菌属(*Stenotrophobacter*)数量约占总量的 1.2%,比 CMBR 低 2.0%。HMBR 中的硫杆菌属(*Thiobaccillus*)数量约占总量的 4.1%,但在 CMBR 中未检出。

种水平的检测结果表明,CMBR 和 HMBR 中的绝大多数微生物无法归类,因而无法得到有价值的结论。

4.3 Alpha 多样性分析

群落生态学中研究微生物多样性,通过单样品的多样性分析(Alpha 多样性)可以反映微生物群落的丰度和多样性,包括一系列统计学分析指数估计环境群落的物种丰度和多样性。

Alpha 多样性(Alpha diversity)包括 chao 指数、ace 指数、shannon 指数以及 simpson 指数等。前面 3 个指数越大,最后 1 个指数越小,说明样品中的物种越丰富。

其中,chao 指数和 ace 指数反映样品中群落的丰富度(species richness),即简单指群落中物种的数量,而不考虑群落中每个物种的丰度情况。这两个指数对应的稀释曲线还可以反映样品测序量是否足够。如果曲线趋于平缓或者达到平台期时也就可以认为测序深度已经基本覆盖到样品中所有的物种;反之,则表示样品中物种多样性较高,还存在较多未被测序检测到的物种。

而 shannon 指数以及 simpson 指数反映群落的多样性(species diversity),受样品群落中物种丰富度(species richness)和物种均匀度(species evenness)的影响。相同物种丰富度的情况下,群落中各物种具有越大的均匀度,则认为群落具有越大的多样性。

本试验中,对 CMBR 和 HMBR 微生物种群 Alpha 多样性的分析结果表明,HMBR 的 chao、ace、shannon 以及 simpson 指数分别为 467.92、469.71、3.69 和 0.126 4,而 CMBR 的 chao、ace、shannon 以及 simpson 指数分别为 455.77、446.17、3.48 和 0.143 7,表明 HMBR 中物种的丰富性与多样性均高于 CMBR (图 4.2)。

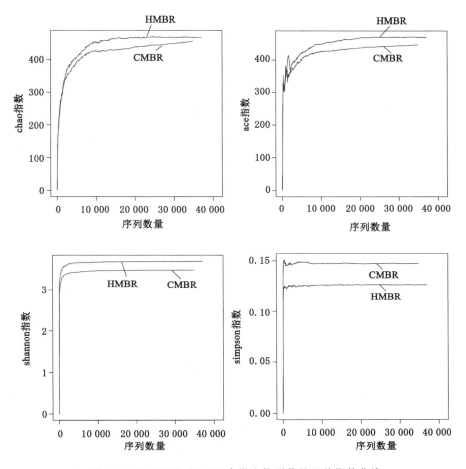

图 4.2　CMBR 和 HMBR 中微生物群落的几种指数曲线

4.4　Beta 多样性分析

　　与 Alpha 多样性分析不同,Beta 多样性(Beta diversity)分析是用来比较一对样品在物种多样性方面存在的差异大小。分析各类群在样品中的含量,进而计算出不同样品间的 Beta 多样性值。

　　多种指数可以衡量 Beta 多样性,常用的为 Bray-Curtis、weighted unifrac、unweighted unifrac 等。

4.4.1 （un）weighted unifrac 分析

Unifrac 分析利用各样品序列间的进化信息来比较环境样品在特定的进化谱系中是否有显著的微生物群落差异,可用于 Beta 多样性的评估分析,即对样品两两之间进行比较分析,得到样品间的 unifrac 距离矩阵。其计算方法为:利用来自不同环境样品的 OTU 代表序列构建一个进化树,unifrac 度量标准根据构建的进化树枝的长度计量两个不同环境样品之间的差异,差异通过 0—1 距离值表示,进化树上最早分化的树枝之间的距离为 1,即差异最大,来自相同环境的样品在进化树中会较大概率集中在相同的节点下,即它们之间的树枝长度较短,相似性高。若两个群落完全相同,那么它们没有各自独立的进化过程,unifrac 值为 0;若两个群落在进化树中完全分开,即它们是完全独立的两个进化过程,那么 unifrac 值为 1。从 unifrac 的定义中可以看出,它只考虑序列是否在群落中出现,而不考虑序列的丰度。若两个群落包含的物种完全相同,那么不管每个物种的丰度是否有差别或者差别的大小,unifrac 值都为 0。Unweighted unifrac 方法,就是在 unifrac 的基础上将序列的丰度纳入考虑,它能够区分物种丰度的差别。在计算中,unweighted unifrac 按照每条枝指向的叶节点中来自两个群落的比例,给每条枝加权重。因此 unweighted unifrac 可以检测样品间变化的存在,而 weighted unifrac 可以更进一步定量检测样品间不同谱系上发生的变异。

4.4.2 （un）weighted unifrac PCoA

Unifrac 分析得到的距离矩阵可用于多种分析方法,可通过多变量统计学方法 PCoA 分析,直观显示不同环境样品中微生物进化上的相似性及差异性。

PCoA(principal co-ordinates analysis)是一种研究数据相似性或差异性的可视化方法,通过一系列的特征值和特征向量进行排序后,选择主要排在前几位的特征值,PCoA 可以找到距离矩阵中最主要的坐标,结果是数据矩阵的一个旋转,它没有改变样品点之间的相互位置关系,只是改变了坐标系统。通过 PCoA 可以观察个体或群体间的差异。

4.4.3 （un）weighted unifrac 多样品相似度树分析

Unifrac 分析得到的距离矩阵可用于多种分析方法,通过层次聚类中的非加权组平均法(UPGMA)构建进化树等图形可视化处理,可以直观显示不同环境样品中微生物进化上的相似性及差异性。

UPGMA 假设在进化过程中所有核苷酸/氨基酸都有相同的变异率,即存在着一个分子钟,通过树枝的距离和聚类的远近可以观察样品间的进化距离。

4.4.4　基于 unifrac 的 NMDS 非度量型多维尺度分析

非度量型多维尺度法是一种将多维空间的研究对象(样本或变量)简化到低维空间进行定位、分析和归类,同时又保留对象间原始关系的数据分析方法,适用于无法获得研究对象间精确的相似性或相异性数据,仅能得到它们之间等级关系数据的情形。其基本特征是将对象间的相似性或相异性数据看成点间距离的单调函数,在保持原始数据次序关系的基础上,用新的相同次序的数据列替换原始数据进行度量型多维尺度分析。换句话说,当资料不适合直接进行变量型多维尺度分析时,对其进行变量变换,再采用变量型多维尺度分析,对原始资料而言,就称之为非度量型多维尺度分析。其特点是根据样品中包含的物种信息,以点的形式反映在多维空间上,而对不同样品间的差异程度,则是通过点与点间的距离体现的,最终获得样品的空间定位点图。

4.4.5　基于物种信息的 Bray-Curtis 距离分析

Bray-Curtis 距离是反映两个群落之间差异性的常用指标,它的计算不考虑序列间的进化距离,只考虑样品中物种存在情况。Bray-Curtis 距离的值在 0—1 之间,值越大表示样品间的差异越大。

Beta 多样性矩阵 heatmap,通过图形将 Beta 多样性数据进行可视化,并通过对样品进行聚类,具有相似 Beta 多样性的样品聚类在一起,反映了样品间的相似性。

在本试验中,用 Bray-Curtis 距离来表征 CMBR 和 HMBR 活性污泥中微生物群落的差异(图 4.3)。计算结果表明,门、纲、目、科、属、种 6 个级别的 Bray-Curtis 距离分别是分别是 0.088 3、0.102 1、0.139 0、0.098 2、0.112 6 和 0.099 4,在目水平出现最大值而在门水平出现最小值。

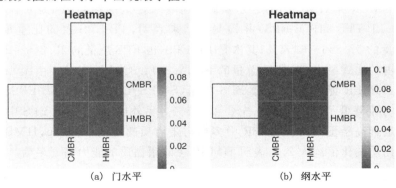

(a)　门水平　　　　　　　　(b)　纲水平

图 4.3　各种水平的 Bray-Curtis 矩阵热图

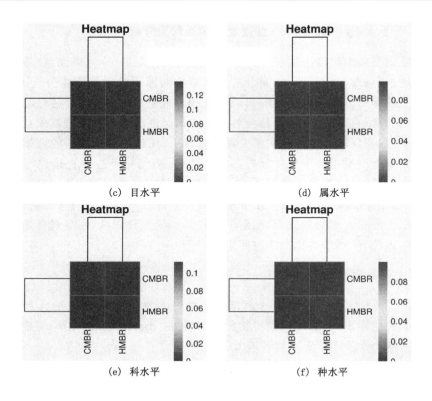

(c) 目水平　　　　　　　　　(d) 属水平

(e) 科水平　　　　　　　　　(f) 种水平

图 4.3(续)

4.5　EPS 分布特性

自 CMBR 和 HMBR 的曝气池中分别取一定量的混合液,提取各种 EPS
(S-EPS、LB-EPS 和 TB-EPS)并检测。结果表明,TB-EPS 占的比重最大,占
EPS 总量的 57.8%～63.4%;其次是 LB-EPS,占 EPS 总量的 22.3%～22.5%;
S-EPS 占的比重最小,为 EPS 总量的 14.1%～14.3%(图 4.4)。由图 4.4 还可
以看出,HMBR 能够有效降低 EPS 含量,S-EPS、LB-EPS 和 TB-EPS 含量比
CMBR 分别降低了 22.1%、20.5% 和 0.5%。另外还发现,每种 EPS 中的多糖
含量都远远高于蛋白质。CMBR 中多糖与蛋白质的比值约为2.5,HMBR 中多
糖与蛋白质的比值约为 2.8,表明 HMBR 去除蛋白质的能力高于多糖。

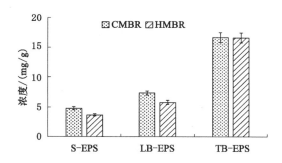

图 4.4 CMBR 和 HMBR 中的 EPS 分布

4.6 LB-EPS 与 R_c 的相关性

刘强等人的前期研究结果表明,R_c 在 R_t 中占的比重极大,为 R_t 的 71.7%~80.1%。由于膜丝表明的滤饼层污泥主要来源曝气池中的活性污泥,因此若想深入了解 EPS 与 R_c 的对应关系,首先应该弄清楚 EPS 对活性污泥性能的影响。B-EPS 与活性污泥性能关系密切,随着 B-EPS 含量的升高,活性污泥的絮凝与沉淀性能会变差。本研究结果表明,LB-EPS 对活性污泥絮凝与沉淀性能的影响明显高于 TB-EPS(图 4.5 和图 4.6)。随着活性污泥性能的改善,滤饼层过滤性能提高,R_c 降低。检测结果表明,HMBR 中的 R_c 为 1.94×10^{13} m^{-1},比 CMBR 降低了 24.2%。

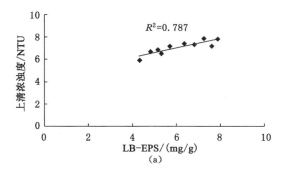

图 4.5 (a) LB-EPS、(b) TB-EPS 与上清液之间的相关性

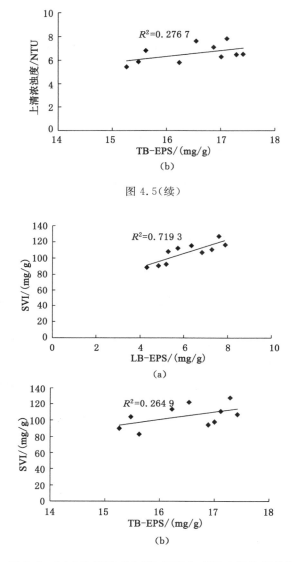

图 4.5(续)

图 4.6 （a）LB-EPS、（b）TB-EPS 与 SVI 之间的相关性

4.7 结论

（1）检测了 CMBR 和 HMBR 中各种水平的微生物群落结构,门、纲、目、科水平的优势微生物分别是拟杆菌门、鞘脂杆菌纲、鞘脂杆菌目和腐螺旋菌科,属、

种水平的优势微生物无法归类。

（2）HMBR 中的 chao、ace、shannon 和 simpson 指数分别为 467.92、469.71、3.69 和 0.126 4,而 CMBR 中的这 4 项指数分别为 455.77、446.17、3.48 和 0.143 7,表明 HMBR 中物种的丰富性和多样性均明显高于 CMBR。

（3）HMBR 中的微生物群落与 CMBR 有明显的区别,门、纲、科、目、属、种的 Bray-Curtis 距离分别为 0.088 3、0.102 1、0.139 0、0.098 2、0.112 6 和 0.099 4。

（4）HMBR 中的 S-EPS、LB-EPS 和 TB-EPS 分别占 EPS 总量的 14.3%、22.5% 和 63.4%,比 CMBR 分别降低了 22.1%,20.5% 和 0.5%。由于 LB-EPS 与活性污泥性能密切相关,而活性污泥性能又与滤饼层过滤性能有很强的相关性,因此随着 LB-EPS 含量的降低,HMBR 中的 R_c 比 CMBR 降低了 24.2%,为 $1.94 \times 10^{13} \ m^{-1}$。

5 SRT 对 HMBR 中微生物群落结构的影响

　　膜污染是限制膜生物反应器(MBR)在实际生产中迅速推广应用的关键因素,胞外聚合物(EPS)已被公认是导致膜污染的主要物质。

　　EPS 的影响因素主要包括基质类型、污泥负荷、SRT、pH 值、溶解氧(DO)、水温等,这些因素的改变均会导致微生物的生活状态发生变化,从而分泌的 EPS 含量与组分也会有所不同。因此,了解微生物群落结构对于深入了解 MBR 中膜污染机理有重要作用。

　　国内外很多学者对 MBR 的膜污染过程进行了研究,但其机理至今尚不完全清楚。刘强等人在前期研究中发现,由普通 MBR 与生物膜技术复合而成的复合式 MBR(HMBR)具有良好的抗膜污染性能,其实现途径主要是通过降低松散附着性 EPS 含量以提高活性污泥相关物理性能,从而降低滤饼层阻力,但是污泥龄(SRT)对 HMBR 中膜污染情况的影响目前仍然不清楚。本研究拟在不同 SRT 条件下(10 d、20 d、30 d 和 60 d)运行 HMBR 处理生活污水,检测反应器中活性污泥与生物膜上的微生物群落结构与 EPS 分布情况,对 SRT 对 HMBR 中微生物群落结构及 EPS 分布特性的影响进行研究。

5.1　SRT 对活性污泥微生物群落结构的影响

　　在 SRT 分别为 10 d、20 d、30 d 和 60 d 时运行 HMBR 处理生活污水,每种状态的运行时间均超过半年。待运行稳定后,取活性污泥,检测其微生物群落结构。

5.1.1　SRT 与活性污泥微生物群落结构

　　对不同 SRT(10 d、20 d、30 d 和 60 d)条件下曝气池中活性污泥的微生物群落结构进行检测分析,群落结构的分析按门、纲、目、科、属、种 6 个水平进行(图5.1)。

　　门水平的检测结果表明,当 SRT 为 10 d 时,数量最多的微生物是拟杆菌门(*Bacteroidetes*),占总量的 39.8%;其次是变形菌门(*Proteobacteria*),占总量的27.9%;再次是酸杆菌门(*Acidobacteria*),占总量的 12.9%。当 SRT 为 20 d 时,数量最多的微生物是变形菌门(*Proteobacteria*),占总量的 31.6%;其次是酸杆菌门

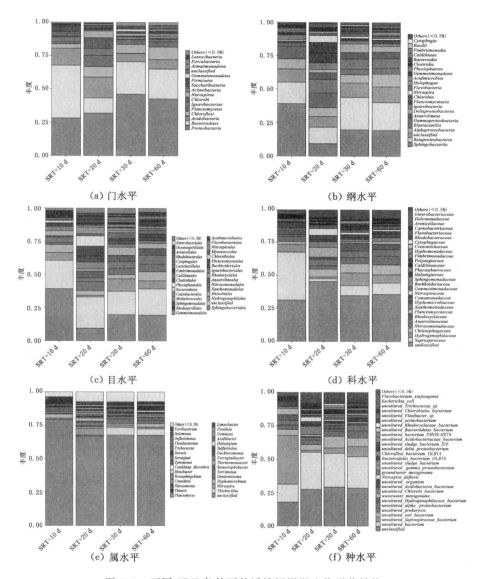

图 5.1 不同 SRT 条件下的活性污泥微生物群落结构

(*Acidobacteria*),占总量的 15.5%;再次是拟杆菌门(*Bacteroidetes*),占总量的 11.6%。当 SRT 为 30 d 时,数量最多的微生物是变形菌门(*Proteobacteria*),占总量的 45.9%;其次是拟杆菌门(*Bacteroidetes*),占总量的 24.5%;再次是绿弯菌门(*Chloroflexi*),占总量的 6.7%。当 SRT 是 60 d 时,数量最多的微生物是变形菌

门(*Proteobacteria*),占总量的 42.5%;其次是拟杆菌门(*Bacteroidetes*),占总量的 22.4%;再次是绿弯菌门(*Chloroflexi*),占总量的 9.5%。

纲水平的检测结果表明,当 SRT 为 10 d 时,数量最多的微生物是鞘脂杆菌纲(*Sphingobacteriia*),占总量的 38.8%;其次是 β-变形菌纲(*Betaproteobacteria*),占总量的 16.0%;再次是未能归类的细菌,占总量的 10.0%。当 SRT 为 20 d 时,数量最多的微生物是 β-变形菌纲(*Betaproteobacteria*),占总量的 12.1%;其次是囊胚(*Blastocatellia*),占总量的 10.8%;再次是 γ-变形菌纲(*Gammaproteobacteria*),占总量的 10.3%。当 SRT 为 30 d 时,数量最多的微生物是 β-变形菌纲(*Betaproteobacteria*),占总量的 24.3%;其次是鞘脂杆菌纲(*Sphingobacteriia*),占总量的 19.6%;再次是未能归类的细菌,占总量的 10.6%。当 SRT 为 60 d 时,数量最多的微生物是 β-变形菌纲(*Betaproteobacteria*),占总量的 20.9%;其次是鞘脂杆菌纲(*Sphingobacteriia*),占总量的 19.2%;再次是未能归类的细菌,占总量的 11.6%。

目水平的检测结果表明,当 SRT 为 10 d 时,数量最多的微生物是鞘脂杆菌目(*Sphingobacteriales*),占总量的 38.8%;其次是未能归类的细菌,占总量的 21.3%;再次是根瘤菌目(*Rhizobiales*),占总量的 6.2%。当 SRT 为 20 d 时,数量最多的是未能归类的细菌,占总量的 23.3%;其次是鞘脂杆菌目(*Sphingobacteriales*),占总量 9.3%;再次是绿菌目(*Chlorobiales*),占总量的 7.9%。当 SRT 为 30 d 时,数量最多的微生物是鞘脂杆菌目(*Sphingobacteriales*),占总量的 19.6%;其次是未能归类的细菌,占总量的 17.5%;再次是嗜氢菌目(*Hydrogenophilales*),占总量的 9.5%。当 SRT 为 60 d 时,数量最多的是未能归类的细菌,占总量的 19.8%;其次是鞘脂杆菌目(*Sphingobacteriales*),占总量的 19.2%;再次是根瘤菌目(*Rhizobiales*),占总量的 6.7%。

科水平的检测结果表明,当 SRT 为 10 d 时,数量最多的微生物是腐螺旋菌科(*Saprospiraceae*),占总量的 36.7%;其次是未能归类的细菌,占总量的 31.0%;再次是嗜氢菌科(*Hydrogenophilaceae*),占总量的 5.9%。当 SRT 为 20 d 时,数量最多的是未能归类的细菌,占总量的 45.5%;其次是壳藻科(*Chitinophagaceae*),占总量的 5.9%;再次是硝基螺旋菌科(*Nitrospiraceae*),占总量的 5.1%。当 SRT 为 30 d 时,数量最多的是未能归类的细菌,占总量的 34.6%;其次是嗜氢菌科(*Hydrogenophilaceae*),占总量的 9.5%;再次是腐螺旋菌科(*Saprospiraceae*),占总量的 7.8%。当 SRT 为 60 d 时,数量最多的是未能归类的细菌,占总量的 35.6%;其次是腐螺旋菌科(*Saprospiraceae*),占总量的 8.8%;再次是壳藻科(*Chitinophagaceae*),占总量的 7.6%。

属水平的检测结果表明,当 SRT 为 10 d 时,数量最多的是未能归类的细菌,占总量的 79.7%;其次是嗜麦芽寡养菌属(*Stenotrophobacter*),占总量的 3.1%;再次是生丝微菌属(*Hyphomicrobium*),占总量的 3.0%。当 SRT 为 20 d 时,数量最多的是未能归类的细菌,占总量的 67.2%;其次是硝化螺菌属(*Nitrospira*),占总量的 5.1%;再次是海狗属(*Terrimonas*),占总量的 2.5%。当 SRT 为 30 d 时,数量最多的是未能归类的细菌,占总量的 67.9%;其次是硫杆菌属(*Thiobacillus*),占总量的 5.9%;再次是 *Denitratisoma*,占总量的 3.5%。当 SRT 为 60 d 时,数量最多的是未能归类的细菌,占总量的 67.6%;其次是硫杆菌属(*Thiobacillus*),占总量的 5.0%;再次是生丝微菌属(*Hyphomicrobium*),占总量的 2.7%。

种水平的检测结果表明,当 SRT 为 10 d 时,数量最多的微生物是未得到培养物的腐螺旋菌科杆菌种(*uncultured_Saprospiraceae_bacterium*),占总量的 36.5%;其次是未能归类的细菌,占总量的 17.9%;再次是未得到培养物的细菌,占总量的 13.5%。当 SRT 为 20 d 时,数量最多的微生物是未得到培养物的细菌,占总量的 28.0%;其次是未能归类的细菌,占总量的 27.5%;再次是未得到培养物的绿菌,占总量的 6.2%。当 SRT 为 30 d 时,数量最多的是未能归类的细菌,占总量的 29.1%;其次是未得到培养物的细菌,占总量的 25.5%;再次是未得到培养物的土壤细菌,占总量的 8.7%。当 SRT 为 60 d 时,数量最多的是未能归类的细菌,占总量的 28.5%;其次是未得到培养物的细菌,占总量的 23.8%;再次是未得到培养物的腐螺旋菌,占总量的 7.5%。

5.1.2 SRT 与活性污泥 Alpha 多样性分析

试验中,不同 SRT 条件下活性污泥微生物种群 Alpha 多样性的分析结果表明(图 5.2),SRT 分别为 10 d、20 d、30 d 和 60 d 时,chao 指数分别为 818.7、895.2、1 078.4 和 1 079.8,ace 指数分别为 806.1、882.9、1 070.8 和 1 083.7,shannon 指数分别为 3.58、5.19、5.43 和 5.35,simpson 指数分别为 0.143 6、0.015 2、0.012 6 和 0.015 3。由 chao 和 ace 指数的变化可以看出,当 SRT 由 10 d 延长到 20 d、30 d 时,指数均有大幅度的增长;当 SRT 由 30 d 延长到 60 d 时,chao 和 ace 指数有增长但幅度非常小。由 shannon 指数的变化可以看出,SRT 为 30 d 时指数最大,其次是 SRT 为 60 d,SRT 为 10 d 时指数最小。由 simpson 指数的变化可以看出,SRT 为 30 d 时指数最小,SRT 为 10 d 时指数最大,SRT 为 20 d 和 60 d 介于中间。综合考虑认为,SRT 为 30 d 群落中物种的丰富度和多样性最好,其次是 60 d,再次是 20 d,SRT 为 10 d 时最差。

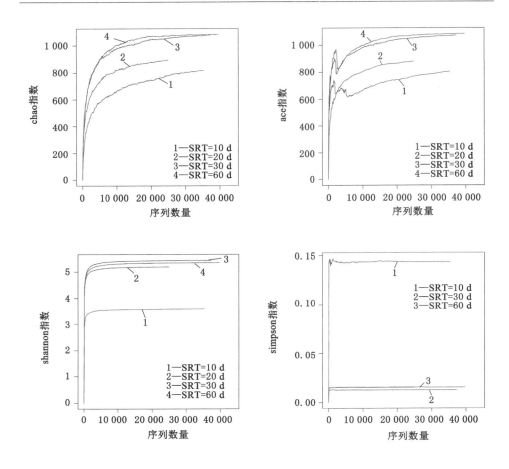

图 5.2　不同 SRT 条件下活性污泥微生物 Alpha 多样性分析

5.1.3　SRT 与活性污泥 Beta 多样性分析

在本试验中,用 Bray-Curtis 距离来表征不同 SRT 条件下活性污泥中微生物群落之间的差异(图 5.3)。将门、纲、目、科、属、种 6 个水平中的 Bray-Curtis 距离最大值进行排序,最大值发生在种水平(0.473 7),最小值发生在属水平(0.216 3)。对种水平的 Bray-Curtis 距离进行细分,SRT 为 10 d 和 20 d 时的微生物群落之间的差异性最大,Bray-Curtis 距离为 0.473 7;SRT 为 20 d 和 30 d 时的微生物群落之间的差异性比之前降低了 53.4%,Bray-Curtis 距离为 0.220 8;SRT 为 30 d 和 60 d 时的微生物群落之间的差异性最小,Bray-Curtis 距离为 0.147 8。

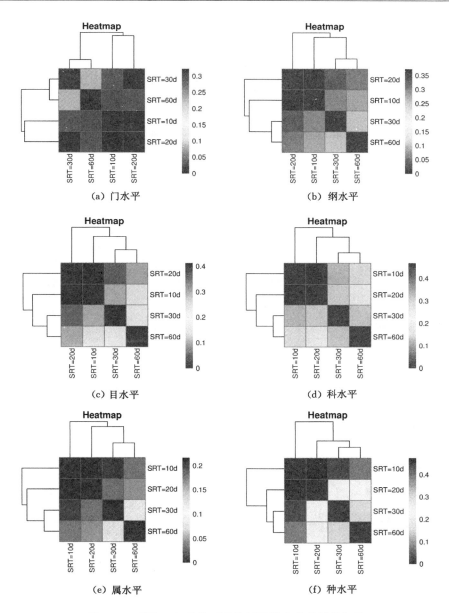

(a) 门水平

(b) 纲水平

(c) 目水平

(d) 科水平

(e) 属水平

(f) 种水平

图 5.3 不同 STR 条件下活性污泥微生物差异性矩阵、

5.2　SRT 对生物膜微生物群落结构的影响

在 SRT 分别为 10 d、20 d、30 d 和 60 d 时运行 HMBR 处理生活污水，每种状态的运行时间均超过半年。待运行稳定后，取生物膜，检测其微生物群落结构。

5.2.1　SRT 与生物膜微生物群落结构

对不同 SRT(10 d、20 d、30 d 和 60 d)条件下曝气池中生物膜上的微生物群落结构进行检测分析，群落结构的分析按门、纲、目、科、属、种 6 个水平进行(图5.4)。

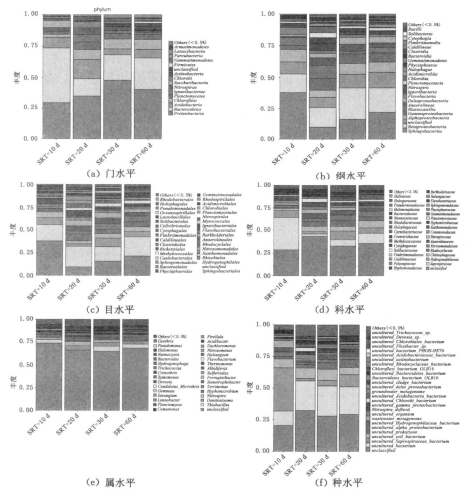

图 5.4　不同 SRT 条件下的生物膜微生物群落结构

门水平的检测结果表明,当 SRT 为 10 d 时,数量最多的微生物是拟杆菌门(*Bacteroidetes*),占总量的 43.9%;其次是变形菌门(*Proteobacteria*),占总量的 29.7%;再次是酸杆菌门(*Acidobacteria*),占总量的 8.5%。当 SRT 为 20 d 时,数量最多的微生物是变形菌门(*Proteobacteria*),占总量的 35.1%;其次是酸杆菌门(*Acidobacteria*),占总量的 15.2%;再次是拟杆菌门(*Bacteroidetes*),占总量的 14.0%。当 SRT 为 30 d 时,数量最多的微生物是变形菌门(*Proteobacteria*),占总量的 48.3%;其次是拟杆菌门(*Bacteroidetes*),占总量的 20.3%;再次是绿弯菌门(*Chloroflexi*),占总量的 8.0%。当 SRT 为 60 d 时,数量最多的微生物是变形菌门(*Proteobacteria*),占总量的 40.5%;其次是拟杆菌门(*Bacteroidetes*),占总量的 25.2%;再次是绿弯菌门(*Chloroflexi*),占总量的 8.0%。

纲水平的检测结果表明,当 SRT 为 10 d 时,数量最多的微生物是鞘脂杆菌纲(*Sphingobacteriia*),占总量的 37.8%;其次是 β-变形菌纲(*Betaproteobacteria*),占总量的 14.8%;再次是 α-变形菌纲,占总量的 9.9%。当 SRT 为 20 d 时,数量最多的微生物是 β-变形菌纲(*Betaproteobacteria*),占总量的 16.2%;其次是囊胚(*Blastocatellia*),占总量的 10.2%;再次是鞘脂杆菌纲(*Sphingobacteriia*),占总量的 9.6%。当 SRT 为 30 d 时,数量最多的微生物是 β-变形菌纲(*Betaproteobacteria*),占总量的 25.6%;其次是鞘脂杆菌纲(*Sphingobacteriia*),占总量的 16.0%;再次是未能归类的细菌,占总量的 10.8%。当 SRT 为 60 d 时,数量最多的微生物是鞘脂杆菌纲(*Sphingobacteriia*),占总量的 21.8%;其次是 β-变形菌纲(*Betaproteobacteria*),占总量的 19.9%;再次是未能归类的细菌,占总量的 12.3%。

目水平的检测结果表明,当 SRT 为 10 d 时,数量最多的微生物是鞘脂杆菌目(*Sphingobacteriales*),占总量的 37.8%;其次是未能归类的细菌,占总量的 17.1%;再次是嗜氢菌目(*Hydrogenophilales*),占总量的 8.0%。当 SRT 为 20 d 时,数量最多的是未能归类的细菌,占总量的 22.7%;其次是鞘脂杆菌目(*Sphingobacteriales*),占总量的 9.6%;再次是黄色单胞菌目(*Xanthomonadales*),占总量的 7.1%。当 SRT 为 30 d 时,数量最多的微生物是鞘脂杆菌目(*Sphingobacteriales*),占总量的 16.0%;其次是未能归类的细菌,占总量的 15.9%;再次是嗜氢菌目(*Hydrogenophilales*),占总量的 9.2%。当 SRT 为 60 d 时,数量最多的微生物是鞘脂杆菌目(*Sphingobacteriales*),占总量的 21.8%;其次是未能归类的细菌,占总量的 20.5%;再次是亚硝化单胞菌目(*Nitrosomonadales*),占总量的 6.4%。

科水平的检测结果表明,当 SRT 为 10 d 时,数量最多的微生物是腐螺旋菌科(*Saprospiraceae*),占总量的 34.9%;其次是未能归类的细菌,占总量的 29.0%;再次是嗜氢木科(*Hydrogenophilaceae*),占总量的 8.0%。当 SRT 为 20 d 时,数量最多的是未能归类的细菌,占总量的 43.7%;其次是厌氧绳菌科(*Anaerolineaceae*),占总量的 5.9%;再次是壳藻科(*Chitinophagaceae*),占总量的 5.4%。当 SRT 为 30 d 时,数量最多的是未能归类的细菌,占总量的33.3%;其次是嗜氢木科(*Hydrogenophilaceae*),占总量的 9.2%;再次是腐螺旋菌科(*Saprospiraceae*),占总量的 6.7%。当 SRT 为 60 d 时,数量最多的是未能归类的细菌,占总量的 36.0%;其次是腐螺旋菌科(*Saprospiraceae*),占总量的 10.8%;再次是壳藻科(*Chitinophagaceae*),占总量的 7.9%。

属水平的检测结果表明,当 SRT 为 10 d 时,数量最多的是未能归类的细菌,占总量的 73.6%;其次是硫杆菌属(*Thiobacillus*),占总量的 3.9%;再次是生丝微菌属(*Hyphomicrobium*),占总量的 3.1%。当 SRT 为 20 d 时,数量最多的是未能归类的细菌,占总量的 65.8%;其次是硝化螺菌属(*Nitrospira*),占总量的 4.6%;再次是 *Denitratisoma*,占总量的 4.3%。当 SRT 为 30 d 时,数量最多的是未能归类的细菌,占总量的 64.9%;其次是硫杆菌属(*Thiobacillus*),占总量的 5.6%;再次是 *Denitratisoma*,占总量的 3.9%。当 SRT 为 60 d 时,数量最多的是未能归类的细菌,占总量的 68.5%;其次是硫杆菌属(*Thiobacillus*),占总量的 4.3%;再次是 *Denitratisoma*,占总量的 2.5%。

种水平的检测结果表明,当 SRT 为 10 d 时,数量最多的微生物是未得到培养物的腐螺旋菌科杆菌属,占总量的 34.0%;其次是未能归类的微生物,占总量的 20.4%;再次是未得到培养物的细菌,占总量的 11.5%。当 SRT 为 20 d 时,数量最多的是未能归类的微生物,占总量的 32.3%;其次是未得到培养物的细菌,占总量的 23.4%;再次是未得到培养物的土壤细菌,占总量的 8.3%。当 SRT 为 30 d 时,数量最多的是未能归类的细菌,占总量的 27.8%;其次是未得到培养物的细菌,占总量的 23.9%;再次是未得到培养物的土壤细菌,占总量的 8.9%。当 SRT 为 60 d 时,数量最多的是未能归类的细菌,占总量的 29.1%;其次是未得到培养物的细菌,占总量的 22.0%;再次是未得到培养物的腐螺旋菌科杆菌属,占总量的 9.4%。

5.2.2　SRT 与生物膜 Alpha 多样性分析

试验中,不同 SRT 条件下生物膜微生物种群 Alpha 多样性的分析结果表明(图 5.5),SRT 分别为 10 d、20 d、30 d 和 60 d 时,chao 指数分别为 804.6、859.6、1 103.6 和 1 126.5,ace 指数分别为 815.4、846.0、1 096.8 和 1 120.8,shannon 指数分别为 3.76、5.16、5.50 和 5.32,simpson 指数分别为 0.125 7、0.015 5、

0.012 3 和 0.017 8。由 chao 和 ace 指数的变化可以看出,当 SRT 由 10 d 延长
到 20 d、30 d 时,指数均有大幅度的增长;当 SRT 由 30 d 延长到 60 d 时,chao
和 ace 指数有增长但幅度非常小。由 shannon 指数的变化可以看出,SRT 为 30 d
时指数最大,其次是 SRT 为 60 d,SRT 为 10 d 时指数最小。由 simpson 指数的
变化可以看出,SRT 为 30 d 时指数最小,SRT 为 10 d 时指数最大。综合考虑认
为,SRT 为 30 d 群落中物种的丰富度和多样性最好,其次是 60 d,再次是 20 d,
SRT 为 10 d 时最差。该结果与活性污泥的 Alpha 多样性分析相同。

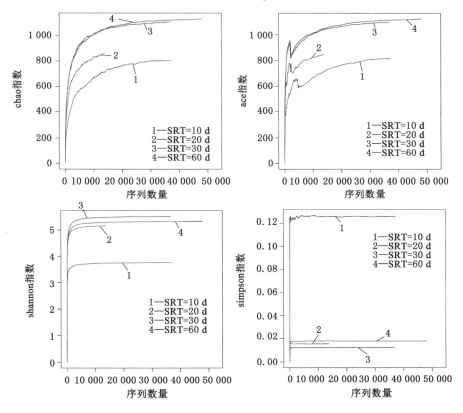

图 5.5　不同 SRT 条件下的生物膜 Alpha 多样性分析

5.2.3　SRT 与生物膜 Beta 多样性分析

在本试验中,用 Bray-Curtis 距离来表征不同 SRT 条件下活性污泥中微生物
群落之间的差异(图 5.6)。将门、纲、目、科、属、种 6 个水平中的 Bray-Curtis 距离
最大值进行排序,最大值发生在科水平(0.444 5),最小值发生在属水平(0.193 1)。

对科水平的 Bray-Curtis 距离进行细分,SRT 为 10 d 和 20 d 时的微生物群落之间差异性最大,Bray-Curtis 距离为 0.444 5;SRT 为 20 d 和 30 d 时的微生物差异性比之前降低了 48.3%,Bray-Curtis 距离为 0.229 9;SRT 为 30 d 和 60 d 时的微生物群落之间差异性最小,Bray-Curtis 距离为 0.163 8。

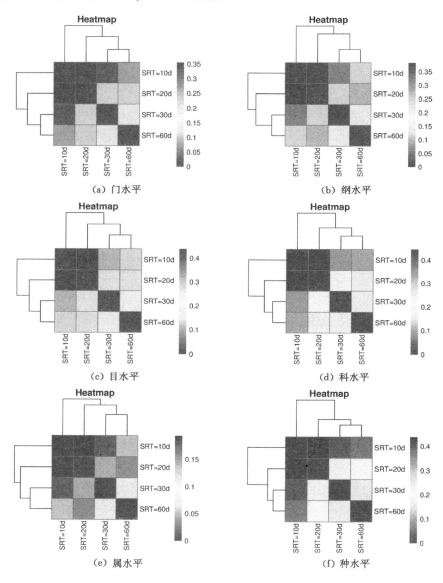

图 5.6　不同 SRT 条件下生物膜微生物差异性矩阵

5.3 SRT 对滤饼层微生物群落结构的影响

5.3.1 SRT 与滤饼层微生物群落结构

对不同 SRT(10 d、20 d、30 d 和 60 d)条件下膜组件滤饼层中的微生物群落结构进行检测分析,群落结构的分析按门、纲、目、科、属、种 6 个水平进行(图 5.7)。

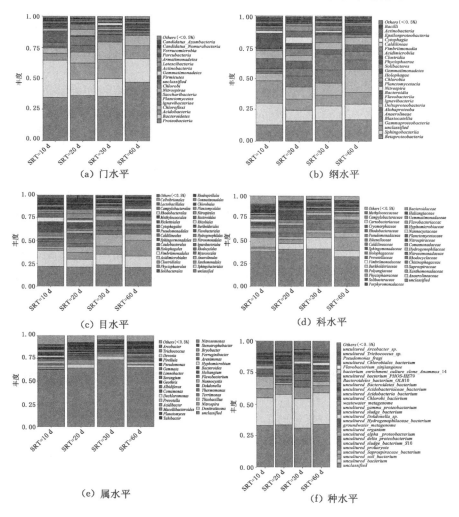

图 5.7 不同 SRT 条件下的滤饼层微生物群落结构

门水平的检测结果表明,当 SRT 为 10 d 时,数量最多的微生物是变形菌门 (*Proteobacteria*),占总量的 34.6%;其次是拟杆菌门(*Bacteroidetes*),占总量的 30.2%;再次是糖化菌门(*Saccharibacteria*),占总量的 9.0%。当 SRT 为 20 d 时,数量最多的微生物是变形菌门(*Proteobacteria*),占总量的 36.1%;其次是拟杆菌门(*Bacteroidetes*),占总量的 13.4%;再次是酸杆菌门(*Acidobacteria*),占总量的 13.0%。当 SRT 为 30 d 时,数量最多的微生物是变形菌门 (*Proteobacteria*),占总量的 35.5%;其次是酸杆菌门(*Acidobacteria*),占总量的 15.2%;再次是拟杆菌门(*Bacteroidetes*),占总量的 14.6%。当 SRT 为 60 d 时,数量最多的微生物是变形菌门(*Proteobacteria*),占总量的 47.3%;其次是拟杆菌门(*Bacteroidetes*),占总量的 18.8%;再次是酸杆菌门(*Acidobacteria*),占总量的 10.5%。

纲水平的检测结果表明,当 SRT 为 10 d 时,数量最多的是未能归类的微生物,占总量的 18.4%;其次是鞘脂杆菌纲(*Sphingobacteriia*),占总量的 17.3%;再次是 β-变形菌纲(*Betaproteobacteria*),占总量的 12.6%。当 SRT 为 20 d 时,数量最多的微生物是 β-变形菌纲(*Betaproteobacteria*),占总量的 15.7%;其次是 γ-变形菌纲(*Gammaproteobacteria*),占总量的 10.0%;再次是未能归类的微生物,占总量的 9.1%。当 SRT 为 30 d 时,数量最多的微生物是 β-变形菌纲 (*Betaproteobacteria*),占总量的 16.0%;其次是厌氧绳菌纲(*Anaerolineae*),占总量的 12.5%;再次是鞘脂杆菌纲(*Sphingobacteriia*),占总量的 11.6%。当 SRT 为 60 d 时,数量最多的微生物是 γ-变形菌纲(*Gammaproteobacteria*),占总量的 18.5%;其次是 β-变形菌纲(*Betaproteobacteria*),占总量的 16.9%;再次是鞘脂杆菌纲(*Sphingobacteriia*),占总量的 12.4%。

目水平的检测结果表明,当 SRT 为 10 d 时,数量最多的是未能归类的微生物,占总量的 21.9%;其次是鞘脂杆菌目(*Sphingobacteriales*),占总量的 17.3%;再次是黄杆菌目(*Flavobacteriales*),占总量的 7.8%。当 SRT 为 20 d 时,数量最多的微生物是未能归类的微生物,占总量的 21.1%;其次是鞘脂杆菌目(*Sphingobacteriales*),占总量的 8.5%;再次是黄色单胞菌目 (*Xanthomonadales*),占总量的 7.5%。当 SRT 为 30 d 时,数量最多的微生物是未能归类的微生物,占总量的 23.4%;其次是厌氧绳菌目(*Anaerolineales*),占总量的 12.5%;再次是鞘脂杆菌目(*Sphingobacteriales*),占总量的 11.6%。当 SRT 为 60 d 时,数量最多的微生物是未能归类的微生物,占总量的 20.8%;其次是黄色单胞菌目(*Xanthomonadales*),占总量的 17.5%;再次是鞘脂杆菌目 (*Sphingobacteriales*),占总量的 12.4%。

科水平的检测结果表明,当 SRT 为 10 d 时,数量最多的是未能归类的微生物,占总量的 39.4%;其次是腐螺旋菌科(*Saprospiraceae*),占总量的 10.4%;再次是嗜氢菌科(*Hydrogenophilaceae*),占总量的 4.2%。当 SRT 为 20 d 时,数量最多的微生物是未能归类的微生物,占总量的 41.4%;其次是厌氧绳菌科(*Anaerolineaceae*),占总量的 6.2%;再次是硝化螺旋菌科(*Nitrospiraceae*),占总量的 5.0%。当 SRT 为 30 d 时,数量最多的微生物是未能归类的微生物,占总量的 41.7%;其次是厌氧绳菌科(*Anaerolineaceae*),占总量的 12.5%;再次是壳藻科(*Chitinophagaceae*),占总量的 6.8%。当 SRT 为 60 d 时,数量最多的微生物是未能归类的微生物,占总量的 33.1%;其次是黄色单胞菌科(*Xanthomonadaceae*),占总量的 15.1%;再次是厌氧绳菌科(*Anaerolineaceae*),占总量的 6.6 %。

属水平的检测结果表明,当 SRT 为 10 d 时,数量最多的是未能归类的微生物,占总量的 62.9%;其次是小囊菌属(*Nannocystis*),占总量的 3.0%;再次是硫杆菌属(*Thiobacillus*),占总量的 2.6%。当 SRT 为 20 d 时,数量最多的微生物是未能归类的微生物,占总量的 64.6%;其次是硝化螺菌属(*Nitrospira*),占总量的 5.0%;再次是 *Denitratisoma* 属,占总量的 4.1%。当 SRT 为 30 d 时,数量最多的微生物是未能归类的微生物,占总量的 73.6%;其次是 *Denitratisoma* 属,占总量的 4.0%;再次是 *Terrimonas* 属,占总量的 2.2%。当 SRT 为 60 d 时,数量最多的微生物是未能归类的微生物,占总量的 65.1%;其次是热单胞菌属(*Thermomonas*)和硫杆菌属(*Thiobacillus*),两者均占总量的 3.0%。

种水平的检测结果表明,当 SRT 为 10 d 时,数量最多的是未能归类的微生物,占总量的 33.1%;其次是未得到培养物的细菌,占总量的 22.0%;再次是未得到培养物的腐螺旋菌科细菌,占总量的 9.9%。当 SRT 为 20 d 时,数量最多的微生物是未能归类的微生物,占总量的 33.6%;其次是未得到培养物的细菌,占总量的 24.2%;再次是未得到培养物的土壤细菌,占总量的 7.6%。当 SRT 为 30 d 时,数量最多的微生物是未能归类的微生物,占总量的 31.1%;其次是未得到培养物的细菌,占总量的 23.3%;再次是未得到培养物的土壤细菌,占总量的 8.9%。当 SRT 为 60 d 时,数量最多的微生物是未能归类的微生物,占总量的 34.0%;其次是未得到培养物的细菌,占总量的 25.0%;再次是未得到培养物的土壤细菌,占总量的 5.5 %。

5.3.2　SRT 与滤饼层 Alpha 多样性分析

试验中,不同 SRT 条件下滤饼层微生物种群 Alpha 多样性的分析结果表明(图 5.8),SRT 分别为 10 d、20 d、30 d 和 60 d 时,chao 指数分别为 981.2、1 125.4、1 135.3 和 1 214.1,ace 指数分别为 971.3、1 092.5、1 107.3 和 1 199.5,

shannon 指数分别为 5.03、5.37、5.14 和 5.30, simpson 指数分别为 0.024 6、0.013 1、0.015 8 和 0.013 2。可以看出, chao 和 ace 指数随 SRT 的延长而增大。当 SRT 由 10 d 延长到 20 d 时, chao 和 ace 指数均有较大幅度的增长；当 SRT 由 20 d 延长到 30 d 时, chao 和 ace 指数的增长幅度很小；当 SRT 由 30 d 延长到 60 d 时, chao 和 ace 指数均有较大幅度的增长。由 shannon 指数的变化可以看出, 当 SRT 为 20 d 时, shannon 指数最大, 其次是 SRT 为 60 d, 当 SRT 为 10 d 时的 shannon 指数最小。由 simpson 指数的变化可以看出, SRT 为 20 d 时, simpson 指数最小, SRT 为 60 d 时的 simpson 指数略大于 SRT 为 20 d, SRT 为 10 d 时的 simpson 指数最大。综合考虑认为, SRT 为 60 d 时滤饼层群落中物种的丰富度和多样性最好, 其次是 20 d, 再次是 30 d, SRT 为 10 d 时最差。

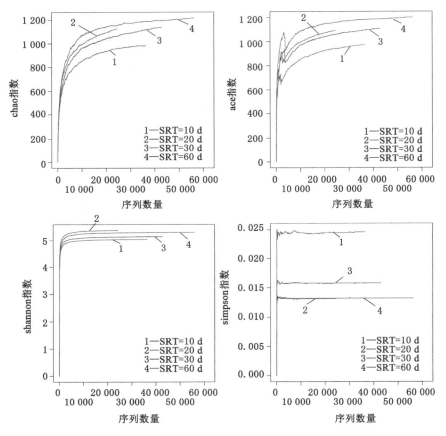

图 5.8　不同 SRT 条件下的滤饼层 Alpha 多样性分析

5.3.3 SRT 与滤饼层 Beta 多样性分析

在本试验中,用 Bray-Curtis 距离来表征不同 SRT 条件下活性污泥中微生物群落的差异(图 5.9)。将门、纲、目、科、属、种 6 个水平中的 Bray-Curtis 距离最大值进行排序,最大值发生在纲水平(0.373 7),最小值发生门水平(0.128 5)。对纲水平的 Bray-Curtis 距离进行细分,SRT 为 10 d 和 30 d 时的微生物差异性最大,Bray-Curtis 距离为 0.373 7;SRT 为 10 d 和 20 d 时的微生物差异性比之前降低了 8.1%,Bray-Curtis 距离为 0.343 6;SRT 为 20 d 和 30 d 时的微生物差异性最小,Bray-Curtis 距离为 0.164 1。

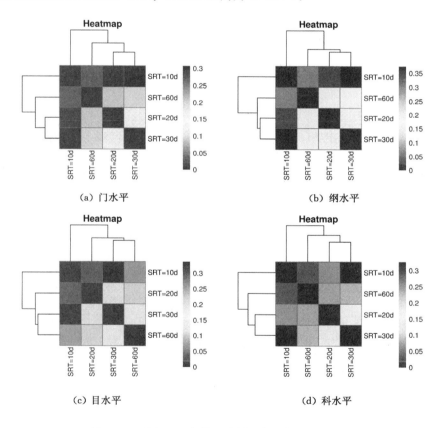

图 5.9　不同 STR 条件下滤饼层微生物差异性矩阵

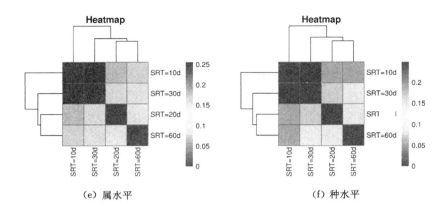

（e）属水平　　　　　　　　　　（f）种水平

图 5.9（续）

5.4　结论

（1）当 SRT 分别为 10 d、20 d、30 d 和 60 d 时,活性污泥中数量最多的细菌分别是鞘脂杆菌纲、β-变形菌纲、β-变形菌纲和 β-变形菌纲,分别占总量的38.8％、12.1％、24.3％和 20.9％。当 SRT 为 30 d 时活性污泥群落中物种的丰富度和多样性最好,SRT 分别为 10 d 和 20 d 时活性污泥的微生物差异性最大。

（2）当 SRT 分别为 10 d、20 d、30 d 和 60 d 时,生物膜中数量最多的细菌分别是鞘脂杆菌纲、β-变形菌纲、β-变形菌纲和鞘脂杆菌纲,分别占总量的 37.8％、16.2％、25.6％和 21.8％。SRT 为 30 d 时生物膜群落中物种的丰富度和多样性最好,SRT 分别为 10 d 和 20 d 时生物膜的微生物差异性最大。

（3）当 SRT 分别为 10 d、20 d、30 d 和 60 d 时,滤饼层中数量最多的细菌均是变形菌门,分别占总量的 34.6％、36.1％、35.5％和 47.3％。当 SRT 为 60 d 时滤饼层群落中物种的丰富度和多样性最好,SRT 分别为 10 d 和 30 d 时滤饼层的微生物差异性最大。

6 SRT 对 HMBR 中 EPS 分布特性及膜污染的影响

相关研究表明,污泥龄(SRT)是影响膜污染的重要工艺参数之一。本章拟对不同 SRT 条件下运行 HMBR 处理生活污水进行小试和中试,研究 SRT 对 EPS 和膜污染的影响。

6.1 SRT 对 EPS 分布特性及膜污染的影响

同时运行 5 套 HMBR 试验装置进行对照试验,每天定量排泥将 SRT 分别控制在 10 d、20 d、30 d、40 d 和 60 d,比较分析各个反应器内的 EPS 浓度、活性污泥絮凝与沉淀性能、TMP 以及膜阻力等指标的变化情况,对 SRT 对反应器中 EPS 和膜污染的影响进行研究,并从 EPS 的角度阐明 SRT 对 HMBR 中膜污染的作用原理。

6.1.1 生物量变化

按 SRT 由小到大的顺序将 5 套 HMBR 试验装置分别标记为 H_1、H_2、H_3、H_4 和 H_5,每套反应器内生物量的变化情况见表 6.1,生物总量为 MLSS 与生物膜浓度之和。

表 6.1 HMBR 的生物量

试验装置	MLSS/(mg/L)	MLVSS/(mg/L)	生物膜/(mg/L)	生物总量/(mg/L)
H_1	4 137	2 942	1 728	5 865
H_2	5 312	3 643	1 719	7 031
H_3	6 336	4 182	1 723	8 059
H_4	7 271	4 238	1 731	9 002
H_5	8 533	4 315	1 716	10 249

注:表中数值为平均值,$n=20$。

可以看出,当 SRT≤30 d 时,MLSS 和 MLVSS 都随 SRT 的延长快速增加;当 SRT 超过 30 d 以后,MLVSS 基本保持平稳,表明活性污泥中微生物的增值量和死亡量达到平衡,但是由于原水中难降解 SS 与微生物代谢产物的累积,MLSS 继续呈增长趋势。在不同的 SRT 条件下,生物膜浓度变化不大,因此生物总量随 SRT 的延长而增高。

反应器的生物降解能力与生物量有关,因此,HMBR 在不同 SRT 条件下对有机物的去除情况与生物总量的变化规律基本一致。当 SRT≤30 d 时,COD 去除率随 SRT 的延长而增高;当 SRT 超过 30 d 以后,COD 去除率基本保持稳定(表 6.2)。

表 6.2　HMBR 的污染物去除效能

项　目	进　水	H$_1$出水	H$_2$出水	H$_3$出水	H$_4$出水	H$_5$出水
COD/(mg/L)	276.2	19.6	16.8	14.9	14.8	15.1
NH$_4^+$-N/(mg/L)	39.6	1.1	0.2	0.2	0.2	0.2
TN/(mg/L)	48.7	24.9	20.7	19.7	22.5	27.2
TP/(mg/L)	5.1	1.1	0.7	0.8	1.2	1.5

注:表中数值为平均值,$n=30$。

NH$_4^+$-N 的去除主要依赖于硝化细菌,该细菌具有世代周期长、繁殖速度慢的特点,因此当 SRT 由 10 d 延长到 20 d 时,NH$_4^+$-N 去除率由 97.2% 提高到了 99.5%。继续延长 SRT,反应器对 NH$_4^+$-N 的去除效果没有明显变化。

生物脱氮需要两个过程:一是好氧条件下的硝化反应,二是缺氧条件下的反硝化过程。生物除磷也需要两个过程:一是厌氧条件下的释磷反应,二是好氧条件下的吸磷反应。传统的生物脱氮除磷理论认为,由于反应条件不同,不同的反应必须在不同的构筑物中进行。相关研究结果表明,在 DO 浓度较低的情况下,由于氧传质阻力的影响,一定粒径的活性污泥内部和一定厚度的生物膜内部都可能会形成缺氧区和厌氧区,因此会进行缺氧条件下的反硝化反应和厌氧释磷反应,使反应器具有较好的脱氮除磷效果。在本试验中,DO 浓度控制在 1 mg/L 左右,反应器具有一定的脱氮除磷效果。由表 6.2 可知,当 SRT 为 30 d 时的 TN 去除率最高,为 59.5%;当 SRT 为 20 d 时的 TP 去除率最高,为 86.3%。

6.1.2　EPS 变化情况

SRT 对 EPS 的影响情况见图 6.1 所示。

S-EPS 随 SRT 的变化规律与 COD 的变化规律基本一致。当 SRT 为 10 d 时,S-EPS 平均浓度为 8.5 mg/g;随着 SRT 的延长,S-EPS 平均浓度逐渐降低,

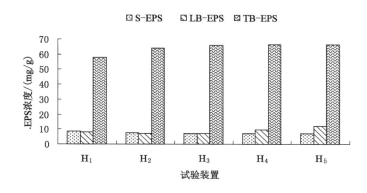

图 6.1　5 套试验装置中的 EPS 分布情况

当 SRT 为 30 d 时,S-EPS 平均浓度降低到 7.0 mg/g;继续延长 SRT,对 S-EPS 的影响不大,S-EPS 基本稳定在 7.0 mg/g 左右。

LB-EPS 随 SRT 的延长呈现出先降后升的趋势。当 SRT 为 10 d 时,LB-EPS 平均浓度为 8.1 mg/g;当 SRT 为 30 d 时,LB-EPS 平均浓度降低到 7.1 mg/g;继续延长 SRT 则会造成 LB-EPS 的快速增高。

TB-EPS 随 SRT 的延长逐渐增高,但是增加的幅度逐步减小。当 SRT 由 10 d 延长到 30 d 时,TB-EPS 平均浓度增加了 14.4%;当 SRT 由 30 d 延长到 60 d 时,TB-EPS 平均浓度仅增加了 0.9%。

EPS 总量为 S-EPS、LB-EPS 和 TB-EPS 之和,其值随 SRT 的延长而增高。当 SRT 为 10 d 时,EPS 总量为 74.2 mg/g;当 SRT 为 60 d 时,EPS 总量为 85.7 mg/g。

6.1.3　活性污泥的絮凝与沉淀性能变化情况

在不同 SRT 条件下活性污泥的絮凝与沉淀性能见表 6.3。前期研究结果表明,LB-EPS 与活性污泥的絮凝及沉淀性能有很强的相关性。当试验进行到第 60 d 时,检测各个反应器中活性污泥的絮凝与沉淀性能。试验结果表明,随着 SRT 的延长,上清液浊度与 SVI 表现出了与 LB-EPS 类似的变化规律。当 SRT 由 10 d 延长到 20 d 时,上清液浊度和 SVI 分别降低了 12.3% 和 20.4%,表明活性污泥的絮凝与沉淀性能得到提高;当 SRT 延长到 30 d 时,上清液浊度与 SVI 的变化不大;当 SRT 超过 30 d 以后,上清液浊度和 SVI 随 SRT 的延长快速增大,表明活性污泥的絮凝与沉淀性能迅速下降。

表 6.3　活性污泥的絮凝与沉淀性能

项　目	H_1	H_2	H_3	H_4	H_5
上清液浊度/NTU	6.5	5.7	5.8	7.8	9.6
SVI/(mL/g)	138.7	110.3	112.5	162.8	217.3

注:表中数据为平均值,$n=20$。

6.1.4　膜阻力变化情况

　　5 套试验装置中的膜阻力分布情况如图 6.2 所示。很显然,R_c 在 R_t 中占的比例最高($78.9\%\sim83.4\%$),其次是 R_p($13.0\%\sim15.4\%$),R_m 占的比例最小($3.1\%\sim5.7\%$)。随着 SRT 的逐步延长,R_c、R_p 和 R_t 均呈现出了先降后升的变化规律,当 SRT 为 30 d 时的 R_c、R_p 和 R_t 最小,比 SRT 为 10 d 时分别减小了 19.7%、8.5% 和 17.2%。

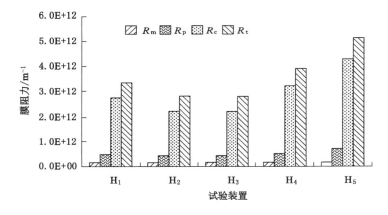

图 6.2　5 套试验装置中的膜阻力分布情况

6.1.5　TMP 变化情况

　　5 套试验装置中 TMP 的变化情况如图 6.3 所示。当 SRT 由 10 d 延长到 20 d 时,膜组件运行周期增加了 17.9%;继续延长 SRT 到 30 d,膜组件运行周期增加幅度减小,仅为 4.5%;当 SRT 超过 30 d 以后,膜组件运行周期大幅度缩短,SRT 为 60 d 时对应的运行周期为 69 d,比 SRT 为 10 d 时减小了 27.4%。

6.1.6　SRT 对 HMBR 中膜污染的作用原理

　　关于 SRT 对 EPS 的影响,很多学者进行了研究。Hernandez 等人发现,当

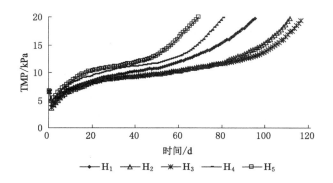

图 6.3 5 套试验装置中 TMP 的变化情况

SRT 延长时 EPS 减少,当 SRT 超过 30 d 以后 EPS 不再有明显变化。Choi 等人则认为,EPS 随 SRT 的延长而增加。张景丽等人认为,当 SRT≤30 d 时 EPS 的增加幅度较小,当 SRT 超过 30 d 以后 EPS 会快速增加。上述研究结果不尽相同,有的甚至截然相反,这主要是原水水质、工艺参数、EPS 的提取方法等不同引起的。SRT 的改变会引起 MLSS 的改变,从而间接改变污泥负荷(N_s),过高和过低的 N_s 都会对微生物的新陈代谢产生影响,进而影响 EPS 的产生。当 SRT 过短即 N_s 过高时,有机物与营养物质来不及被微生物完全消耗就被转化为 EPS;当 SRT 过长即 N_s 过低时,微生物内源呼吸加剧,会产生大量的 EPS。

本试验中,随着 SRT 的延长,S-EPS、LB-EPS 和 TB-EPS 表现出了不同的变化规律:S-EPS 随 SRT 的延长逐渐降低,并在 SRT 为 30 d 以后保持稳定;LB-EPS 随 SRT 的延长先降后升,当 SRT 为 30 d 时为转折点;TB-EPS 随 SRT 的延长逐渐增高,但增加的幅度逐渐减小。在上述几种 EPS 中,对膜污染起主要作用的是 S-EPS 和 LB-EPS。S-EPS 的减少会降低 R_p,同时也会降低滤饼层的孔口阻力,即降低 R_c;LB-EPS 的降低会改善活性污泥的絮凝与沉淀性能,由于滤饼层污泥主要来源于活性污泥,因此活性污泥絮凝与沉淀性能的改善会导致 R_c 的降低;另外,污泥絮凝性能的提高意味着水中胶体数量的减少,也会使得 R_p 进一步降低。因此,R_c、R_p 和 R_t 随 S-EPS 和 LB-EPS 的减少逐渐降低,并在 SRT 为 30 d 时到达最低点,继续延长 SRT 则会造成膜阻力的快速增加。最终,随着 SRT 的逐渐延长,膜组件运行周期呈现出"先延长后缩短"的变化规律。当 SRT 由 10 d 延长到 30 d 时,膜组件的运行周期增加了23.2%,继续延长 SRT 则会造成膜污染的迅速加剧,膜组件运行周期急剧缩短。

6.1.7 小结

(1) SRT 对 EPS 有重要影响。S-EPS 随 SRT 的延长逐步减少,并在 SRT

超过 30 d 以后保持稳定;LB-EPS 随 SRT 的延长逐渐降低,并在 SRT 为 30 d 时到达最低值,之后则快速增高;TB-EPS 随 SRT 的延长逐渐增高,但增加的幅度逐渐缩小。

（2）S-EPS 的减少可以降低 R_p 和 R_c;LB-EPS 的减小可以改善活性污泥的絮凝与沉淀性能,进而降低 R_c;另外,活性污泥絮凝性能的提高意味着水中胶体数量的减少,因而会导致 R_p 的进一步降低。因此,R_c、R_p 和 R_t 随 S-EPS 和 LB-EPS 的减少而降低,并在 SRT 为 30 d 时到达最低点,比 SRT 为 10 d 时分别降低了 19.7%、8.5% 和 17.2%,继续延长 SRT 则会造成膜阻力的快速增加。

（3）膜阻力的变化直接影响膜组件的运行周期。膜组件的运行周期随 SRT 的延长逐渐增大,并在 SRT 为 30 d 到达最大值,比 SRT 为 10 d 时延长了 23.2%,继续延长 SRT 会加剧膜污染,造成膜组件运行周期的急剧缩短。

6.2 SRT 对 LB-EPS 及膜污染的影响

将试验装置分别在 SRT 为 10 d、20 d、30 d 和 60 d 条件下运行,每个阶段的运行时间超过 2 个月,整个试验周期超过 1 年,检测曝气池中的 LB-EPS 浓度,同时关注混合液 Zeta 电位、活性污泥的絮凝与沉淀性能、滤饼层比阻以及膜过滤阻力,从 LB-EPS 的角度研究 SRT 对 HMBR 中膜污染的影响。

6.2.1 SRT 对活性污泥浓度的影响

试验期间,反应器内的生物膜浓度基本稳定在 1 520～1 710 mg/L 之间,SRT 对生物膜浓度的影响不大。

不同 SRT 条件下活性污泥浓度的变化情况见表 6.4。可以发现,MLSS 和 MLVSS 均随着 SRT 的延长而增高,但增加的幅度均不大,这可能与原水中的有机物浓度较低、污泥负荷较小有关。

表 6.4　不同 SRT 条件下的活性污泥浓度

SRT/d	MLSS/(mg/L)	MLVSS/(mg/L)
10	3 871～4 053	2 201～2 533
20	4 412～4 693	2 359～2 690
30	4 690～4 813	2 423～2 769
60	5 250～5 468	2 675～2 953

6.2.2　SRT 对 LB-EPS 的影响

EPS 是在一定环境条件下由微生物分泌于体外、相互黏附的有机高分子聚合物,其结构组成因微生物的不同而不同。其中,S-EPS 是微生物代谢以及自溶等产生的大分子物质,游离于溶液中。在前期研究中,S-EPS 与溶解性微生物产物(Soluble Microbial Products,SMP)的概念经常发生重叠。相关学者比较了 S-EPS 和 SMP 的定义后认为,两者实际上是同一种物质。B-EPS 是一类附着于细胞壁上的胞囊聚合物,根据分离难易程度和空间结构可分为双层结构,外层是 LB-EPS,内层是 TB-EPS。

在 MBR 中,SRT 的改变会引起污泥浓度的变化,从而间接改变污泥负荷。Hernandez 等人发现当 SRT 增加时,EPS 浓度减少,当 SRT 增加到 30 d 以后,EPS 浓度不再有明显的变化。王红武等人发现,随着 SRT 由 5 d、10 d 一直提高到 20 d,EPS 总量先增加后减少。曹占平等人发现,EPS 总量随 SRT 的延长而增加。当 SRT 由 5 d 增大到 10 d 时,TB 的浓度增加较快,之后 TB 的浓度基本保持不变。SRT 为 5 d 和 10 d 时,LB 的浓度相差不大,当 SRT>10 d 时,其浓度增加较快,SRT 越长,LB 浓度越高。上述研究结果看似矛盾,但是从微生物适应生存环境需要的角度来讲有其合理性,反应器应该存在一个最优的 SRT 值,在该值下的污泥负荷最适宜微生物的新陈代谢,产生的 EPS 最少。

在本试验中,随着 SRT 的延长,EPS 总量呈现出先降后升的趋势。当 SRT 由 10 d 延长到 20 d 时,EPS 总量降到了最低水平(平均浓度为 24.08 mg/g),比 SRT 为 10 d 时减小了 6.34%;继续延长 SRT,EPS 总量逐渐增高并在 SRT 为 60 d 时到达最高水平(平均浓度为 29.96 mg/g)。三种 EPS 中,S-EPS 的变化趋势与 EPS 总量有所不同。当 SRT 由 10 d 延长到 20 d 时,S-EPS 降低了 6.81%;继续延长 SRT,S-EPS 基本保持稳定。LB-EPS 和 TB-EPS 的变化趋势与 EPS 总量基本一致,两者均在 SRT 为 20 d 时到达最低水平,平均浓度分别为 4.54 mg/g 和 16.12 mg/g,比 SRT 为 10 d 时分别降低了 21.04% 和 1.04%(图 6.4)。

6.2.3　SRT 对 LB-EPS 中蛋白质与多糖的影响

EPS 的组成成分复杂,不但与微生物絮体有关,还与周围环境关系密切,但总的来说,多糖和蛋白质是 EPS 的主要组分。课题组的前期研究结果表明,LB-EPS 对膜污染的影响远大于 TB-EPS。本次试验对 LB-EPS 中多糖与蛋白质在不同 SRT 条件下的变化情况进行了研究。

由图 6.5 可知,LB-EPS 中的多糖浓度远高于蛋白质,占 LB-EPS 的

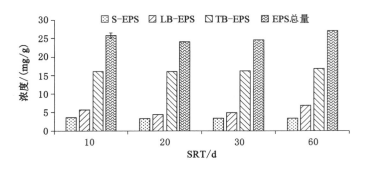

图 6.4　不同 SRT 条件下的各种 EPS 浓度

69.0%～77.5%。随着 SRT 的延长,蛋白质和多糖均呈现出先降后升的趋势。当 SRT 由 10 d 延长到 20 d 时,蛋白质和多糖的浓度分别降低了 33.8% 和 16.4%。继续延长 SRT,蛋白质和多糖的浓度均随之增高,并且蛋白质的增加幅度明显高于多糖。可以看出,SRT 的改变对 LB-EPS 中蛋白质的影响更大。

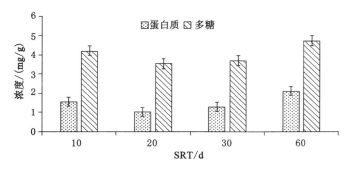

图 6.5　不同 SRT 条件下 LB-EPS 中蛋白质与多糖浓度

6.2.4　SRT 对 Zeta 电位的影响

当 SRT 由 10 d 延长到 20 d 时,Zeta 电位平均值由 -12.7 mV 增高到了 -12.2 mV。继续延长 SRT,Zeta 电位呈下降趋势。当 SRT 为 60 d 时,Zeta 电位降低程度非常明显,平均值为 -14.7 mV(图 6.6)。根据 DLVO 理论,Zeta 电位降低可使胶体间的静电斥力增大,不利于污泥混合液的絮凝,同时也会导致污泥絮体的沉淀性能变差。

6.2.5　SRT 对活性污泥絮凝与沉淀性能的影响

在 4 种 SRT 条件下(10 d、20 d、30 d 和 60 d)分别运行 HMBR,当反应器运

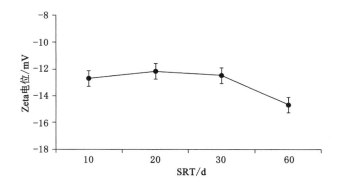

图 6.6 不同 SRT 条件下的混合液 Zeta 电位

行到第 60 d 时,分析比较不同 SRT 条件下活性污泥的絮凝与沉淀性能。

由表 6.5 可知,当 SRT 由 10 d 逐渐延长到 60 d 时,活性污泥混合液的上清液浊度先降后升。SRT 为 20 d 时的上清液浊度最低,平均浊度为 5.1 NTU;SRT 为 60 d 时的上清液浊度最高,平均浊度为 8.3 NTU。由此可知,SRT 为 20 d 时活性污泥的絮凝性能最好。活性污泥的沉淀性能也表现出了相同的变化规律:SRT 为 20 d 时活性污泥的 SVI 值最低,平均值为 116.2 mL/g;SRT 为 60 d 时活性污泥的 SVI 值最高,平均值为 217.1 mL/g。由此可知,SRT 为 20 d 时活性污泥的沉淀性能最好。

表 6.5 不同 SRT 条件下污泥的絮凝与沉淀性能

项　目	SRT/d			
	10	20	30	60
上清液浊度/NTU	6.5	5.1	6.2	8.3
SVI/(mL/g)	138.5	116.2	149.7	217.1

注:表中数据为平均值,$n \geqslant 10$。

6.2.6 SRT 对滤饼层过滤性能的影响

当 SRT 由 10 d 延长到 20 d 时,滤饼层比阻降低了 13.4%。继续延长 SRT,滤饼层比阻相应增高。当 SRT 为 60 d 时,滤饼层比阻到达最高水平,平均值为 9.4E+14 m/kg(图 6.7)。

在不同 SRT 条件下,当膜组件运行到第 40 d 时计算 R_t。结果表明,当 SRT 为 10 d、20 d、30 d 和 60 d 时,对应的 R_t 分别为 2.83E+13 /m、1.90E+13 /m、2.33E+13 /m 和 3.15E+13 /m。很明显,当 SRT 为 20 d 时的膜过滤总阻力

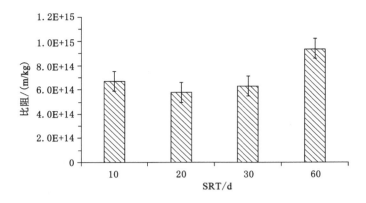

图 6.7　不同 SRT 条件下的滤饼层比阻

最小。

　　上述试验结果表明,适宜的 SRT 可以有效降低 LB-EPS。随着 LB-EPS 浓度的降低,混合液的 Zeta 电位会升高,污泥的絮凝与沉淀性能均会增强。由于滤饼层污泥主要来源于活性污泥,因此,滤饼层比阻会随着活性污泥性能的改善而减小,膜过滤总阻力降低。

6.2.7　小结

　　(1) SRT 对 LB-EPS 有重要影响,过高和过低的 SRT 都会造成 LB-EPS 浓度的升高,当 SRT 为 20 d 时的 LB-EPS 浓度最低。LB-EPS 中的多糖浓度远高于蛋白质,但 SRT 对 LB-EPS 中蛋白质的影响更大。

　　(2) SRT 对 Zeta 电位、污泥的絮凝与沉淀性能有重要影响。当 SRT 为 20 d 时,混合液的 Zeta 电位最高,污泥的絮凝与沉淀性能最好。

　　(3) 由于滤饼层污泥主要来自活性污泥,活性污泥絮凝与沉淀性能的改善会提高滤饼层过滤性能。当 SRT 为 20 d 时,滤饼层比阻最低,膜过滤总阻力最小。

6.3　SRT 对 S-EPS 及膜污染的影响

　　将 4 台 HMBR 试验装置分别在 SRT 为 10 d、20 d、30 d 和 60 d 条件下长期运行(超过 6 个月),待运行稳定后,检测曝气池中的 S-EPS 及其主要组分的浓度,研究 SRT 对 S-EPS 的影响。在此基础上,通过人工方式配置成不同浓度的 S-EPS,同时检测对应的 Zeta 电位、污泥的絮凝与沉淀性能、滤饼层比阻以及膜过滤阻力等,对 S-EPS 与上述各指标的相关性进行分析,研究 SRT 对膜污染的影响。

6.3.1 SRT 对活性污泥浓度的影响

试验期间,反应器内的生物膜浓度基本稳定在 1 561～1 738 mg/L 之间,SRT 对生物膜浓度的影响不大。

不同 SRT 条件下活性污泥浓度的变化情况见表 6.6。可以看出,MLSS 和 MLVSS 均随着 SRT 的延长而增高,MLSS 增加的幅度明显高于 MLVSS。当 SRT 超过 20 d 后,MLVSS 的增加幅度明显减缓,表明污泥的活性逐渐降低。

表 6.6　不同 SRT 条件下的活性污泥浓度

SRT/d	MLSS/(mg/L)	MLVSS/(mg/L)
10	3 865～4 052	2 208～2 531
20	4 425～4 697	2 361～2 681
30	4 715～4 833	2 429～2 774
60	5 267～5 483	2 618～2 902

6.3.2 SRT 对 S-EPS 的影响

试验结果表明,当 SRT 由 10 d 提高到 20 d 时,S-EPS 浓度降低了 6.8%;继续提高 SRT,S-EPS 基本保持稳定(图 6.8)。S-EPS 的这种变化趋势可能与不同 SRT 条件下的微生物数量与活性有关。当 SRT 由 10 d 提高到 20 d 时,微生物浓度与活性都有较大幅度的提高,微生物通过新陈代谢产生的 S-EPS 较少同时通过生物降解去除的 S-EPS 较多,最终导致了 S-EPS 的降低。当 SRT 超过 20 d 以后,微生物浓度虽然继续增高但活性却降低,换言之,微生物对 S-EPS 的生物降解能力增强但微生物通过新陈代谢产生的 S-EPS 也会增多,在这两种因素的共同作用下,S-EPS 最终保持了稳定。

EPS 是活性污泥的主要部分,占活性污泥总质量的 80% 左右,其组成成分复杂,不但和微生物絮体有关,还和周围环境关系密切,但总的来说,多糖和蛋白质是其主要组分。检测结果表明,多糖是 S-EPS 的主要组分,其含量远大于蛋白质,多糖与蛋白质的质量比约为 2.8。因此,人工配置 S-EPS 时,将多糖与蛋白质的质量比定为 2.8。

6.3.3 S-EPS 对活性污泥物理性能的影响

由图 6.9 可知,随着 S-EPS 浓度的增高,Zeta 电位相应增高,两者具有很强的

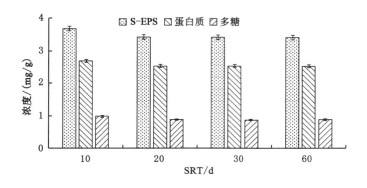

图 6.8 SRT 对 S-EPS 的影响

相关性($R^2 = 0.813\ 6$)。Zeta 电位与活性污泥的絮凝及沉淀性能有关。试验期间，反应器在 SRT 为 20 d 条件下正常运行时的 S-EPS 平均浓度为 3.42 mg/g,对应的上清液浊度和 SVI 分别为 5.1 NTU 和 116.8 mL/g;反应器在 SRT 为 10 d 条件下正常运行时的 S-EPS 平均浓度为 3.67 mg/g,对应的上清液浊度和 SVI 分别为 6.5 NTU 和 138.7 mL/g。而当反应器在 SRT 为 20 d 条件下通过人工配置 S-EPS,使其浓度到 3.67 mg/g 左右时,对应的上清液浊度和 SVI 分别为 5.4 NTU 和 121.7 mL/g。可以判定,当 HMBR 在 SRT 为 20 d 条件下正常运行时,上清液浊度比 SRT 为 10 d 时降低了 21.5%,其中有 4.6% 是由于 S-EPS 的减少贡献的;SVI 比 SRT 为 10 d 时降低了 12.3%,其中有 3.5% 是由于 S-EPS 的减少贡献的;其余的贡献应归功于 LB-EPS。

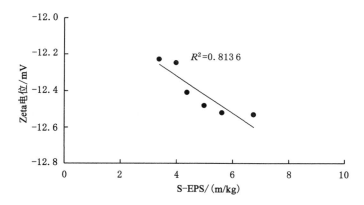

图 6.9 S-EPS 与 Zeta 电位的相关性

6.3.4　S-EPS 与滤饼层比阻的相关性

由于滤饼层污泥主要来源于活性污泥,活性污泥絮凝与沉淀性能的变化会导致滤饼层污泥比阻发生变化。由图 6.10 可知,在人工改变 S-EPS 浓度的条件下,随着 S-EPS 浓度的增高,滤饼层污泥比阻相应增大,两者表现出了较好的相关性($R^2 = 0.873\ 7$)。反应器在 SRT 分别为 10 d、20 d 条件下正常运行时,对应的 S-EPS 平均浓度分别为 3.67 mg/g 和 3.42 mg/g,滤饼层污泥比阻分别为 6.72 E+14 m/kg 和 5.81 E+14 m/kg。而在 SRT 为 20 d 的条件下,通过人工方式将 S-EPS 的浓度调整到 3.67 mg/g 左右时,滤饼层污泥比阻为 5.93 E+14 m/kg。可以判定,当 SRT 由 10 d 延长到 20 d 时,滤饼层污泥比阻减小了 13.5%,其中有 1.7% 是 S-EPS 的减少导致的,其余的贡献应归功于 LB-EPS。

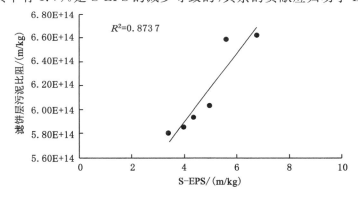

图 6.10　S-EPS 与滤饼层比阻的相关性

6.3.5　SRT 对各种膜过滤阻力的影响

在不同的 SRT 条件下,TMP 的变化趋势明显不同。当 SRT 为 10 d 时,膜组件的运行周期为 57 d;当 SRT 为 20 d 时,膜组件的运行周期大幅度延长,为 99 d;当 SRT 为 30 d 时,膜组件的运行周期缩短到了 74 d;当 SRT 为 60 d 时,膜组件的运行周期最短,仅为 43 d(图 6.11)。

在 SRT 分别为 10 d、20 d、30 d 和 60 d 条件下,当膜组件运行到第 43 d 时,检测并计算各种膜阻力。此时,SRT=60 d 时的膜组件运行到终点,TMP 为 0.1 mPa(图 6.11 中的 a 点)。在同一时刻,SRT 分别为 10 d、20 d 和 30 d 时,对应的 TMP 分别为 0.08 mPa、0.053 mPa 和 0.06 mPa(图 6.11 中的 b、d、c 点)。由表 6.7 可知,当 SRT 为 10 d 时的 R_p 最高;当 SRT 超过 20 d 以后(包括 20 d),R_p 基本保持稳定。三种膜阻力中,R_c 所占的比重最大(超过 54%),即滤

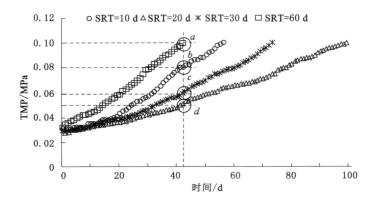

图 6.11　不同 SRT 条件下的 TMP 变化趋势

饼层阻力是膜总阻力的主要组成部分。分析原因后认为，S-EPS 是构成 R_p 的主要物质，因为只有溶解性物质以及胶体才能穿过滤饼层继而进入膜孔内部，造成膜孔阻力的增大。当 SRT 由 10 d 延长到 20 d 以后，S-EPS 浓度降低了 6.8％；继续提高 SRT，S-EPS 基本保持稳定。可以看出，R_p 的变化趋势与 S-EPS 非常吻合。滤饼层阻力主要与 B-EPS，特别是与 LB-EPS 有关。另外，试验结果也证实，S-EPS 也与活性污泥的 Zeta 电位、絮凝与沉淀性能有较强的相关性，因此 S-EPS 也能在一定程度上影响滤饼层阻力。另外，在运行过程中，S-EPS 很可能会逐渐堵塞滤饼层中的孔隙，从而造成滤饼层阻力的增大。

表 6.7　不同 SRT 条件下的各种膜阻力

SRT/d	R_m/m^{-1}	R_p/m^{-1}	R_c/m^{-1}	R_t/m^{-1}
10	$0.71×10^{13}$	$0.21×10^{13}$	$1.94×10^{13}$	$2.86×10^{13}$
20	$0.71×10^{13}$	$0.16×10^{13}$	$1.03×10^{13}$	$1.90×10^{13}$
30	$0.71×10^{13}$	$0.16×10^{13}$	$1.28×10^{13}$	$2.15×10^{13}$
60	$0.71×10^{13}$	$0.17×10^{13}$	$2.71×10^{13}$	$3.58×10^{13}$

6.3.6　结果讨论

随着 SRT 的延长，MLSS 和 MLVSS 的增幅均不大，这可能与原水中的有机物浓度较低、污泥负荷较小有关。当 SRT 超过 20 d 后，MLVSS 的增幅明显减缓，表明活性污泥中微生物的增殖速度减缓而死亡速度加快，污泥活性降低。受此影响，当 SRT 由 10 d 提高到 20 d 时，反应器的生物降解能力增强且微生物通过新陈代谢产生的 S-EPS 减少，使得 S-EPS 的浓度降低。继续延长 SRT 到

20 d 以后,虽然反应器的生物降解能力继续增强,但由于污泥的活性降低,微生物在新陈代谢中产生了更多的 S-EPS。在两种结果的共同作用下,反应器内的 S-EPS 基本保持稳定。

Zeta 电位是表征胶体间絮凝性能的重要指标,Zeta 电位越高意味着胶体之间的斥力越大,絮凝性能就越差。郗丽娟等人认为,随着 EPS 浓度的增高,污泥 Zeta 电位相应增大,污泥絮凝性能变差。刘强等人认为,B-EPS 特别是 LB-EPS 与污泥的絮凝性能有很强的相关性。王红武等人认为,S-EPS 浓度的增加会导致污泥絮体内间隙水增多,絮体体积增大,同时 Zeta 电位增高,胶体间的静电斥力增大,使得絮体与水分离的难度增大,污泥的脱水性能变差,最终会导致污泥的沉淀性能降低。因此,S-EPS 与 Zeta 电位、污泥絮凝与沉淀性能以及滤饼层比阻表现出了较强的相关性。当然,S-EPS 对滤饼层比阻的影响程度远小于 LB-EPS。

6.3.7　小结

(1) SRT 对 S-EPS 有重要影响。当 SRT 由 10 d 延长到 20 d 时,S-EPS 的浓度降低了 6.8%;继续延长 SRT,S-EPS 浓度基本保持稳定。

(2) S-EPS 与混合液 Zeta 电位、污泥絮凝与沉淀性能以及滤饼层比阻有较强的相关性。

(3) SRT 对膜阻力有重要影响。当 SRT 为 20 d 时的膜阻力最小,R_t 为 1.9×10^{13} m^{-1},膜过滤周期为 99 d。

6.4　结论

(1) SRT 对 EPS 有重要影响。S-EPS 随 SRT 的延长逐步减小,超过某一值后趋于稳定;LB-EPS 随 SRT 的延长逐渐降低,超过某一值后快速增高;TB-EPS 随 SRT 的延长逐渐增高,但增加的幅度逐渐缩小。小试中 EPS 最低时对应的 SRT 为 30 d,中试则为 20 d,其原因认为与原水水质有关,原水水质不同造成了污泥负荷的不同。

(2) S-EPS 的减少可以降低 R_p 和 R_c;LB-EPS 的减小可以改善活性污泥的絮凝与沉淀性能,进而降低 R_c;另外,活性污泥絮凝性能的提高意味着水中胶体数量的减少,因而会导致 R_p 的进一步降低。

(3) 膜阻力的变化直接影响膜组件的运行周期。中试结果表明,当 SRT 为 20 d 时总的膜阻力最小,R_t 为 1.9×10^{13} m^{-1},膜过滤周期为 99 d。

7 SRT 对 HMBR 的膜污染作用机理分析

膜污染是限制 MBR 在实际生产中迅速推广应用的关键因素,HMBR 具有良好的生物降解和抗膜污染能力。本课题组研究了 SRT 对 HMBR 运行特性的影响,发现 SRT 对 HMBR 的生物降解、脱氮除磷和抗膜污染能力均有明显的影响。为了探究 SRT 对 HMBR 中膜污染的作用机理,课题组对不同 SRT 条件下的微生物群落结构、EPS 分布规律以及 TMP 变化趋势等进行了试验研究。

7.1 SRT 对微生物群落结构的影响

调整 SRT 可以直接改变污泥负荷,而污泥负荷对微生物的新陈代谢有重要影响。因此,SRT 的调整很可能会影响微生物的群落结构。

对不同 SRT 条件下 HMBR 曝气池中活性污泥与生物膜的微生物群落结构进行了检测分析,检测分门、纲、目、科、属、种 6 个水平。

7.1.1 SRT 对活性污泥微生物群落结构的影响

1. 微生物群落结构分析

试验结果表明,SRT 确实对活性污泥中的微生物群落结构有重要影响。随着 SRT 的改变,活性污泥中的微生物群落结构会发生相应的变化。以门水平为例,当 SRT 为 10 d 时,活性污泥中数量最多的微生物是拟杆菌门(*Bacteroidetes*),占总量的 39.8%;其次是变形菌门(*Proteobacteria*),占总量的 27.9%;再次是酸杆菌门(*Acidobacteria*),占总量的 12.9%。当 SRT 延长到 20 d 时,数量由高到低排列的前三种微生物则变成了变形菌门(*Proteobacteria*)、酸杆菌门(*Acidobacteria*)和拟杆菌门(*Bacteroidetes*),分别占总量的 31.6%、15.5% 和 11.6%。当 SRT 继续延长到 30 d 时,数量最多的微生物依然是变形菌门(*Proteobacteria*),占总量的 45.9%;但排名第二的微生物则变成了拟杆菌门(*Bacteroidetes*),占总量的 24.5%;排名第三的微生物变成了绿弯菌门(*Chloroflexi*),占总量的 6.7%。当 SRT 最终延长到 60 d 时,数量由高到低排列的前三种微生物种类没有变化,依然是变形菌门(*Proteobacteria*)、拟杆菌门(*Bacteroidetes*)和绿弯菌门(*Chloroflexi*),但所占比例却发生了变化,分别为 42.5%、22.4% 和 9.5%。很明显,变形菌门和拟杆菌门的比例明显下降,而绿弯菌门的比例明显上升。

2. Alpha 多样性分析

对不同 SRT 条件下活性污泥中微生物种群的 Alpha 多样性进行分析后可知,SRT 分别为 10 d、20 d、30 d 和 60 d 时,chao 指数分别为 818.7、895.2、1 078.4 和 1 079.8,ace 指数分别为 806.1、882.9、1 070.8 和 1 083.7,shannon 指数分别为 3.58、5.19、5.43 和 5.35,simpson 指数分别为 0.143 6、0.015 2、0.012 6 和 0.015 3。分析 chao 和 ace 指数可以发现,当 SRT 由 10 d 延长到 20 d 以及 30 d 时,两种指数均有较大幅度的增长;但是当 SRT 由 30 d 继续延长到 60 d 时,两种指数的增长幅度则非常有限。分析 shannon 指数可以发现,当 SRT 为 30 d 时的 shannon 指数最大,当 SRT 为 10 d 时的 shannon 指数最小。simpson 指数的检测结果与 shannon 指数明显不同,当 SRT 为 10 d 时的 simpson 指数最大,而当 SRT 为 30 d 时的 simpson 指数最小。

对上述检测结果进行综合分析后认为,当 SRT 为 30 d 时群落中物种的丰富度和多样性最好,当 SRT 为 10 d 时群落中物种的丰富度和多样性最差。

3. Beta 多样性分析

用 Bray-Curtis 距离来表征微生物群落之间的差异性,对不同 SRT 条件下活性污泥微生物的 Beta 多样性进行了分析。结果表明,微生物群落结构差异最大值发生在种水平(0.473 7),最小值发生在属水平(0.216 3)。在此基础上对种水平的 Bray-Curtis 距离进行细分,发现 SRT 分别为 10 d 和 20 d 时的微生物群落之间差异性最大,Bray-Curtis 距离为 0.473 7;SRT 分别为 10 d 和 30 d 时的微生物群落之间差异性排名第二,Bray-Curtis 距离为 0.444 8;SRT 分别为 20 d 和 30 d 时的微生物群落之间差异性排名第三,Bray-Curtis 距离为 0.220 8;SRT 分别为 30 d 和 60 d 时的微生物群落之间差异性最小,Bray-Curtis 距离为 0.147 8(表 7.1)。

表 7.1　不同 SRT 条件下活性污泥的 Bray-Curtis 差异性矩阵分析(种水平)

SRT/d	10	20	30	60
10	0	0.473 7	0.444 8	0.392 5
20	0.473 7	0	0.220 8	0.229 3
30	0.444 8	0.220 8	0	0.147 8
60	0.392 5	0.229 3	0.147 8	0

7.1.2　SRT 对生物膜微生物群落结构的影响

1. 群落结构分析

试验结果表明,SRT 对生物膜中的微生物群落结构有重要影响。以门水平为例,当 SRT 为 10 d 时,数量由高到低排列的前三种微生物依次是拟杆菌门(*Bacteroidetes*)、变形菌门(*Proteobacteria*)和酸杆菌门(*Acidobacteria*),分别占总量的 43.9％、29.7％和 8.5％。当 SRT 为 20 d 时,数量由高到低排列的前三种微生物则变成了变形菌门(*Proteobacteria*)、酸杆菌门(*Acidobacteria*)和拟杆菌门(*Bacteroidetes*),所占比例依次是 35.1％、15.2％和 14.0％。当 SRT 继续延长到 30 d 时,数量最多的微生物种类没有变化,依然是变形菌门(*Proteobacteria*),但所占比例明显上升,为 48.3％;排名第二的微生物变成了拟杆菌门(*Bacteroidetes*),占总量的 20.3％;排名第三的微生物变成了绿弯菌门(*Chloroflexi*),占总量的 8.0％。当 SRT 最终延长到 60 d 时,数量最多的微生物依然是变形菌门(*Proteobacteria*),但所占比例明显有较大幅度的下降,为 40.5％;排名第二的依然是拟杆菌门(*Bacteroidetes*),所占比例明显上升,为 25.2％;排名第三的也依然是绿弯菌门(*Chloroflexi*),所占比例没有变化。

将上述检测结果与活性污泥中的微生物群落进行比较后可知,两者的优势微生物种类相同,但是所占比例略有差异。当 SRT 不超过 30 d 时,生物膜中优势菌的比例略高于活性污泥;但是当 SRT 延长到 60 d 时,生物膜中优势菌的比例略低于活性污泥。

2. Alpha 多样性分析

对不同 SRT 条件下生物膜中微生物种群的 Alpha 多样性进行分析后可知,当 SRT 分别为 10 d、20 d、30 d 和 60 d 时,chao 指数分别为 804.6、859.6、1 103.6 和 1 126.5,ace 指数分别为 815.4、846.0、1 096.8 和 1 120.8,shannon 指数分别为 3.76、5.16、5.50 和 5.32,simpson 指数分别为 0.125 7、0.015 5、0.012 3 和 0.017 8。分析 chao 和 ace 指数可以发现,当 SRT 由 10 d 延长到 20 d 以及 30 d 时,两种指数均有大幅度的增长;但是当 SRT 由 30 d 延长到 60 d 时,两种指数的增幅非常小。分析 shannon 指数可以发现,当 SRT 为 30 d 时的 shannon 指数最大,当 SRT 为 10 d 时的 shannon 指数最小。与 shannon 指数的变化规律不同,当 SRT 为 30 d 时 shannon 指数最小,当 SRT 为 10 d 时的 shannon 指数最大。对上述分析结果进行综合考虑后认为,当 SRT 为 30 d 微生物群落中物种的丰富度和多样性最好,而当 SRT 为 10 d 时微生物群落中物种的丰富度和多样性最差。该分析结果与活性污泥的 Alpha 多样性分析结果相同。

3. Beta 多样性分析

用 Bray-Curtis 距离来表征微生物群落之间的差异性,对不同 SRT 条件下生物膜中微生物的 Beta 多样性进行了分析。分析结果表明,微生物群落之间的差异性最大值发生在科水平,Bray-Curtis 距离为 0.444 5;最小值发生在属水平,Bray-Curtis 距离为 0.193 1。对科水平的 Bray-Curtis 距离进行细分,发现 SRT 分别为 10 d 和 20 d 时微生物群落之间的差异性最大,Bray-Curtis 距离为 0.444 5;紧随其后的是当 SRT 分别为 10 d 和 30 d 时微生物群落之间的差异性,Bray-Curtis 距离为 0.348 4;排名第三的是当 SRT 分别为 20 d 和 30 d 时微生物群落之间的差异性,Bray-Curtis 距离为 0.229 9;当 SRT 分别为 30 d 和 60 d 时微生物群落之间的差异性最小,Bray-Curtis 距离为 0.163 8(表 7.2)。

表 7.2　不同 SRT 条件下生物膜的 Bray-Curtis 差异性矩阵分析(科水平)

SRT/d	10	20	30	60
10	0	0.444 5	0.348 4	0.335 4
20	0.444 5	0	0.229 9	0.249 4
30	0.348 4	0.229 9	0	0.163 8
60	0.335 4	0.249 4	0.163 8	0

7.2　SRT 对 EPS 分布特性的影响

EPS 是微生物新陈代谢的产物,因此,微生物群落结构的改变势必会影响 EPS 的组成与分布。试验结果表明,随着 SRT 的延长,EPS 总量呈现出先降后升的趋势。当 SRT 由 10 d 延长到 20 d 时,EPS 总量降到了最低水平,平均浓度为 24.08 mg/g,比 SRT 为 10 d 时减小了 6.34%;继续延长 SRT,EPS 总量逐渐增高并在 SRT 为 60 d 时到达最高水平,平均浓度为 29.96 mg/g。

三种 EPS 中,S-EPS 的变化趋势与 EPS 总量有所不同。当 SRT 由 10 d 延长到 20 d 时,S-EPS 降低了 6.81%;继续延长 SRT,S-EPS 基本保持稳定。S-EPS 的这种变化趋势可能与不同 SRT 条件下的微生物数量与活性有关。当 SRT 由 10 d 提高到 20 d 时,微生物浓度与活性都有较大幅度的提高,微生物通过新陈代谢产生的 S-EPS 较少且通过生物降解去除的 S-EPS 较多,最终导致了 S-EPS 的降低。当 SRT 超过 20 d 以后,微生物浓度虽然继续增高但活性却降低了,换言之,微生物对 S-EPS 的生物降解能力增强但通过新陈代谢产生的 S-EPS 也会增多,在这两种因素的共同作用下,S-EPS 最终保持了稳定。

LB-EPS 和 TB-EPS 的变化趋势与 EPS 总量基本一致,两者均在 SRT 为 20 d 时达到最低水平,平均浓度分别为 4.54 mg/g 和 16.12 mg/g,比 SRT 为 10 d 时分别降低了 21.04% 和 1.04%。当 SRT 超过 20 d 以后,LB-EPS 和 TB-EPS 逐渐升高。

7.3 各种 EPS 对膜污染的影响

7.3.1 LB-EPS 对膜污染的影响

课题组的前期研究结果表明,LB-EPS 对膜污染的影响远大于 TB-EPS。本课题组在前期研究基础上对 LB-EPS 进行了更深入的研究,试验结果表明,随着 LB-EPS 浓度的降低,混合液的 Zeta 电位会升高,污泥的絮凝与沉淀性能均会增强。由于滤饼层污泥主要来源于活性污泥,因此,滤饼层比阻会随着活性污泥性能的改善而减小,膜过滤总阻力会降低。另外,课题组对 LB-EPS 中多糖与蛋白质在不同 SRT 条件下的变化情况进行了研究。研究结果表明,LB-EPS 中的多糖浓度远高于蛋白质,占 LB-EPS 的 69.0%~77.5%。随着 SRT 的延长,蛋白质和多糖均呈现出先降后升的趋势。当 SRT 由 10 d 延长到 20 d 时,蛋白质和多糖的浓度分别降低了 33.8% 和 16.4%。继续延长 SRT,蛋白质和多糖的浓度均会增高,并且蛋白质的增加幅度明显高于多糖。可以看出,SRT 的改变对 LB-EPS 中蛋白质的影响更大。由此可以推论,蛋白质对膜污染的影响明显大于多糖。

7.3.2 S-EPS 对膜污染的影响

Zeta 电位是表征胶体间絮凝性能的重要指标,Zeta 电位越高意味着胶体之间的斥力越大,絮凝性能就越差。很多专家认为,EPS 与 Zeta 电位有很强的相关性,EPS 浓度的改变会引起 Zeta 电位发生变化,进而导致污泥的絮凝与沉淀性能发生改变。郗丽娟等人认为,随着 EPS 浓度的增高,污泥 Zeta 电位相应增大,污泥絮凝性能会变差。刘强等人认为,B-EPS 特别是 LB-EPS 与污泥的絮凝性能有很强的相关性。王红武等人认为,S-EPS 浓度的增加会导致污泥絮体内间隙水增多,絮体体积增大,同时 Zeta 电位增高,胶体间的静电斥力增大,使得絮体与水分离的难度增大,污泥的脱水性能变差,最终会导致污泥的沉淀性能降低。

本次试验结果表明,S-EPS 与 Zeta 电位、污泥絮凝与沉淀性能以及滤饼层比阻也有较强的相关性,但其相关程度明显小于 LB-EPS。多数学者认为,

S-EPS 对膜污染的影响更多地体现在膜孔阻力方面,因为只有呈溶解状态的 S-EPS 才能进入并黏附在膜孔内部,引起膜孔阻力的增大。通过本次试验研究, 课题组相信 S-EPS 也可以通过影响污泥絮凝与沉淀性能进而影响滤饼层阻力。

7.4 SRT 对膜阻力的影响

SRT 对膜过滤阻力有重要影响,膜过滤阻力的增大会引起膜过滤周期的 缩短。试验结果表明:当 SRT 为 10 d 时,膜组件的运行周期为 57 d;当 SRT 为 20 d 时,膜组件的运行周期延长到了 99 d;当 SRT 延长到 30 d 时,膜组件 的运行周期明显缩短,为 74 d;当 SRT 继续延长到 60 d 时,膜组件的运行周期 缩短到了 43 d。

7.5 机理分析

SRT 的调整可以改变污泥负荷,而污泥负荷直接影微生物的新陈代谢。因 此,作为微生物代谢产物,EPS 会随着 SRT 的延长呈现出相应的变化。只有在 适宜的污泥负荷条件下微生物的代谢产物 EPS 才最少,换言之,只有在适宜的 SRT 条件下 EPS 含量才最低。

普遍认为,S-EPS 主要与膜孔阻力有关,它可以进入膜孔内部堵塞膜孔,提 高膜孔阻力。另外,S-EPS 与 Zeta 电位也有较强的相关性,而 Zeta 电位与污泥 絮凝性能有关,进而会影响污泥的沉淀性能。因此,S-EPS 与污泥絮凝及沉淀性 能均表现出了较好的相关性。由于滤饼层污泥主要来源于活性污泥,活性污泥 絮凝与沉淀性能的提升会改善滤饼层过滤性能。因此 S-EPS 对滤饼层阻力也 有一定的影响。

LB-EPS 的减少可以降低 Zeta 电位,进而提高活性污泥的絮凝与沉淀性能。 LB-EPS 与 Zeta 电位、活性污泥絮凝与沉淀性能、滤饼层比阻的相关性要大于 S-EPS。也就是说,LB-EPS 对滤饼层阻力有重要影响。

具体到 EPS 组分,LB-EPS 和 S-EPS 中的多糖含量远大于蛋白质,但 EPS 含量改变时,蛋白质的变化幅度明显大于多糖。因此可以认为,蛋白质对膜污染 的影响大于多糖。

在膜通量恒定的条件下,膜过滤阻力的增大会引起 TMP 的升高,进而导致 膜组件过滤周期缩短。因此,改变 SRT 最终会影响膜组件的过滤周期。

SRT 对 HMBR 膜污染的作用途径可以用图 7.1 说明。

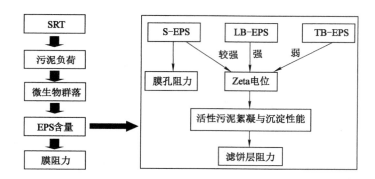

图 7.1 SRT 对 HMBR 膜污染的作用途径

参 考 文 献

[1] 白昊阳,邢国平,徐斌,等.复合 MBR 处理洗浴废水并回用[J].中国给水排水,2004,20(9):90-92.

[2] 曹国民,赵庆祥,张彤.单级生物脱氮技术的进展[J].中国给水排水,2000,16(2):20-24.

[3] 曹占平,张宏伟,张景丽.污泥龄对膜生物反应器污泥特性及膜污染的影响[J].中国环境科学,2009,29(4):386-390.

[4] 常颖,王宝贞,高欣.复合式膜生物反应器的小区污水回用试验研究[J].哈尔滨工业大学学报,2003,35(2):152-156.

[5] 陈欢林.环境生物技术与工程[M].北京:化学工业出版社,2003.

[6] 樊耀波,王菊思.膜生物反应器净化石油化工污水的研究[J].环境科学学报,1997,17(1):68-74.

[7] 高以烜,叶凌碧.膜分离技术基础[M].北京:科学出版社,1989.

[8] 管运涛,蒋展鹏.两相厌氧膜生物系统处理有机废水的研究[J].环境科学,1998,19(6):56-59.

[9] 桂萍.一体式膜生物反应器污水处理特性及膜污染机理研究[D].北京:清华大学,1999.

[10] 国家环境保护总局《水和废水监测分析方法》编委会.水和废水监测分析方法[M].4 版.北京:中国环境科学出版社,2002.

[11] 韩剑宏.中水回用技术及工程实例[M].北京:化学工业出版社,2004.

[12] 何义亮,谢芬琴.厌氧膜生物反应器处理高浓度食品废水的应用[J].环境科学,1999,20(6):53-55.

[13] 黄霞,曹斌,文湘华,等.膜-生物反应器在我国的研究与应用新进展[J].环境科学学报,2008,28(3):416-432.

[14] 金兆丰,徐竟成.城市污水回用技术手册[M].北京:化学工业出版社,2004.

[15] 金兆丰,余志荣.污水处理组合工艺及工程实例[M].北京:化学工业出版社,2003.

[16] 李久义,左华,栾兆坤,等.不同基质条件对生物膜细胞外聚合物组成和含量的影响[J].环境化学,2002,21(6):546-551.

［17］李军,江定国,刘红,等.复合式膜生物反应器处理生活污水[J].中国环境
科学,2006,26(3):271-274.

［18］李艺,李振川.北京北小河污水处理厂改扩建及再生水利用工程介绍[J].
给水排水,2010,36(1):27-31.

［19］刘国信.膜法分离技术及其应用[M].北京:中国环境科学出版社,1992.

［20］刘茉娥,陈欢林.新型分离技术基础[M].2版.杭州:浙江大学出版
社,1999.

［21］刘强,付莎,杜于蛟.淹没式复合型 MBR 处理城市生活污水的效能研究
[J].中国给水排水,2007,23(5):10-13.

［22］刘强.复合式膜生物反应器的 EPS 分布特性及膜污染控制原理[D].西安:
西安建筑科技大学,2009.

［23］刘强,王晓昌.附着性胞外多聚物对 HMBR 膜污染控制性能的影响[J].环
境工程学报,2012,6(12):4395-4399.

［24］刘强,王晓昌.复合式膜生物反应器的膜污染控制机理[J].环境科学与技
术,2012,35(7):12-15.

［25］刘强,王晓昌,杨振锋,等.复合式膜生物反应器去除城市污水中 TN 的研
究[J].中国给水排水,2008,24(21):30-33.

［26］刘子森,肖恩荣,张丽萍,等.EPS 及其测定方法分析[J].膜科学与技术,
2015,35(4):103-109.

［27］孙选举,陈季华,杨期勇,等.复合式 MBR 处理涤纶碱减量废水的试验研究
[J].工业水处理,2006,26(3):36-38.

［28］王朝朝,闫立娜,李思敏,等.SRT 对 UCT-MBR 反硝化除磷性能与膜污染
行为的影响[J].中国环境科学,2016,36(6):1715-1723.

［29］王春玲,奚旦立,李燕,等.复合式 MBR 处理印染废水[J].污染防治技术,
2003,16(z1):28-31.

［30］王红武,李晓岩,赵庆祥.活性污泥的表面特性与其沉降脱水性能的关系
[J].清华大学学报(自然科学版),2004,44(6):766-769.

［31］王建龙,吴立波,钱易.复合生物反应器处理废水特性的研究[J].中国给水
排水,1998:29-32

［32］王连军,荆晶,孙秀云,等.膜-生物反应器组合工艺稳定运行特性的研究
[J].环境工程,2000,18(3):19-21.

［33］王琳,王宝贞.分散式污水处理与回用[M].北京:化学工业出版社,2003.

［34］王学松.膜分离技术及其应用[M].北京:科学出版社,1989.

［35］吴志超,王士芬,高廷耀.巴西基酸生产废水膜生物工艺处理试验研究[J].

中国环境科学,1999,19(2):165-168.

[36] 吴志超,王士芬,高廷耀.膜生物工艺和活性污泥法处理巴西基酸生产废水的对比试验[J].中国给水排水,2000,16(3):57-60.

[37] 郗丽娟,张海丰,张瑛洁.胞外聚合物对浸没式膜生物反应器污泥混合液特性的影响[J].工业水处理,2010,30(7):32-35.

[38] 许振良.膜法水处理技术[M].北京:化学工业出版社,2001.

[39] 杨殿海,王峰,夏四清.废水处理工艺中同步硝化/反硝化研究进展[J].上海环境科学,2003,22(12):878-882.

[40] 于丁一,宋澄章,李航宇.膜分离工程及典型设计实例[M].北京:化学工业出版社,2005.

[41] 于水利,赵方波.膜生物反应器技术发展沿革与展望[J].工业用水与废水,2006,37(2):1-6.

[42] 张景丽,曹占平,张宏伟.污泥龄对膜生物反应器性能的影响[J].环境科学,2008,29(10):2788-2793.

[43] 张军,聂梅生,王宝贞.复合膜生物反应器的生物学研究[J].中国给水排水,2002,18(2):53-55.

[44] 张自杰.排水工程[M].北京:中国建筑工业出版社,2015.

[45] 赵庆祥,陆美红.膜分离活性污泥法的研究[J].城市环境与城市生态,1994,7(1):6-11.

[46] 中华人民共和国水利部.2016 年中国水资源公报[EB/OL].(2016-07-11)[2018-03-15]. http://www. mwr. gov. cn/sj/tjgb/szygb/201707/t20170711_955305. html.

[47] 中华人民共和国国家统计局,国家数据"2016 年废水排放总量"[EB/OL]. http://data. stats. gov. cn/easyquery. htm? cn＝C01&zb＝A0C04&sj＝2016.

[48] 周玉芬,于淼,杨勇,等.MBR 在我国应用现状与市场发展趋势[J].工业水处理,2010,30(7):5-7.

[49] AHMED Z,CHO J,LIM B R,et al. Effects of sludge retention time on membrane fouling and microbial community structure in a membrane bioreactor[J]. Journal of Membrane Science,2007,287(2):211-218.

[50] AMORIM C L, MAIA A S, MESQUITA R B, et al. Performance of aerobic granular sludge in a sequencing batch bioreactor exposed to ofloxacin,norfloxacin and ciprofloxacin[J]. Water Research,2014,50:101-113.

[51] ARTIGA P, OYANEDEL V, GARRLDO J M, et al. An innovative biofilm-suspended biomass hybrid membrane bioreactor for wastewater treatment [J]. Desalination,2005,179:171-179.

[52] ASLAM M, CHARFI A, LESAGE G, et al. Membrane bioreactors for wastewater treatment:a review of mechanical cleaning by scouring agents to control membrane fouling[J]. Chemical Engineering Journal, 2017, 307:897-913.

[53] BAKER R W, PARKER M. Membrane technology and applications[J]. New York:McGrawHill,2000.

[54] BAÊTA B E L, LIMA D R S, SILVA S Q, et al. Evaluation of soluble microbial products and aromatic amines accumulation during a combined anaerobic/aerobic treatment of a model azo dye[J]. Chemical Engineering Journal,2015,259:936-944.

[55] MAHENDRA N B, LISHMAN L, LISS S N. Structural, physicochemical and microbial properties of flocs and biofilms in integrated fixed-film activated sludge (IFFAS) systems[J]. Water Research, 2012, 46 (16): 5085-5101.

[56] BLUMENKRANTZ N, ASBOE-HANSEN G. New method for quantitative determination of uronic acids[J]. Analytical Biochemistry, 1973,54(2):484-489.

[57] BOURVEN I, SIMON S, BHATIA D, et al. Effect of various size exclusion chromatography (SEC) columns on the fingerprints of extracellular polymeric substances (EPS) extracted from biological sludge [J]. Journal of the Taiwan Institute of Chemical Engineers,2015,49:148-155.

[58] BRIK M, SCHOEBERL P, CHAMAM B, et al. Advanced treatment of textile wastewater towards reuse using a membrane bioreactor [J]. Process Biochemistry,2006,41:1751-1757.

[59] BRINDLE K, STEPHENSON T. The application of membrane biological reactors for the treatment of wastewaters [J]. Biotechnology and Bioengineering,1996,49(6):601-610.

[60] CHAE S R, SHIN H S. Characteristics of simultaneous organic and nutrient removal in a pilot-scale vertical submerged membrane bioreactor (VSMBR) treating municipal wastewater at various temperatures[J].

Process Biochemistry,2007,42(2):193-198.

[61] CHANG I S,LE CLECH P,JEFFERSON B,et al. Membrane fouling in membrane bioreactors for wastewater treatment [J]. Journal of Environmental Engineering,2002,128(11):1018-1029.

[62] CHANG I S,LEE C H. Membrane filtration characteristics in membrane-coupled activated sludge system—the effect of physiological states of activated sludge on membrane fouling[J]. Desalination,1998,120(3):221-233.

[63] CHANG W K,HU A Y J,HORNG R Y,et al. Membrane bioreactor with nonwoven fabrics as solid-liquid separation media for wastewater treatment[J]. Desalination,2007,202(1/2/3):122-128.

[64] CHARFI A,YANG Y,HARMAND J,et al. Soluble microbial products and suspended solids influence in membrane fouling dynamics and interest of punctual relaxation and/or backwashing [J]. Journal of Membrane Science,2015,475:156-166.

[65] CHEW J W,KRANTZ W B,FANE A G. Effect of a macromolecular- or bio-fouling layer on membrane distillation [J]. Journal of Membrane Science,2014,456:66-76.

[66] CHOI B G,CHO J,SONG K G,et al. Correlation between effluent organic matter characteristics and membrane fouling in a membrane bioreactor using advanced organic matter characterization tools [J]. Desalination,2013,309:74-83.

[67] CHOI J H,DOCKKO S,FUKUSHI K,et al. A novel application of a submerged nanofiltration membrane bioreactor（NF MBR）for wastewater treatment[J]. Desalination,2002,146(1/2/3):413-420.

[68] CHOI J H,FUKUSHI K,YAMAMOTO K. A submerged nanofiltration membrane bioreactor for domestic wastewater treatment:the performance of cellulose acetate nanofiltration membranes for long-term operation [J]. Separation and Purification Technology,2007,52:470-477.

[69] CHOI J H,FUKUSHI K,YAMAMOTO K. Comparison of treatment efficiency of submerged nanofiltration membrane bioreactors using cellulose triacetate and polyamide membrane [J]. Water Science and Technology,2005,51(6/7):305-312.

[70] CHU H Q,ZHANG Y L,ZHOU X F,et al. Dynamic membrane

bioreactor for wastewater treatment:operation,critical flux,and dynamic membrane structure [J]. Journal of Membrane Science, 2014, 450: 265-271.

[71] CHU L B, ZHANG X W, YANG F L, et al. Treatment of domestic wastewater by using a microaerobic membrane bioreactor [J]. Desalination,2006,189(1/2/3):181-192.

[72] COMTE S, GUIBAUD G, BAUDU M. Relations between extraction protocols for activated sludge extracellular polymeric substances (EPS) and EPS complexation properties[J]. Enzyme and Microbial Technology, 2006,38(1/2):237-245.

[73] DELGADO S,DÍAZ F,VILLARROEL R,et al. Nitrification in a hollow-fibre membrane bioreactor[J]. Desalination,2002,146(1/2/3):445-449.

[74] DI FABIO S,LAMPIS S,ZANETTI L,et al. Role and characteristics of problematic biofilms within the removal and mobility of trace metals in a pilot-scale membrane bioreactor[J]. Process Biochemistry,2013,48(11): 1757-1766.

[75] DOCKKO S, YAMMATO K. Wastewater treatment using directly submerged nanofiltration membrane bioreactor (NF MBR) [C]// Proceedings of the International Conference on Membrane Technology for Wastewater Reclamation and Reuse,Tel-Aviv,Isarel,2001:21-28.

[76] DOMÍNGUEZ CHABALINÁ L, RODRÍGUEZ PASTOR M, PRATS RICO D. Characterization of soluble and bound EPS obtained from 2 submerged membrane bioreactors by 3D-EEM and HPSEC[J]. Talanta, 2013,115:706-712.

[77] DOMÍNGUEZ CHABALINÁ L,RODRÍGUEZ PASTOR M,RICO D P. Characterization of soluble and bound EPS obtained from 2 submerged membrane bioreactors by 3D-EEM and HPSEC[J]. Talanta, 2013, 115: 706-712.

[78] DOMÍNGUEZ L,CASES V,BIREK C,et al. Influence of organic loading rate on the performance of ultrafiltration and microfiltration membrane bioreactors at high sludge retention time [J]. Chemical Engineering Journal,2012,181/182:132-143.

[79] DREWS A. Membrane fouling in membrane bioreactors—characterisation, contradictions,cause and cures[J]. Journal of Membrane Science,2010,363(1/

2):1-28.

[80] FALK M W,SONG K G,MATIASEK M G,et al. Microbial community dynamics in replicate membrane bioreactors—natural reproducible fluctuations[J]. Water Research,2009,43(3):842-852.

[81] FARIAS E L, HOWE K J, THOMSON B M. Effect of membrane bioreactor solids retention time on reverse osmosis membrane fouling for wastewater reuse[J]. Water Research,2014,49:53-61.

[82] FAUST L,TEMMINK H,ZWIJNENBURG A,et al. Effect of dissolved oxygen concentration on the bioflocculation process in high loaded MBRs [J]. Water Research,2014,66:199-207.

[83] FENG S P,ZHANG N N,LIU H C,et al. The effect of COD/N ratio on process performance and membrane fouling in a submerged bioreactor[J]. Desalination,2012,285:232-238.

[84] FORSTOR C F, DALLAS N J. Activated sludge on settlement some suppositions and suggestion [J]. Wat. Pollut. Contr. , 1980, 79 (3): 338-351.

[85] FRIHA I,KARRAY F,FEKI F,et al. Treatment of cosmetic industry wastewater by submerged membrane bioreactor with consideration of microbial community dynamics [J]. International Biodeterioration & Biodegradation,2014,88:125-133.

[86] FRØLUND B, PALMGREN R, KEIDING K, et al. Extraction of extracellular polymers from activated sludge using a cation exchange resin [J]. Water Research,1996,30(8):1749-1758.

[87] FR/OLUND B, GRIEBE T, NIELSEN P H. Enzymatic activity in the activated-sludge floc matrix[J]. Applied Microbiology and Biotechnology, 1995,43(4):755-761.

[88] FU C,YUE X D,SHI X Q,et al. Membrane fouling between a membrane bioreactor and a moving bed membrane bioreactor: effects of solids retention time[J]. Chemical Engineering Journal,2017,309:397-408.

[89] FUTSELAAR H, SCHONEWILLE H, VAN DER MEER W. Direct capillary nanofiltration—a new high-grade purification concept [J]. Desalination,2002,145(1/2/3):75-80.

[90] GAO D W,WEN Z D,LI B,et al. Membrane fouling related to microbial community and extracellular polymeric substances at different

temperatures[J]. Bioresource Technology,2013,143:172-177.

[91] GAO D W, WEN Z D, LI B, et al. Microbial community structure characteristics associated membrane fouling in A/O-MBR system [J]. Bioresource Technology,2014,154:87-93.

[92] GAO W J, QU X, LEUNG K T, et al. Influence of temperature and temperature shock on sludge properties, cake layer structure, and membrane fouling in a submerged anaerobic membrane bioreactor [J]. Journal of Membrane Science,2012,421/422:131-144.

[93] GAUDY A F. Colorimetric determination of protein and carbohydrate [J]. Ind. Water Wastes,1962,7:17-22.

[94] GENG Z,HALL E R. A comparative study of fouling-related properties of sludge from conventional and membrane enhanced biological phosphorus removal processes [J]. Water Research, 2007, 41 (19): 4329-4338.

[95] GÓMEZ M,DVOŘÁK L,RŮŽIČKOVÁ I,et al. Influence of phosphorus precipitation on permeability and soluble microbial product concentration in a membrane bioreactor [J]. Bioresource Technology, 2013, 129: 164-169.

[96] GÜNDER B, KRAUTH K. Replacement of secondary clarification by membrane separation—results with tubular, plate and hollow fibre modules[J]. Water Science and Technology,1999,40(4/5):311-320.

[97] GRASMICK A, HERAN M, WISNIEWSKI C. MBR: biofouling, hydrodynamics and module configuration[M]. Adélaide: Workshop and Membranes Processes,2005.

[98] GUADIE A,XIA S,ZHANG Z,et al. Effect of intermittent aeration cycle on nutrient removal and microbial community in a fluidized bed reactor-membrane bioreactor combo system[J]. Bioresource Technology,2014, 156:195-205.

[99] GUIBAUD G, BHATIA D, D' ABZAC P, et al. Cd (II) and Pb (II) sorption by extracellular polymeric substances (EPS) extracted from anaerobic granular biofilms:evidence of a pH sorption-edge[J]. Journal of the Taiwan Institute of Chemical Engineers,2012,43(3):444-449.

[100] HAN X M, WANG Z W, ZHU C W, et al. Effect of ultrasonic power

density on extracting loosely bound and tightly bound extracellular polymeric substances[J]. Desalination,2013,329:35-40.

[101] HERAN M, DURANTE F, LEBEGUE J, et al. Air lift relevance in a side-stream MBR system[J]. Desalination,2006,199(1/2/3):485-486.

[102] HERNANDEZ ROJAS M E, VAN KAAM R, SCHETRITE S, et al. Role and variations of supernatant compounds in submerged membrane bioreactor fouling[J]. Desalination,2005,179(1/2/3):95-107.

[103] HONG H, PENG W, ZHANG M, et al. Thermodynamic analysis of membrane fouling in a submerged membrane bioreactor and its implications[J]. Bioresource Technology,2013,146:7-14.

[104] HONG H,ZHANG M,HE Y,et al. Fouling mechanisms of gel layer in a submerged membrane bioreactor[J]. Bioresource Technology,2014,166: 295-302.

[105] HONG S,ARYAL R,VIGNESWARAN S,et al. Influence of hydraulic retention time on the nature of foulant organics in a high rate membrane bioreactor[J]. Desalination,2012,287:116-122.

[106] HONG S,ARYAL R,VIGNESWARAN S,et al. Influence of hydraulic retention time on the nature of foulant organics in a high rate membrane bioreactor[J]. Desalination,2012,287:116-122.

[107] HONG S P,BAE T H,TAK T M,et al. Fouling control in activated sludge submerged hollow fiber membrane bioreactors[J]. Desalination, 2002,143(3):219-228.

[108] HUANG X, GUI P, QIAN Y. Effect of sludge retention time on microbial behaviour in a submerged membrane bioreactor[J]. Process Biochemistry,2001,36(10):1001-1006.

[109] HUANG X,LIU R,QIAN Y. Behaviour of soluble microbial products in a membrane bioreactor[J]. Process Biochemistry,2000,36(5):401-406.

[110] HUANG Z,ONG S L,NG H Y. Performance of submerged anaerobic membrane bioreactor at different SRTs for domestic wastewater treatment[J]. Journal of Biotechnology,2013,164(1):82-90.

[111] HU J,REN H,XU K,et al. Effect of carriers on sludge characteristics and mitigation of membrane fouling in attached-growth membrane bioreactor[J]. Bioresource Technology,2012,122:35-41.

[112] HWANG B K,LEE C H,CHANG I S,et al. Membrane bioreactor:TMP

rise and characterization of bio-cake structure using CLSM-image analysis[J]. Journal of Membrane Science,2012,419/420:33-41.

[113] HWANG B K,LEE C H,CHANG I S,et al. Membrane bioreactor:TMP rise and characterization of bio-cake structure using CLSM-image analysis[J]. Journal of Membrane Science,2012,419/420:33-41.

[114] ISLAM M S, DONG T, SHENG Z Y, et al. Microbial community structure and operational performance of a fluidized bed biofilm reactor treating oil sands process-affected water [J]. International Biodeterioration & Biodegradation,2014,91:111-118.

[115] IVANOVIC I,LEIKNES T,ØDEGAARD H. Influence of loading rates on production and characteristics of retentate from a biofilm membrane bioreactor (BF-MBR) [J]. Desalination,2006,199:490-492.

[116] JEFFERSON B, LAINE A L, STEPHENSON T, et al. Advanced biological unit processes for domestic water recycling[J]. Water Science and Technology,2001,43(10):211-218.

[117] JIANG T,ZHANG H M,GAO D W,et al. Fouling characteristics of a novel rotating tubular membrane bioreactor[J]. Chemical Engineering and Processing:Process Intensification,2012,62:39-46.

[118] JIN B, WILÉN B M, LANT P. A comprehensive insight into floc characteristics and their impact on compressibility and settleability of activated sludge[J]. Chemical Engineering Journal, 2003, 95 (1/2/3): 221-234.

[119] JIN L,ONG S L,NG H Y. Fouling control mechanism by suspended biofilm carriers addition in submerged ceramic membrane bioreactors [J]. Journal of Membrane Science,2013,427:250-258.

[120] JUANG L C, TSENG D H, CHEN Y M, et al. The effect soluble microbial products (SMP) on the quality and fouling potential of MBR effluent[J]. Desalination,2013,326:96-102.

[121] JUANG L C, TSENG D H, CHEN Y M, et al. The effect soluble microbial products (SMP) on the quality and fouling potential of MBR effluent[J]. Desalination,2013,326:96-102.

[122] JUDD S. The status of membrane bioreactor technology[J]. Trends in Biotechnology,2008,26(2):109-116.

[123] JUN B H,MIYANAGA K,TANJI Y,et al. Removal of nitrogenous and

carbonaceous substances by a porous carrier-membrane hybrid process for wastewater treatment[J]. Biochemical Engineering Journal,2003,14 (1):37-44.

[124] KAYA Y, ERSAN G, VERGILI I, et al. The treatment of pharmaceutical wastewater using in a submerged membrane bioreactor under different sludge retention times[J]. Journal of Membrane Science, 2013,442:72-82.

[125] KHAN M M, TAKIZAWA S, LEWANDOWSKI Z, et al. Combined effects of EPS and HRT enhanced biofouling on a submerged and hybrid PAC-MF membrane bioreactor [J]. Water Research, 2013, 47 (2): 747-757.

[126] KHAN S J, PARVEEN F, AHMAD A, et al. Performance evaluation and bacterial characterization of membrane bioreactors[J]. Bioresource Technology,2013,141:2-7.

[127] KIM H C,DEMPSEY B A. Membrane fouling due to alginate, SMP, EfOM,humic acid,and NOM[J]. Journal of Membrane Science,2013, 428:190-197.

[128] KIM J H,PARK P K,LEE C H. A novel hybrid system for the removal of endocrine disrupting chemicals: nanofiltration and homogeneous catalytic oxidation [J]. Journal of Membrane Science,2008,312:66-75.

[129] KIMURA K,YAMATO N,YAMAMURA H,et al. Membrane fouling in pilot-scale membrane bioreactors (MBRs) treating municipal wastewater[J]. Environmental Science & Technology, 2005, 39 (16): 6293-6299.

[130] KRAUME M, DREWS A. Membrane bioreactors in waste water treatment-status and trends[J]. Chemical Engineering & Technology, 2010,33(8):1251-1259.

[131] LASPIDOU C S,RITTMANN B E. A unified theory for extracellular polymeric substances, soluble microbial products, and active and inert biomass[J]. Water Research,2002,36(11):2711-2720.

[132] LEE B M, SHIN H S, HUR J. Comparison of the characteristics of extracellular polymeric substances for two different extraction methods and sludge formation conditions[J]. Chemosphere,2013,90(2):237-244.

[133] LEE J,AHN W Y,LEE C H. Comparison of the filtration characteristics

between attached and suspended growth microorganisms in submerged membrane bioreactor[J]. Water Research,2001,35(10):2435-2445.

[134] LEE W. Sludge characteristics and their contribution to microfiltration in submerged membrane bioreactors[J]. Journal of Membrane Science, 2003,216(1/2):217-227.

[135] LI J, YANG F, LIU Y, et al. Microbial community and biomass characteristics associated severe membrane fouling during start-up of a hybrid anoxic-oxic membrane bioreactor[J]. Bioresource Technology, 2012,103(1):43-47.

[136] LIM S, KIM S, YEON K M, et al. Correlation between microbial community structure and biofouling in a laboratory scale membrane bioreactor with synthetic wastewater [J]. Desalination, 2012, 287: 209-215.

[137] LIM S Y, KIM S, YEON K M, et al. Correlation between microbial community structure and biofouling in a laboratory scale membrane bioreactor with synthetic wastewater [J]. Desalination, 2012, 287: 209-215.

[138] LIN H J, ZHANG M J, WANG F Y, et al. A critical review of extracellular polymeric substances (EPSs) in membrane bioreactors: characteristics, roles in membrane fouling and control strategies[J]. Journal of Membrane Science,2014,460:110-125.

[139] LIN H R, YE C S, LV L, et al. Characterization of extracellular polymeric substances in the biofilms of typical bacteria by the sulfur K-edge XANES spectroscopy[J]. Journal of Environmental Sciences,2014, 26(8):1763-1768.

[140] LIU H,FANG H H. Extraction of extracellular polymeric substances (EPS) of sludges[J]. Journal of Biotechnology,2002,95(3):249-256.

[141] LIU Q,WANG X C,LIU Y J,et al. Performance of a hybrid membrane bioreactor in municipal wastewater treatment[J]. Desalination,2010,258 (1/2/3):143-147.

[142] LIU Q, WANG X C. Mechanism of nitrogen removal by a hybrid membrane bioreactor in municipal wastewater treatment[J]. Desalination and Water Treatment,2014,52(25/26/27):5165-5171.

[143] LIU Y,LIU H N,CUI L,et al. The ratio of food-to-microorganism (F/

M) on membrane fouling of anaerobic membrane bioreactors treating low-strength wastewater[J]. Desalination,2012,297:97-103.

[144] LIU Y,LIU H N,CUI L,et al. The ratio of food-to-microorganism (F/M) on membrane fouling of anaerobic membrane bioreactors treating low-strength wastewater[J]. Desalination,2012,297:97-103.

[145] LI X Y,YANG S F. Influence of loosely bound extracellular polymeric substances (EPS) on the flocculation,sedimentation and dewaterability of activated sludge[J]. Water Research,2007,41(5):1022-1030.

[146] LI Z,TIAN Y,DING Y,et al. Fouling potential evaluation of soluble microbial products (SMP) with different membrane surfaces in a hybrid membrane bioreactor using worm reactor for sludge reduction [J]. Bioresource Technology,2013,140:111-119.

[147] LOULERGUE P,WECKERT M,REBOUL B,et al. Mechanisms of action of particles used for fouling mitigation in membrane bioreactors [J]. Water Research,2014,66:40-52.

[148] LOW S C,JUAN H H,SIONG L K. A combined VSEP and membrane bioreactor system [J]. Desalination,2005,183:353-362.

[149] LUO W H, HAI F I, PRICE W E, et al. High retention membrane bioreactors:challenges and opportunities[J]. Bioresource Technology, 2014,167:539-546.

[150] LV Y, WAN C, LEE D J, et al. Microbial communities of aerobic granules:granulation mechanisms[J]. Bioresource Technology, 2014, 169:344-351.

[151] MA B C, LEE Y N, PARK J S,et al. Correlation between dissolved oxygen concentration,microbial community and membrane permeability in a membrane bioreactor [J]. Process Biochemistry, 2006, 41 (5): 1165-1172.

[152] MA D, GAO B, XIA C, et al. Effects of sludge retention times on reactivity of effluent dissolved organic matter for trihalomethane formation in hybrid powdered activated carbon membrane bioreactors [J]. Bioresource Technology,2014,166:381-388.

[153] MA J,WANG Z,ZOU X,et al. Microbial communities in an anarobic dynamic membrane bioreactor (AnDMBR) for municipal wastewater treatment:comparison of bulk sludge and cake layer [J]. Process

Biochemistry,2013,48:510-516.

[154] MA J X, WANG Z W, ZOU X X, et al. Microbial communities in an anaerobic dynamic membrane bioreactor (AnDMBR) for municipal wastewater treatment: comparison of bulk sludge and cake layer[J]. Process Biochemistry,2013,48(3):510-516.

[155] MARROT B, BARRIOS-MARTINEZ A, MOULIN P, et al. Biodegradation of high phenol concentration by activated sludge in an immersed membrane bioreactor[J]. Biochemical Engineering Journal, 2006,30(2):174-183.

[156] MEI X J, WANG Z W, ZHENG X, et al. Soluble microbial products in membrane bioreactors in the presence of ZnO nanoparticles[J]. Journal of Membrane Science,2014,451:169-176.

[157] MELIN T, DOHMAN M. Membrantechnik in der wasseraufbereitung und abwasserbehandlung [C]//Process 5th Aachener Tagung, 30 September-1 October,2003 , Aachen, Germany.

[158] MELIN T, JEFFERSON B, BIXIO D, et al. Membrane bioreactor technology for wastewater treatment and reuse[J]. Desalination,2006, 187(1/2/3):271-282.

[159] MENG F G, CHAE S R, SHIN H S, et al. Recent advances in membrane bioreactors: configuration development, pollutant elimination, and sludge reduction[J]. Environmental Engineering Science,2012,29(3):139-160.

[160] MENG F G, SHI B Q, YANG F L, et al. Effect of hydraulic retention time on membrane fouling and biomass characteristics in submerged membrane bioreactors[J]. Bioprocess and Biosystems Engineering,2007, 30(5):359-367.

[161] MENG F G, ZHANG H M, YANG F L, et al. Identification of activated sludge properties affecting membrane fouling in submerged membrane bioreactors[J]. Separation and Purification Technology, 2006, 51 (1): 95-103.

[162] MÜNCH E V, BARR K, WATTS S, et al. Suspended carrier technology allows upgrading high-rate activated sludge plants for nitrogen removal via process intensification[J]. Water Science and Technology, 2000, 41 (4-5):5-12.

[163] MOTSA M M, MAMBA B B D, HAESE A, et al. Organic fouling in

forward osmosis membranes: the role of feed solution chemistry and membrane structural properties[J]. Journal of Membrane Science, 2014, 460:99-109.

[164] MOUSAAB A, CLAIRE C, MAGALI C, et al. Upgrading the performances of ultrafiltration membrane system coupled with activated sludge reactor by addition of biofilm supports for the treatment of hospital effluents[J]. Chemical Engineering Journal, 2015, 262:456-463.

[165] MUHAMMAD H, MALACK A. Determination of biokinetic coefficients of an immersed membrane bioreactor [J]. Journal of Membrane Science, 2006, 271:47-58.

[166] MUTAMIM N S A, NOOR Z Z, HASSAN M A A, et al. Membrane bioreactor: applications and limitations in treating high strength industrial wastewater [J]. Chemical Engineering Journal, 2013, 225: 109-119.

[167] NAGAOKA H, YAMANISHI S, MIYA A. Modeling of biofouling by extracellular polymers in a membrane separation activated sludge system [J]. Water Science and Technology, 1998, 38(4/5):497-504.

[168] NEGARESH E, LE-CLECH P, CHEN V. Fouling mechanisms of model extracellular polymeric substances in submerged membrane reactor[J]. Desalination, 2006, 200(1/2/3):715-717.

[169] ORANTES J, WISNIEWSKI C, HERAN M, et al. Influence of total sludge retention on the performance of a submerged membrane bioreactor[M]. Seoul: IWA, 2004.

[170] PELLICER-NÀCHER C, SMETS B F. Structure, composition, and strength of nitrifying membrane-aerated biofilms[J]. Water Research, 2014, 57:151-161.

[171] PETERSEN R J. Composite reverse osmosis and nanofiltration membranes[J]. Journal of Membrane Science, 1993, 83(1):81-150.

[172] POCHANA K, KELLER J, LANT P. Model development for simultaneous nitrification and denitrification [J]. Water Science and Technology, 1999, 39(1):235-243.

[173] POXON T L, DARBY J L. Extracellular polyanions in digested sludge: measurement and relationship to sludge dewaterability [J]. Water Research, 1997, 31(4):749-758.

[174] PSOCH C,SCHIEWER S. Anti-fouling application of air sparging and backflushing for MBR[J]. Journal of Membrane Science,2006,283(1/2):273-280.

[175] QU F,LIANG H,HE J,et al. Characterization of dissolved extracellular organic matter (dEOM) and bound extracellular organic matter (bEOM) of microcystis aeruginosa and their impacts on UF membrane fouling[J]. Water Research,2012,46(9):2881-2890.

[176] RAFIEI B, NAEIMPOOR F, MOHAMMADI T. Bio-film and bio-entrapped hybrid membrane bioreactors in wastewater treatment: comparison of membrane fouling and removal efficiency [J]. Desalination,2014,337:16-22.

[177] REBOLEIRO-RIVAS P, MARTÍN-PASCUAL J, JUÁREZ-JIMÉNEZ B,et al. Enzymatic activities in a moving bed membrane bioreactor for real urban wastewater treatment: effect of operational conditions[J]. Ecological Engineering,2013,61:23-33.

[178] ROSENBERGER S,EVENBLIJ H,POELE S,et al. The importance of liquid phase analyses to understand fouling in membrane assisted activated sludge processes-six case studies of different European research groups [J]. J. Membr. Sei. ,2005,263(1-2):113-126.

[179] ROTT U,MINKE R. Overview of wastewater treatment and recycling in the textile processing industry[J]. Water Science and Technology,1999,40(1):137-144.

[180] SABIA G,FERRARIS M,SPAGNI A. Effect of solid retention time on sludge filterability and biomass activity:long-term experiment on a pilot-scale membrane bioreactor treating municipal wastewater[J]. Chemical Engineering Journal,2013,221:176-184.

[181] SCHOLES E, VERHEYEN V, BROOK-CARTER P. A review of practical tools for rapid monitoring of membrane bioreactors[J]. Water Research,2016,102:252-262.

[182] SHANG C,WONG H M,CHEN G. Bacteriophage MS-2 removal by submerged membrane bioreactor [J]. Water Research, 2005, 39 (17): 4211-4219.

[183] SHAO S L,QU F S,LIANG H,et al. Characterization of membrane foulants in a pilot-scale powdered activated carbon-membrane bioreactor

for drinking water treatment[J]. Process Biochemistry, 2014, 49 (10): 1741-1746.

[184] SHEN L, YUAN X, SHEN W, et al. Positive impact of biofilm on reducing the permeation of ampicillin through membrane for membrane bioreactor[J]. Chemosphere, 2014, 97: 34-39.

[185] SHIM J K, YOO I K, LEE Y M. Design and operation considerations for wastewater treatment using a flat submerged membrane bioreactor[J]. Process Biochemistry, 2002, 38(2): 279-285.

[186] SIANG CHEN WU, CHI MEI LEE. Fouling propensity of soluble microbial products released by Microbacterium trichotecenolyticum B4-1 under various substrate levels [J]. Separation and Purification Technology, 2012, 84: 16-21.

[187] SMITH C, GREGORIO DD, TALCOTT R M. The use of membranes for activated sludge separation [C]//24th Annual Purdue Industrial Waste Conference, Lafayette, Indiana, USA: Purdue University, 1969: 1300-1310.

[188] SONG L F. Flux decline in crossflow microfiltration and ultrafiltration: mechanisms and modeling of membrane fouling[J]. Journal of Membrane Science, 1998, 139(2): 183-200.

[189] STAMPER D M, WALCH M, JACOBS R N. Bacterial population changes in a membrane bioreactor for graywater treatment monitored by denaturing gradient gel electrophoretic analysis of 16S rRNA gene fragments[J]. Appl Environ Microbiol, 2003, 69(2): 852-860.

[190] STEPHENSON T, BRINDLE K, JUDD S, et al. Membrane bioreactors for wastewater treatment [J]. Water Intelligence Online, 2015, 6: 9781780402147.

[191] STOWA. Comparing research MBR and sand filtration WWTP Maasbommel[R]. [S. l: s. n.], 2004.

[192] SUN F Y, LV X M, LI J, et al. Activated sludge filterability improvement by nitrifying bacteria abundance regulation in an adsorption membrane bioreactor (Ad-MBR) [J]. Bioresource Technology, 2014, 170: 230-238.

[193] SUN J Y, XIAO K, MO Y H, et al. Seasonal characteristics of supernatant organics and its effect on membrane fouling in a full-scale

membrane bioreactor [J]. Journal of Membrane Science, 2014, 453: 168-174.

[194] SUN Y, CLINKENBEARD K D, CLARKE C, et al. Pasteurella haemolytica leukotoxin induced apoptosis of bovine lymphocytes involves DNA fragmentation [J]. Vet. Microbiol. ,1999,65:153-166.

[195] SU X Y, TIAN Y, ZUO W, et al. Static adsorptive fouling of extracellular polymeric substances with different membrane materials [J]. Water Research,2014,50:267-277.

[196] TANSEL B, TANSEL D Z. Adhesion strength and spreading characteristics of EPS on membrane surfaces during lateral and central growth[J]. Colloids and Surfaces B,Biointerfaces,2013,111:594-599.

[197] TEYCHENE B, GUIGUI C, CABASSUD C, et al. Toward a better identification of foulant species in MBR processes [J]. Desalination, 2008,231(1/2/3):27-34.

[198] THANH B X, VISVANATHAN C, BEN AIM R. Fouling characterization and nitrogen removal in a batch granulation membrane bioreactor[J]. International Biodeterioration & Biodegradation, 2013, 85:491-498.

[199] THOEYE C,WEEMAES M,GEENENS D,et al. Ongoing and planned water reuse related projects in Flanders,Belgium[C]// IWA Regional Symposium on Water Recycling in Mediterranean Region, Iraklio, Greece,2002: 26-29.

[200] TIAN J Y, ERNST M, CUI F Y, et al. Correlations of relevant membrane foulants with UF membrane fouling in different waters[J]. Water Research,2013,47(3):1218-1228.

[201] TIAN Y, LI Z, CHEN L, et al. Role of extracellular polymeric substances (EPSs) in membrane fouling of membrane bioreactor coupled with worm reactor[J]. Bioresource Technology,2012,123:566-573.

[202] TIAN Y, LI Z, DING Y, et al. Identification of the change in fouling potential of soluble microbial products (SMP) in membrane bioreactor coupled with worm reactor[J]. Water Research,2013,47(6):2015-2024.

[203] TIAN Y, SU X Y. Relation between the stability of activated sludge flocs and membrane fouling in MBR: under different SRTs [J]. Bioresource Technology,2012,118:477-482.

[204] TIJING L D, WOO Y C, CHOI J S, et al. Fouling and its control in membrane distillation—a review[J]. Journal of Membrane Science, 2015, 475:215-244.

[205] TIJING L D, WOO Y C, CHOI J S, et al. Fouling and its control in membrane distillation—a review[J]. Journal of Membrane Science, 2015, 475:215-244.

[206] UEDA T, HATA K J. Domestic wastewater treatment by a submerged membrane bioreactor with gravitational filtration[J]. Water Research, 1999,33(12):2888-2892.

[207] UEDA T, HATA K, KIKUOKA Y. Treatment of domestic sewage from rural settlements by a membrane bioreactor [J]. Water Science and Technology,1996,34(9):189-196.

[208] UNLU A, HASAR H, KINACI C, et al. Real role of an ultrofiltration hollow-fibre membrane module in a submerged membrane bioreactor [J]. Desalination,2005,181:185-191.

[209] URBAIN V, BLOCK J C, MANEM J. Bioflocculation in activated sludge:an analytic approach[J]. Water Research,1993,27(5):829-838.

[210] VALADEZ-BLANCO R, FERREIRA F C, FERREIRA JORGE R, et al. A membrane bioreactor for biotransformations of hydrophobic molecules using organic solvent nanofiltration (OSN) membranes [J]. Desalination,2006,199(1/2/3):429-431.

[211] VALADEZ-BLANCO R, FERREIRA F C, FERREIRA JORGE R, et al. A membrane bioreactor for biotransformations of hydrophobic molecules using organic solvent nanofiltration (OSN) membranes [J]. Desalination,2006,199(1/2/3):429-431.

[212] VAN DEN BRINK P, VERGELDT F, VAN AS H, et al. Potential of mechanical cleaning of membranes from a membrane bioreactor[J]. Journal of Membrane Science,2013,429:259-267.

[213] VAN DER ROEST H, LAWRENCE D, VAN BENTEM A. Membrane bioreactors for municipal wastewater treatment[J]. Water Intelligence Online,2015,4:9781780402925.

[214] VAN DIJK L, RONCKEN G C G. Membrane bioreactors for wastewater treatment:the state of the art and new developments[J]. Water Science and Technology,1997,35(10):35-41.

[215] VANYSACKER L, DECLERCK P, BILAD M R, et al. Biofouling on microfiltration membranes in MBRs: role of membrane type and microbial community [J]. Journal of Membrane Science, 2014, 453: 394-401.

[216] VILLAIN M, MARROT B. Correlation between fouling propensity of soluble extracellular polymeric substances, removal efficiencies and sludge metabolic activity altered by different stress conditions. influence of sludge retention time[J]. Procedia Engineering, 2012, 44: 1127-1131.

[217] VILLAIN M, MARROT B. Influence of sludge retention time at constant food to microorganisms ratio on membrane bioreactor performances under stable and unstable state conditions[J]. Bioresource Technology, 2013, 128: 134-144.

[218] WANG C, CHEN W N, HU Q Y, et al. Dynamic fouling behavior and cake layer structure changes in nonwoven membrane bioreactor for bath wastewater treatment [J]. Chemical Engineering Journal, 2015, 264: 462-469.

[219] WANG J, ZHENG Y, JIA H, et al. Bioelectricity generation in an integrated system combining microbial fuel cell and tubular membrane reactor: effects of operation parameters performing a microbial fuel cell-based biosensor for tubular membrane bioreactor [J]. Bioresource Technology, 2014, 170: 483-490.

[220] WANG X C, HU Y S, LIU Q. Influence of activated sludge characteristics on membrane fouling in a hybrid membrane bioreactor [J]. Desalination and Water Treatment, 2012, 42(1/2/3): 30-36.

[221] WANG X C, LIU Q, LIU Y J. Membrane fouling control of hybrid membrane bioreactor: effect of extracellular polymeric substances[J]. Separation Science and Technology, 2010, 45(7): 928-934.

[222] WANG Z W, MA J X, TANG C Y, et al. Membrane cleaning in membrane bioreactors: a review[J]. Journal of Membrane Science, 2014, 468: 276-307.

[223] WANG Z W, MEI X J, WU Z C, et al. Effects of biopolymer discharge from MBR mixture on sludge characteristics and membrane fouling[J]. Chemical Engineering Journal, 2012, 193/194: 77-87.

[224] WANG Z W, WU Z C. A review of membrane fouling in MBRs:

characteristics and role of sludge cake formed on membrane surfaces[J]. Separation Science and Technology,2009,44(15):3571-3596.

[225] WEI D, SHI L, YAN T, et al. Aerobic granules formation and simultaneous nitrogen and phosphorus removal treating high strength ammonia wastewater in sequencing batch reactor [J]. Bioresource Technology,2014,171:211-216.

[226] WU J, HE C D, BI D S, et al. A bio-cake model for the soluble COD removal by the back-transport,adsorption and biodegradation processes in the submerged membrane bioreactor[J]. Desalination,2013,322:1-12.

[227] WU J, HE C D, ZHANG Y P. Modeling membrane fouling in a submerged membrane bioreactor by considering the role of solid, colloidal and soluble components [J]. Journal of Membrane Science, 2012,397/398:102-111.

[228] XING C H, TARDIEU E, QIAN Y, et al. Ultrafiltration membrane bioreactor for urban wastewater reclamation [J]. Journal of Membrane Science,2000,177:73-82.

[229] YAMAGIWA K,OOHIRA Y,OHKAWA A. Simultaneous removal of carbonaceous and nitrogenous pollutants by a plunging liquid jet bioreactor with crossflow filtration operated under intermittent aeration [J]. Bioresource Technology,1995,53(1):57-62.

[230] YAMAMOTO K, HIASA M, MAHMOOD T, et al. Direct solid-liquid separation using hollow fiber membrane in an activated sludge aeration tank[J]. Water Science and Technology,1989,21(4/5):43-54.

[231] YANG Q, CHEN J, ZHANG F. Membrane fouling control in a submerged membrane bioreactor with porous,flexible suspended carriers [J]. Desalination,2006,189:292-302.

[232] YANG W B,CICEK N,ILG J. State-of-the-art of membrane bioreactors: worldwide research and commercial applications in North America[J]. Journal of Membrane Science,2006,270(1/2):201-211.

[233] YI X S,ZHAO Z W,SHI W X,et al. Organic pollutants variation and antifouling enhancement with attapulgite clay addition in MBR treating micro-polluted surface water[J]. Chemical Engineering Journal,2013, 223:891-898.

[234] YU H, LIN H, LIN H, et al. Membrane fouling in a submerged

membrane bioreactor with focus on surface properties and interactions of cake sludge and bulk sludge[J]. Bioresource Technology, 2014, 169: 213-219.

[235] YUNIARTO A, NOOR Z Z, UJANG Z, et al. Bio-fouling reducers for improving the performance of an aerobic submerged membrane bioreactor treating palm oil mill effluent[J]. Desalination, 2013, 316: 146-153.

[236] YUNIARTO A, NOOR Z Z, UJANG Z, et al. Bio-fouling reducers for improving the performance of an aerobic submerged membrane bioreactor treating palm oil mill effluent[J]. Desalination, 2013, 316: 146-153.

[237] YU Z, WEN X, XU M, et al. Characteristics of extracellular polymeric substances and bacterial communities in an anaerobic membrane bioreactor coupled with online ultrasound equipment[J]. Bioresource Technology, 2012, 117: 333-340.

[238] ZHANG C, LIANG Z, HU Z. Bacterial response to a continuous long-term exposure of silver nanoparticles at sub-ppm silver concentrations in a membrane bioreactor activated sludge system[J]. Water Research, 2014, 50: 350-358.

[239] ZHANG D Y, LEE D J, PAN X L. Fluorescent quenching for biofilm extracellular polymeric substances (EPS) bound with Cu(II)[J]. Journal of the Taiwan Institute of Chemical Engineers, 2012, 43(3): 450-454.

[240] ZHANG H, GAO Z, ZHANG L, et al. Performance enhancement and fouling mitigation by organic flocculant addition in membrane bioreactor at high salt shock[J]. Bioresource Technology, 2014, 164: 34-40.

[241] ZHANG J S, LOONG W L C, CHOU S R, et al. Membrane biofouling and scaling in forward osmosis membrane bioreactor[J]. Journal of Membrane Science, 2012, 403/404: 8-14.

[242] ZHANG P, CHEN Y P, GUO J S, et al. Adsorption behavior of tightly bound extracellular polymeric substances on model organic surfaces under different pH and cations with surface plasmon resonance[J]. Water Research, 2014, 57: 31-39.

[243] ZHANG X M, YUE X P, LIU Z Q, et al. Impacts of sludge retention time on sludge characteristics and membrane fouling in a submerged

anaerobic-oxic membrane bioreactor [J]. Applied Microbiology and Biotechnology,2015,99(11):4893-4903.

[244] ZHANG Y, ZHANG M, WANG F, et al. Membrane fouling in a submerged membrane bioreactor:effect of pH and its implications[J]. Bioresource Technology,2014,152:7-14.

[245] ZHAO C Q, XU X C, CHEN J, et al. Highly effective antifouling performance of PVDF/graphene oxide composite membrane in membrane bioreactor (MBR) system[J]. Desalination,2014,340:59-66.

[246] ZHAO X,CHEN Z,WANG X,et al. Remediation of pharmaceuticals and personal care products using an aerobic granular sludge sequencing bioreactor and microbial community profiling using Solexa sequencing technology analysis[J]. Bioresource Technology,2015,179:104-112.

[247] ZHU L,LV M L,DAI X,et al. Role and significance of extracellular polymeric substances on the property of aerobic granule[J]. Bioresource Technology,2012,107:46-54.

[248] ZHU L,QI H Y,LV M L,et al. Component analysis of extracellular polymeric substances（EPS）during aerobic sludge granulation using FTIR and 3D-EEM technologies[J]. Bioresource Technology,2012,124: 455-459.

[249] ZHU L, ZHOU J, LV M, et al. Specific component comparison of extracellular polymeric substances（EPS）in flocs and granular sludge using EEM and SDS-PAGE[J]. Chemosphere,2015,121:26-32.

[250] ZHU L, ZHOU J, LV M, et al. Specific component comparison of extracellular polymeric substances（EPS）in flocs and granular sludge using EEM and SDS-PAGE[J]. Chemosphere,2015,121:26-32.

[251] ZSIRAI T, BUZATU P, AERTS P, et al. Efficacy of relaxation, backflushing,chemical cleaning and clogging removal for an immersed hollow fibre membrane bioreactor[J]. Water Research, 2012, 46(14): 4499-4507.

[252] ZSIRAI T,WANG Z Z,GABARRÓN S,et al. Biological treatment and thickening with a hollow fibre membrane bioreactor [J]. Water Research,2014,58:29-37.

[253] ZURIAGA-AGUSTÍ E, BES-PIÁ A, MENDOZA-ROCA J A, et al. Influence of extraction methods on proteins and carbohydrates analysis

from MBR activated sludge flocs in view of improving EPS determination[J]. Separation and Purification Technology, 2013, 112: 1-10.

[254] ZUTHI M F, NGO H H, GUO W S. Modelling bioprocesses and membrane fouling in membrane bioreactor (MBR): a review towards finding an integrated model framework[J]. Bioresource Technology, 2012, 122: 119-129.

国家重点研发计划项目(2018YFC0808100)资助
国家自然科学基金面上项目(52074282)资助

矿井通风可视化仿真理论与实践

魏连江　著

中国矿业大学出版社
· 徐州 ·

内 容 简 介

　　本书结合作者自主研发的"矿井通风三维仿真系统(VSE)"软件,系统阐述了所依据的理论基础、所采用的系统架构及开发模式、所采用的可视化仿真关键技术和数学模型。在此基础上,介绍了矿井通风可视化仿真系统在矿井通风系统优化与改造工程中的应用实践。

　　本书可以作为从事矿业、安全科学与工程领域的教学、科研、管理及工程技术人员的参考书,也可以作为大专院校安全、采矿等专业的参考书。

图书在版编目(C I P)数据

　　矿井通风可视化仿真理论与实践/魏连江著. 一徐州:中国矿业大学出版社,2021.6
　　ISBN 978 - 7 - 5646 - 5011 - 7

　　Ⅰ.①矿… Ⅱ.①魏… Ⅲ.①矿山通风—可视化仿真—应用软件 Ⅳ.①TD72-39

　　中国版本图书馆 CIP 数据核字(2021)第 072233 号

书　　　名	矿井通风可视化仿真理论与实践
著　　　者	魏连江
责任编辑	周　红
责任校对	张海平
出版发行	中国矿业大学出版社有限责任公司
	(江苏省徐州市解放南路　邮编 221008)
营销热线	(0516)83884103　83885105
出版服务	(0516)83995789　83884920
网　　址	http://www.cumtp.com　**E-mail:**cumtpvip@cumtp.com
印　　刷	苏州市古得堡数码印刷有限公司
开　　本	787 mm×960 mm　1/16　**印张** 12.75　**字数** 250 千字
版次印次	2021 年 6 月第 1 版　2021 年 6 月第 1 次印刷
定　　价	56.00 元

　　(图书出现印装质量问题,本社负责调换)

前　言

矿井通风问题是煤矿安全的核心问题之一,如果通风不良可直接导致瓦斯爆炸、火灾等事故。矿井通风系统的合理与否对矿井安全生产具有长期而重要的影响。矿井通风系统是一个非常庞大和复杂的空间网络系统,它的安全正常运行是井下安全生产的基本保证,通风安全管理的好坏直接关系到矿井安全生产和经济效益的提高,但矿井通风安全管理工作的信息化程度相对于其他行业较低。建立矿井通风仿真可视化系统可以快速、科学、准确、有效地为通风日常管理工作、确定通风系统改造方案或者优化调节通风系统提供辅助决策依据。

矿井通风可视化仿真是矿井智能通风的核心,矿井通风仿真经历了三个时期,第一个时期主要是纯数值计算时期,第二个时期是通风网络二维可视化解算时期,第三个时期就是通风网络三维可视化仿真时期,使矿井通风解算软件更加易于使用。矿井通风作为矿井安全生产的基础环节,在智能化背景下对其准确性、及时性、全面性、可靠性提出了更高要求。矿井智能通风是未来矿井通风的主流发展方向。

作者基于微软的 Visual Studio 开发平台,采用 GDI+、计算机图形学,借鉴软件工程的思想和 GIS 理论,以我国具有代表性矿井通风系统为基础,综合运用相关基础理论,对矿井通风三维可视化仿真系统从底层进行了研发。矿井通风可视化仿真系统可以动态地对通风系统进行调节和计算,确定合理有效的通风方案,用户可以调节通风设施和改变通风网络(如增删巷道、风机和通风构筑物,调节风门开口面积大小等)来高效仿真矿井的通风系统变化,利用数值仿真等技术可以科学、准确地分析通风系统存在的问题,给决策者或管理人员提供调整的参考依据,同时可以实现矿井通风系统双线图、立体图、网络图、三维图、风机特性曲线图等图件的自动生成。

相关研究成果在《中国矿业大学学报》《中国安全科学学报》《煤炭学报》《采矿与安全工程学报》等核心期刊发表论文 30 余篇。目前该成果已在徐州矿务集团、中国平煤神马集团等部分煤矿应用,也成功应用于煤矿安全科研项目中,取得了良好的经济和社会效益。

本书结合作者自主研发的"矿井通风三维仿真系统(VSE)"软件,系统阐述了所依据的理论基础、所采用的系统架构及开发模式、所采用的可视化仿真关键技术和数学模型。在此基础上,介绍了矿井通风可视化仿真系统在矿井通风系统优化与改造工程中的应用实践。

由于作者水平有限,书中难免出现疏漏或错误之处,敬请各位专家学者批评指正。

著 者

2021 年 5 月

目　录

1 绪 论

1.1 研究背景及意义

矿井通风与采矿、掘进、机电、运输并称煤矿五大系统,是防治瓦斯、火灾、粉尘灾害的最有效、最经济、最直接的手段,如果通风不良可直接导致瓦斯爆炸、火灾等事故[1]。通风技术不仅是预防各种灾害发生的重要措施,而且是控制、缩小、消除灾害必不可少的手段。矿井通风系统是一个非常庞大和复杂的空间网络系统,它的安全运行是井下安全生产的基本保证,通风安全管理直接关系到煤矿安全生产和经济效益的提高。建立矿井通风可视化仿真系统可以快速、准确、科学、有效地为矿井通风安全日常管理工作、确定矿井通风系统改造方案或优化调节提供决策依据[2-4]。

1.2 矿井通风仿真研究现状

从 1953 年 Scott 和 Hinsley 首先使用计算机来解决通风网络问题开始,到 20 世纪 60 年代末,在世界范围内,计算机已广泛用于矿井通风系统的研究和分析。目前已有大量矿井通风软件用于解决地下开采中出现的不同问题[5]。

1.2.1 国内研究现状

我国在通风可视化仿真系统的研究与开发方面做了大量的研究工作。1985 年,中国矿业大学编制了矿井火灾时期瞬态模拟的计算机程序[6];1987 年,原中南矿冶学院吴超在律勒欧工业大学做访问学者期间,完成专著 *Mine Ventilation Network Analysis and Pollution Simulation*,该专著回顾了国内外通风网络分析的发展历史,阐述了通风网络基本理论,对极复杂矿井通风网络进行分析与实践[7];1989 年,安徽理工大学刘泽功提出了通过测算风网风量求分支风阻的方法解算矿井复杂通风网路,从理论上分析了以分支风阻为未知数的线性方程组建立过程及方程组解存在的唯一性[8,9];1991 年中国矿业大学张惠忱编写了《计算机在矿井通风中的应用》。

通风专家系统开发始于 20 世纪 80 年代中期[10],是国内较为先进的采矿类应用软件,适用于各类开采矿山通风系统优化与设计。通过该系统设计的国内外大中型矿山已超过 50 座。通风专家系统主要有原始数据处理、通风网络计算、通风绘图、结果报表、通风机数据库、知识库等六大模块组成,可对复杂通风系统进行网络解算。

1992 年,中国矿业大学编制了二维非稳态火灾烟流流动状态计算机模拟程序[9];淮南矿院在 MFIRE 软件设计研究中,实现了在通风系统网络图上在线显示火灾模拟结果[9];1993 年,中国矿业大学防灭火课题组开发了专门用于矿井通风系统图形管理和火灾救灾辅助决策的计算机图形系统——MineCAD[8],具有巷道虚交叉点自动处理和单线巷道自动转换为双线巷道等功能。

2002 年,中国矿业大学陈开岩教授开发出矿井通风管理决策支持系统(MVDSS)[7],将数据保存在 Access 数据库中,具有通风网络模拟、通风机优化选型、风网参数编辑、阻力测定处理等功能;同年,刘剑撰写了名为《流体网络理论》的教材[11],该书提出的网络简化算法,对网络分析以及提高与网络相关分析的一些算法的效率具有重要意义;同年,北京龙软科技股份有限公司承担了山东能源枣庄矿业(集团)有限责任公司矿井通风管理信息系统及矿区通风与安全监测远程管理信息系统,经过不断完善,该系统能自动生成通风网络图和通风系统立体图,具有通风阻力测定计算、主要通风机性能测定计算及特性曲线绘制、瓦斯等级鉴定计算、模拟解算、巷道贯通、可控循环风、瓦斯排放、反风模拟、通风机优选等功能。

2005 年,辽宁工程技术大学通过鉴定的矿井通风可视化仿真系统,支持DXF 文件、巷道三维节点坐标数据生成仿真图,实现了拓扑关系的自动建立与管理、通风网络平衡图的自动生成,具有网络分风仿真功能,并且能够将解算结果自动生成综合分析报告[8,12]。

2008 年中国矿业大学魏连江、周福宝、沈龙等提出了一种使用插件机制改进的矿井通风可视化仿真系统开放式架构模型[13],具有良好的可扩展性、灵活性与开放性,能够提高矿井通风的信息化管理及决策水平。

2009 年中国矿业大学朱华新、魏连江、张飞等基于计算机图形学、GIS 理论和矿井通风理论,对矿井通风可视化仿真系统的开发模式、可视化仿真平台、通风网络拓扑关系维护、通风网络解算和通风系统双线图的快速自动生成进行了改进研究和实现,对于构建矿井通风可视化仿真系统或改进现有矿井通风可视化仿真系统具有一定的促进作用和参考价值[14]。

2017 年辽宁工程技术大学黄德、刘剑、李雨成等基于 Object ARX 利用 AutoCAD 二次开发技术研发了长距离掘进通风辅助决策系统,其具有巷道、掘进工作面、局部通风机、风筒、风库等图元的可视化、风量计算、风筒风阻多方法求解、通风机自适应匹配选型与检验等功能[15];同年神华宁夏煤业集团有限责任公司羊场湾煤矿刘立群运用面向对象的语言 VB 开发工具,以 SQL Server 为后台数据库,以 SolidWorks 为图形平台,开发了一套矿井通用的通风系统仿真与优化软件,有效解决了矿井通风信息管理、三维矿井通风立体图的自动生成、矿井通风网络自动解算、风网参数的自动标注等问题[16]。

2019 年中煤科工集团重庆研究院有限公司梁军、张庆华、李明建等针对目前大多数煤矿局部通风管理薄弱的现状,为保证通风系统稳定、可靠地向井下各用风地点输送足够的新鲜风流,以达到稀释井下有害气体浓度、调节井下环境温度等目的,研发了矿井风网三维仿真系统,该系统能够实现矿井风流实时模拟、巷道通风情况动态显示,一旦发现通风异常情况能够提供实时报警信息,可为矿井通风安全管理提供有效技术手段[17]。

为优化金属矿山矿井通风系统及辅助决策设计,弥补常用矿井通风仿真解算软件在环境监测、实时解算和辅助决策方面的不足,青岛理工大学杨帅、撒占友、王相君等基于矿井通风理论、环境监测、计算机与通信技术开发了矿井通风三维仿真辅助决策系统[18]。

综上,我国在矿井通风仿真方面做了大量工作,矿井通风可视化仿真系统的研究与开发取得了具有标志性的成果,辽宁工程技术大学、中国矿业大学等科研机构都开发了类似软件,其功能具有国际先进水平。软件主要以辽宁工程技术大学的 MVSS、中国矿业大学陈开岩开发的 MVDSS 为代表,解决了矿井通风可视化仿真系统的大部分关键问题,如图形可视化、拓扑关系的自动生成、通风网络图和立体图的自动生成等;但国内大多数通风方面的软件是由科研机构或研究所自行开发,客户一般限于有项目合作的工矿企业,没有正规的商业化运作[9]。其他许多与通风有关的软件,从不同的角度来反映、解决矿井通风中的不同问题,这对完善矿井通风软件是有益的探索。

1.2.2 国外研究现状

1936 年 Handy Cross 提出用于解算水道管网的逐次计算 Cross 回路法,后经 D. Scott 和 F. Hinsley 改进成为 Scott-Hinsley 法;1953 年,D. Scott 和 F. Hinsley 首先使用计算机来研究通风网络[1,4,5,19];1967 年,Wang 和 Hartman 开发出解算含多通风机和自然通风的通风网络程序,该软件表明用于解决矿井通风基本参数的应用程序开始成熟,从那以后,世界上很多通风研究人员开发出大量的更加复杂的通风系统解算程序[8]。基于 AutoCAD 开发的 CAN-VENT 是第一个 Windows 下的通风可视化仿真系统,基于 AutoCAD 开发的还有 AutoWent[9]。

1968 年维吉尼亚州立大学研制的 VENTSIM[8],可输出阻力、通风机曲线、功率、流速、风量调整等数据;1975 年第一届国际矿井通风大会,报道了来自美国和英国的将温度和湿度与通风网络解算相结合的 4 个软件[9]。

1981—1988 年期间,西安科技大学的常心坦在 A. I. Gruul 教授指导下完成并完善了 MFIRE 计算机软件的研发[8],该软件可用于矿井气候条件预测及矿井火灾通风的模拟计算。1987 年,法国用 Fortran77 语言开发了 Vendis[9],可计算风路各种参数。

1988 年,波兰科学院 Dziurzynski 教授和他的四个研究小组研发的可视化 VENTGRAPH 系统,包括文本文件编辑 EDTXT、火灾及逃生路线模拟 EDESC、仿真可视化 EDRYS、稳态分风温度烟雾等计算 GRAS、能表示节点压能的网络图绘制 SCHEMAT、个体巷道仿真 EKOGRAS、温度仿真 THERM、防灭火及救护培训 CSRG、监测监控系统 ESCWIN、数据分析和仿真 ADIS、非定常状态下的火灾及逃生仿真 POZAR 和 WYRZUT、通风网络与采空区一体化仿真 I-ZOPOZ 等 12 个子系统,功能比较完善,在波兰有 70% 的矿井使用该系统,是目前在国际上最具影响力的通风仿真软件之一[8]。

1995 年,美国密歇根大学完成了 MFIRE2.2 的开发,该软件可以对火灾时期井下风流状态和烟雾、温度分布进行仿真[9],其早期是用 Fortran77 开发的,后期用 C++改写。

2003 年 Mine Ventilation Services 推出了 VnetPC 2003[8],其是通风仿真中较常用的一个系统,可将数据存到数据库中,支持 DXF 格式文件,实现了通风系统中的进风、回风、用风巷道以不同颜色区分显示,可以建立三维通风网络图。

英国的 R. Burton 博士和 S. Bluhm 博士共同开发了 VUMA (Ventilation of Underground Mine Atmospheres),2006 年 9 月 VUMA Software 推出了 VUMA 3.0,可以创建二维和三维通风系统图,可以模拟任意一条巷道的气流流动及温度、湿度、粉尘及瓦斯分布,并采用图形的方式直观显示通风系统图模拟的结果[8]。

2007 年 4 月,Ventsim Software 推出了基于 VB6.0 SP5 开发的 VEN-TSIM3.92,目前已有 300 多用户[8,19],其早期版本是第一个支持三维的通风可视化仿真系统,能够在交互绘图过程中直接输入相应的信息;可以模拟巷道的瓦斯、粉尘等参数的浓度分布。

在矿井通风可视化仿真系统研究领域,波兰和美国学者的研究成果代表了当今世界的先进水平[8]。国外矿井通风仿真理论和实践研究相对较成熟,具有代表性的通风可视化仿真系统主要有 VENTGRAPH、VENTSIM、VUMA、VnetPC2003、CANVENT 等,代表国际领先水平的是波兰科学院的 VENT-GRAPH 系统。

计算机解算通风网络也经历了三个时期。第一个时期主要是纯数值计算时期,这一时期开发的通风网络解算软件仅仅满足数值计算的功能,数据的输入、输出多采用文本方式的数据文件,没有图形显示功能。由于复杂风网的解算往往需要处理大量的数据,数据类型繁杂,缺少数据的自动检错能力,容易出错;数据的修改更新也相当困难。这些不足极大地制约了矿井通风网络解算软件的推广使用。第二个阶段就是通风网络二维可视化解算时期,在 Windows 操作系统推出后,在原数值计算的基础上,采用可视化编程技术,规范了通风网络参数的录入与输出,关联了通风网络参数与二维图形,进入了通风网络可视化解算时期,使通风网络解算软件易于使用。第三个阶段就是通风网络三维可视化仿真时期,随着计算机图形学的发展,矿井通风解算软件更加易于使用。

1.3　矿井通风仿真研究综述

随着矿井通风网络风流分配仿真方法的日渐成熟,矿井通风仿真从纯数值仿真发展到三维可视化仿真,大幅度提高了适用性,并逐步得到了广泛应用。由于矿井智能通风的需要,目前矿井通风网络解算开始进入第四个时期,基于监测数据进行矿井通风网络三维实时解算,为通风系统故障诊断、风流智能调控奠定基础。

综合分析国内外的研究现状,可知在矿井通风可视化仿真系统研究领域,波兰和美国学者的研究成果代表了当今世界先进水平,国内主要以辽宁工程技术大学的 MVSS、中国矿业大学陈开岩开发的 MVDSS 为代表,下面从矿井通风可视化仿真系统的架构、矿井通风仿真可视化技术、矿井通风网络风流分配仿真方法、矿井通风系统相关图件的自动绘制技术及通风系统三维可视化仿真等五个方面来评述当前通风可视化仿真系统的研究现状。

1.3.1　矿井通风可视化仿真系统的架构

矿井通风可视化仿真系统经过中外专家近几十年的研究,已经取得了许多成果[12],但是也存在一些共性问题,如集成效果不理想、适应业务变化的能力差,维护和可持续开发困难等。因而对矿井通风可视化仿真系统的架构研究非常重要,它关系到矿井通风可视化仿真系统建设的成败。矿井通风可视化仿真系统架构是对构成仿真系统各组件的行为模式、组件之间的接口和协作关系等问题的决策总和,是仿真系统详细设计等阶段的先导和基础,决定整个矿井通风可视化仿真系统的面貌和运作效率。

目前已有的矿井通风可视化仿真系统研究成果主要是针对具体矿井通风可视化仿真系统进行的专题研究,各个程序具备的功能独立性很强,但缺乏全面性、通用性和开放性[20];对矿井通风可视化仿真系统的架构缺少深入的研究,面向代码而非面向服务的设计框架,缺乏开放性,没有充分利用煤矿中提供的网络环境实现分布、并行等处理功能,难以满足日益广泛的分布式网络应用的需求。

因此对基于插件机制改进的矿井通风可视化仿真系统开放式架构进行研究,使系统具有良好的可扩展性与开放性,对于矿井通风可视化仿真系统的可持续开发具有重要的意义。

1.3.2 矿井通风仿真可视化技术

VENTGRAPH、VnetPC、VUMA、CANVENT、VinentPC、AutoWent 等是具有代表性的通风仿真软件,都支持二维图形功能,支持通风系统图形与 DXF 文件交换[8,10,11,19]。VENTGRAPH、VENTSIM、VnetPC、VUMA 等仿真系统的图形可视化功能都是基于 GDI 开发的,CANVENT、AutoWent 等是基于 AutoCAD 二次开发的。在数据存储方面,VENTSIM、VUMA 等都是以文本方式存储在文本文件中的,空间数据和属性数据一致性维护困难。

总的来说,国内外的通风可视化仿真系统基本上都实现了通风系统的三维可视化,实现了图形的显示与编辑。图形系统基本上是基于 GDI 开发的,还有一部分是基于 CAD、GIS 组件二次开发的,图形的交互性能和编辑功能较弱,生成相关图形的自动化程度低。并且 GIS 理论应用不够,通风基础数据库对空间数据的管理相对较弱,仿真系统的数据共享较弱,很大一部分通风可视化仿真系统的空间数据和属性数据存储在文本文件中,一般只能通过 DXF 格式进行图形方面的数据共享,而相应的属性数据很难导入导出,一致性维护困难。在图形显示方面效率较低(没有使用空间索引技术)。

因此,对基于 GDI+研发适合矿井通风仿真可视化的专业 GIS 组件非常有必要。

1.3.3　矿井通风网络风流分配仿真方法

矿井通风网络风流分配仿真,是通风可视化仿真系统的基础,主要算法有 Cross 迭代法、牛顿法、节点压力法、附加风压法等。不同算法各有特点,但大体上可以分为两类,一是以回路为基础的回路法;二是以节点压力为基础的节点风压法。上述的两种方法都可以用于风网分析,但国内外应用最普遍是回路法中的 Cross 迭代法。Cross 迭代法是美国人 Handy Cross 于 1936 年提出,用于解算水道管网的逐次计算法。后经英国人 D. Scott 和 F. Hinsley 改进用于风网解算,故又称 Scott-Hinsley 法。

风网解算一般都要进行多次迭代计算,耗时较长,为满足实时对通风系统仿真的需要,可基于通风网络等效简化,提高解算效率。

1.3.4　矿井通风系统相关图件的自动绘制技术

目前的矿井通风可视化仿真系统从不同程度上用不同算法解决了通风网络图、立体图、平衡图和双线图的制作与自动绘制[5,11,19,20]。但同时也存在一些不足,如算法效率不高,响应时间较长;自动生成图形的自动化程度不高,部分自动生成的图形还需要进行人工修改才能使用。因此,研究通风系统图形的自动生成算法,提高图形自动生成的自动化程度和自动生成图形的效果很有意义。

1.3.5　矿井通风三维可视化仿真

矿井通风网络分布于井下三维空间,用二维表达三维的井筒巷道的空间分布,很难进行通风网络的可视化仿真。国内矿井通风三维可视化研究起步较晚,2004 年华臻、陈学习等学者将虚拟现实和粒子算法运用于通风系统的三维可视化。具有代表性的通风仿真软件(VENTSIM、VnetPC、VUMA、CANVENT、VinentPC 等)都支持三维图形功能[5,11,19,20]。

由于三维可视化系统计算复杂度较高,且开发难度大,因此运用计算机图形学中的三维图形变换相关理论研究井下三维井巷的快速自动生成[9],并且在自动生成的井下三维场景中可查看相关的空间信息和属性信息,具有一定的实际意义。

国内外在矿井通风仿真可视化方面作了大量研究工作,无论是在理论研究还是在实践方面都取得了重要进展,有的已形成产品应用于实际生产[3,4,6,19],但也存在一定程度的不足[6],比如通风系统图件自动生成的自动化程度不高、可视化仿真交互性不够理想等。

参考文献

[1] 周福宝,魏连江,夏同强,等.矿井智能通风原理、关键技术及其初步实现[J].煤炭学报,2020,45(6):2225-2235.

[2] 刘杰.通风可视化仿真系统改进方案的研究[J].煤炭科技,2018(3):50-52.

[3] 王冬辉,魏连江,李文栋.VentGIS系统在矿井通风系统优化中的应用[J].煤矿安全,2013,44(6):123-125.

[4] 张敬宗,高文龙.基于三维GIS的矿井通风信息系统[J].辽宁工程技术大学学报(自然科学版),2012,31(5):634-637.

[5] 谈国文.复杂矿井通风网络可视化动态解算及预警技术[J].工矿自动化,2020,46(2):6-11.

[6] 王从陆.复杂矿井通风网络解算及参数可调度研究[D].长沙:中南大学,2003.[万方]

[7] 王学记,王宇栋.基于MVDSS系统的风温预测研究[J].中州煤炭,2014(8):71-73.

[8] 胡青伟.大平煤矿通风系统异常诊断研究[D].徐州:中国矿业大学,2019.

[9] 魏连江.矿井通风仿真可视化研究[D].徐州:中国矿业大学,2008.

[10] 李伟,霍永金,张浪,等.矿井通风实时网络解算技术研究[J].中国矿业,2016,25(3):167-170.

[11] 宫良伟,邹德均.矿井通风网络解算软件综述[J].电脑编程技巧与维护,2016(10):15-17.

[12] 张庆华,姚亚虎,赵吉玉.我国矿井通风技术现状及智能化发展展望[J].煤炭科学技术,2020,48(2):97-103.

[13] 魏连江,周福宝,沈龙,等.矿井通风可视化仿真系统开放式架构研究[J].煤炭科学技术,2008,36(4):77-80.

[14] 朱华新,魏连江,张飞,等.矿井通风可视化仿真系统的改进研究[J].采矿与安全工程学报,2009,26(3):327-331.

[15] 黄德,刘剑,李雨成,等.长距离掘进通风辅助决策系统的研发及应用[J].有色金属工程,2017,7(2):87-92.

[16] 刘立群.矿井通风网络三维仿真系统研究[J].民营科技,2017(3):39.

[17] 梁军,张庆华,李明建,等.矿井风网三维仿真技术研究与系统设计[J].矿业安全与环保,2019,46(2):57-60.

[18] 杨帅,撒占友,王相君,等.基于环境监测的矿井通风三维仿真辅助决策系

统设计[J].中国安全生产科学技术,2020,16(1):80-84.

[19] 李潇.长距离矿井通风优化及阻力信息可视化管理研究[D].青岛:山东科技大学,2018.

[20] 齐睿琛,徐景德,彭兴力.基于 WINDOWS 的矿井通风网络解算软件的研制[J].华北科技学院学报,2016,13(3):30-35.

2 矿井通风网络理论研究与分析

矿井通风网络分析在煤矿安全生产中起到十分重要的作用,通过分析矿井通风网络存在的问题,进行理论分析和实验研究,找出症状做出评价,为寻找理想方案和改进措施奠定基础。

2.1 矿井通风网络拓扑关系

矿井通风网络拓扑理论及通路算法是矿井通风可视化仿真系统的基础[1,2]。矿井通风网络的拓扑关系是进行通风网络解算、分析和优化通风网络的基础,但对矿井通风网络拓扑关系的研究还不够深入,例如没有用通风网络拓扑理论解释网络解算过程中出现风流反向的原因等[3]。

在矿井通风可视化仿真或通风网络优化时都要使用矿井通风网络的拓扑关系,传统的做法是手工维护,工作量大,而且容易出错[4],故许多学者研究并实现了矿井通风网络拓扑关系的自动生成[5,6],但自动生成的矿井通风网络拓扑关系真的能够正确反映矿井通风网络的拓扑关系吗?为何网络解算过程中会出现风流反向?下面将用拓扑理论来对这些问题进行研究与探讨。

2.1.1 矿井通风网络拓扑相关概念

如果可以确定分支与通风网络的连接关系,但不能确定其风流方向,可以暂且假定风流方向,像这样的分支称为假拓扑分支,含有假拓扑分支的通风网络称为假拓扑通风网络,不含有假拓扑分支的通风网络称之为真拓扑通风网络,为便于交流和研究,提出最简准等效拓扑通风网络和最简模糊拓扑通风网络等相关概念。

(1)最简准等效拓扑通风网络

将串联、并联子网简化为复合分支,基于参数等效变换对真拓扑通风网络进行简化后得到的通风网络(与真实模型不同)称为准等效拓扑通风网络;不能够再基于复合分支进行参数等效简化的准等效拓扑通风网络称为最简准等效拓扑通风网络。

（2）最简模糊拓扑通风网络

将阻力很小的分支或压降很小的局部风网（如井底车场）并为一个节点处理，可以得到模糊拓扑通风网络，再将串联、并联和复杂连接子网简化为复合分支，基于参数等效变换对模糊拓扑通风网络进行递归最简化处理后得到的通风网络，称为最简模糊拓扑通风网络。

为研究通风网络方便，矿井通风网络拓扑相关其他概念总结如下[7]。

① 假拓扑分支：如果不能确定某条分支的风流方向，可以暂且假定一个风流方向（风网解算后，如果风量为负，则需要将该分支的始末节点互换），但可以确定它与通风网络的连接关系，像这样的分支称为假拓扑分支。

② 真拓扑分支：如果可以正确确定某条分支的风流方向，并且可以确定它与通风网络的连接关系，像这样的分支称为真拓扑分支。当通风网络中存在假拓扑分支时，通过网络解算后，修正假拓扑分支的风流方向，可以确定与通风网络的真正拓扑关系（主要指风流方向，含连接关系），那么假拓扑分支就转为真拓扑分支。

③ 假拓扑通风网络：含有假拓扑分支的通风网络没有正确反映通风网络的拓扑关系，因此称之为假拓扑通风网络。

④ 真拓扑通风网络：不含有假拓扑分支的通风网络称为真拓扑通风网络。

⑤ 虚拓扑通风网络：基于复合分支和参数等效变换简化后建立拓扑关系的通风网络，与真实模型不同，因此称之为虚拓扑通风网络。虚拓扑后的复合分支可以与其他的分支做同样操作，虚拓扑是对风网的操作，忽略通风网络的细节和不重要的特征，可以提高风网的计算效率。

自动生成的拓扑通风网络一般都含有假拓扑通风网络，含有假拓扑分支，在风流解算时会出现风流反向，因此不能反映真实的通风网络拓扑关系。网络解算后，修正假拓扑分支的始末节点，可以确定与通风网络的真正拓扑关系，那么假拓扑分支可转为真拓扑分支，假拓扑通风网络可转为真拓扑通风网络。

2.1.2 矿井通风网络拓扑关系及其表示

拓扑是将各种物体的位置表示成抽象位置。在通风网络中，拓扑形象地描述了网络的安排和配置，包括各种节点、分支和通风构筑物的相互关系。拓扑不关心事物的细节、相互的比例关系，只讨论事物之间的相互关系，将这些事物之间的关系通过图表示出来。

了解和掌握矿井通风网络拓扑关系的特点和实质是自动建立拓扑关系的基础。在图形的连续变换中，它的某些性质发生了变化，如长度、角度和相对距离,而另一些性质则保持不变,如邻接性、包含性、相交性和空间目标的几何类型(点、线、面特征类型)等保持不变。这类在连续变形中保持不变的属性称为拓扑属性。

拓扑关系是不考虑度量和方向的空间实体之间的空间关系,是矿井通风系统中最重要的一类空间关系,表示拓扑关系的数据是空间数据的重要组成部分,它的存在有助于空间分析和其他各种应用。

(1) 矿井通风网络中的拓扑关系[6]

由拓扑的概念可以看出,拓扑反映了空间实体之间不随实体的连续变形而改变的与量度和方向无关的一种空间关系,这种空间关系叫作拓扑关系。

矿井通风网络中拓扑元素较多,如节点、巷道、通风动力装置、通风构筑物等。矿井通风网络主要包括两类元素:点状要素和线状要素。在二维空间中,它们分别对应两种图形元素,即节点、通风动力装置、通风构筑物和分支。节点是指分支的端点,分支是指两个节点间的有序折线段。

矿井通风网络在拓扑网络模型上是由几十条甚至上千条分支连接而成的,矿井通风网络的拓扑网络模型也就变成了求各分支之间的拓扑连接关系。在逻辑上把通风网络视为由分支在节点处连接而成的,每条分支对应始末两个节点,多条分支可以共有一个节点。如果两条分支共有一个节点则表示这两条分支在共有节点处连接。因此,使用分支和节点这两个对象,就可以描述出矿井通风网络的拓扑网络模型。

(2) 矿井通风网络拓扑关系的特点

矿井通风网络的拓扑关系,主要是矿井通风网络中对应的分支、节点、构筑物、通风动力装置等几类实体对象的关系,其拓扑关系主要特点如下:

① 分支与节点拓扑关系。一条分支对应始末节点,分支的方向由始节点指向末节点,两条分支相交处均设置节点。在矿井通风网络中,不存在孤立的节点,同时也不存在孤立的分支。节点将整个矿井通风网络中分支连接在一起,如果分支方向发生改变,则拓扑关系也随之发生改变。一旦分支与节点的关系发生变化,整个矿井通风系统中邻接矩阵、基本关联矩阵、独立回路矩阵、通路矩阵等都将发生变化,整个系统的解算结果也将发生变化。

② 分支与通风构筑物、通风动力装置拓扑关系。在矿井通风系统中,通风构筑物或通风动力装置只属于一条分支。如果一条分支被删除,和其对应的通风构筑物和通风动力装置将会被删除,若删除一个通风构筑物或者通风动力装置,相应的分支要与被删除对象解除关系。

2.1.3　各种拓扑通风网络的作用及相互关系

各种拓扑通风网络指的是假拓扑通风网络、真拓扑通风网络、最简准等效拓扑通风网络、最简模糊拓扑通风网络。如图 2-1 所示,每种拓扑通风网络都有各种不同的地位和作用,对于分析复杂通风网络非常必要,同时也是对复杂通风网络拓扑理论的必要补充和完善。

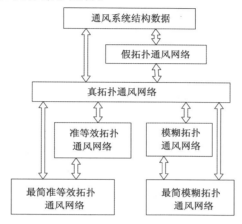

图 2-1　各种拓扑通风网络相互关系及转换示意图

① 假拓扑通风网络反映了分支的连接关系,但没有完全反映风流方向,可以用来进行风网解算,但不能用来生成通风网络图和查找通路。通常所说的自动生成通风网络拓扑关系,生成的大多是假拓扑通风网络。通过网络解算修正假拓扑分支的风流方向后,假拓扑通风网络可以转为真拓扑通风网络。

② 真拓扑通风网络正确地反映了分支间的连接关系和分支的风流方向,可以作为风网解算的基础,可以基于真拓扑通风网络自动生成通风网络图。真拓扑通风网络是进行通风网络各类分析研究的基础。

③ 最简准等效拓扑通风网络(又称虚拓扑通风网络)是基于复合分支和参数等效变换(主要指串并联等子网分支参数等效简化)对真拓扑通风网络进行的等效简化,没有引入任何误差。但与真实模型不同,基于最简准等效拓扑通风网络可以进行通风网络解算(复合分支内部可进行递归计算),可以降低计算复杂度,有效提高计算效率。

④ 最简模糊拓扑通风网络忽略了通风网络的细节和不重要的特征,并基于复合分支和参数等效变换进行了最简化处理,与真拓扑通风网络相比有一定的可控误差。在研究通风系统宏观特性时,最简模糊拓扑通风网络极为有用,如

基于最简模糊拓扑通风网络研究通风系统多通风机联合运转相互影响、研究通风系统各分支的灵敏性时,可以进行快速分析与模拟。最简模糊拓扑通风网络能够满足精度要求,并可以使计算效率大幅提升。

2.1.4　通风网络简化和参数等效变换

为研究复杂通风网络的等效简化,必须研究含通风动力、研究对象、固定风量分支的通风网络简化和参数等效变换。简化的原则是简化后的网络结构必须体现出原通风网络的结构特点,不失真[8]。简单的串联或并联分支可用一条等效分支代替。等效分支的风阻值,按串、并联风阻计算公式求算。一进一出的局部角联风网,也可用一条等效分支代替,其等效风阻值按 $R=h/Q^2$ 计算。

根据子网的分支关系,将能够进行参数等效变换的子网划分为两种类型,即并联和串联。网络简化具有层次性,比如分支 1 与分支 2 串联后又与分支 3 并联;一个较复杂的子网被简化成一条复合分支后又与其他的分支形成串联或并联关系。这样逐层进行简化,这种过程一直进行下去,直到不能再简化为止,简化过程具有递归的思想。网络简化时必须考虑子网是否含有动力设施,是否含有固定风量分支。简化的内容和原则如下:

① 若串联子网含一条或一条以上固定风量分支,则简化成固定风量复合分支;

② 若并联子网全为固定风量分支,那么简化成一条固定风量复合分支,若不全为固定风量分支,需去掉固定风量分支,再考虑剩余并联子网是否继续进行简化;

③ 若串联子网含有通风机,则将串联的若干分支简化成一条分支,将串联分支的若干动力设备作用效果合成一个动力设备后附在简化后的复合分支上;

④ 若并联子网含有通风机分支时,需去掉通风机分支,再考虑剩余并联子网是否继续进行简化;

⑤ 研究对象所在分支不参与简化;

⑥ 若并联和串联子网不含任何动力设施和研究对象,则可以直接参与网络等效简化。

2.1.5　复杂拓扑通风网络的简化过程及原理

复杂拓扑通风网络的主要简化过程如图 2-2 所示,首先根据通风网络的连接关系自动生成假拓扑通风网络,风网解算后将假拓扑通风网络转换为真拓扑通风网络,真拓扑通风网络基于复合分支对串联和并联子网进行参数等效变换递归简化后,可以得到最简准等效拓扑通风网络,如果忽略真拓扑通风网络的细节和不重要的特征,并基于复合分支对子网进行参数等效变换递归简化后,可以将真拓扑通风网络简化为最简模糊拓扑通风网络。具体简化过程与原理如下:

①　由通风网络结构数据可以自动生成假拓扑通风网络,假拓扑通风网络通过网络解算将假拓扑分支都转为真拓扑分支后,假拓扑通风网络可以转为真拓扑通风网络;如果人工确定分支编号及分支始末节点编号,由该拓扑关系也可以生成真拓扑通风网络。真拓扑通风网络是进行通风网络拓扑简化的基础,也是进行通风系统各类分析研究的基础。

②　对真拓扑通风网络基于复合分支对串联和并联子网进行参数等效变换简化后,可以得到准等效拓扑通风网络,准等效拓扑通风网络可以代替真拓扑通风网络来研究各类通风问题。对准等效拓扑通风网络基于复合分支对复杂连接子网进行参数等效变换递归最简化后,可以得到最简准等效拓扑通风网络。基于最简准等效拓扑通风网络研究通风系统问题,可以有效提高计算效率。

③　忽略真拓扑通风网络的细节和不重要的特征,将风阻值很小的分支始末节点并为一个节点或压降很小的局部风网(如采区车场)并为一个复合节点,可以得到模糊拓扑通风网络。风网解算后,对模糊拓扑通风网络基于复合分支对复杂连接子网进行参数等效变换递归简化后,可以得到最简模糊拓扑通风网络。基于最简模糊拓扑通风网络研究通风系统问题,可以使系统复杂度大大降低,通风网络计算效率大幅提高,可以对通风系统的宏观特性进行快速模拟与分析研究。

④　基于复合分支和复合节点的概念,在真拓扑通风网络、准等效拓扑通风网络、模糊拓扑通风网络、最简准等效拓扑通风网络及最简模糊拓扑通风网络中均保存了真拓扑通风网络的所有数据,它们之间的相互转换都是可逆的。

基于上面复杂拓扑通风网络的简化过程及原理的研究,可以更好地研究通风网络拓扑实时计算、平衡图及网络图的自动绘制、通风网络解算以及多通风机联合运转相互影响等课题,并且可以有效降低系统的复杂度,大幅提升计算效率。

应用以上成果分析某矿通风网络时,有效提高了分析速度,以最简准等效拓扑简化在分析与绘制通风网络图方面的应用为例:为使自动绘制的通风网络图美观实用,需要进行大量运算以优化分支曲率,在未应用通风网络拓扑最简准等效简化之前(含 196 条分支、130 个节点),含有 72 条独立通路,分析与自动绘制通风网络图需要 9.47 s;在进行通风网络拓扑最简准等效简化之后(含 163 条分支、102 个节点)不含简单串联、并联子网,含有 62 条独立通路,通过分析、优化分支曲率及相关算法绘制相同的通风网络图需要 6.79 s,节省了 2.68 s,分析效率提高了 28.30%。

通过分析多个复杂通风网络实例表明:应用复杂通风网络等效与模糊简化成果可以在复杂通风网络的网络解算、网络图的自动绘制、通风网络灵敏性分析及多通风机相互影响分析等方面有效提高效率;不同的通风网络,即使具有相同节点数、分支数的通风网络,由于拓扑结构不同,其复杂度不相同,经过通风网络拓扑等效与模糊简化后,分析效率提高的程度也不相同。

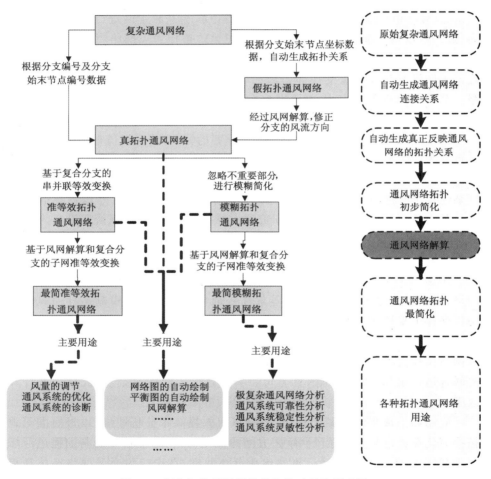

图 2-2　复杂拓扑通风网络的简化过程及原理图

2.2　矿井通风网络拓扑关系自动创建

矿井通风网络拓扑关系的自动创建与管理是仿真系统在矿井通风中进行推广应用的关键技术,是矿井通风可视化仿真系统的基础,早在 1988 年,美国的韦莱和中国的李高琪等学者已经开始拓扑理论在通风领域中的应用研究。

矿井通风网络的拓扑关系是分析和优化矿井通风网络的基础,矿井通风网络拓扑关系管理的好坏直接影响到分析和优化通风网络效率和准确性的高低。拓扑关系是矿井进行通风网络解算、风量调节和优化的基础,拓扑关系的自动建立则简化了矿井通风网络的解算,减少了工作量,提高了工作效率和准确性。拓扑关系的自动建立对矿井风网解算来说是一个有效的解决办法,不用对巷道端点进行编号,完全省略了由矿井通风系统图到网络图这一步,因此研究利用计算机生成通风网络拓扑关系非常有必要。

2.2.1　假拓扑通风网络和真拓扑通风网络

通过已有的平面图形可以用程序自动生成假拓扑通风网络,通过网络解算后,才可以将其转为真拓扑通风网络,假拓扑通风网络可以用来进行风网解算,但不能用来生成通风网络图。真拓扑通风网络可以反映真实的通风网络拓扑关系,可以作为自动生成通风网络图的基础,也可以作为风网解算的基础。

基于假拓扑通风网络进行风网解算会产生风流反向,基于真拓扑通风网络进行风网解算就不会产生风流反向。如果基于假拓扑通风网络进行风网解算出现风流反向,那么就是用于生成假拓扑通风网络的基础数据不准确。

有的学者在研究通风网络拓扑关系的自动生成时,提出将风流方向作为拓扑元素,也就是说通风网络的拓扑关系包含风流方向的拓扑关系。实际上风流方向是不会独立存在的,它与井巷的始末节点位置有关,因此风流方向拓扑是多余的,将风流方向作为拓扑元素参与通风网络拓扑不妥,而且还容易导致风流方向与井巷的始末节点关系不一致。

2.2.2　通风网络拓扑关系的自动生成

节点与分支是空间中点要素和线要素在拓扑意义上的表示。建立节点与分支的过程也就是建立两者之间拓扑关系的过程。节点与分支的拓扑关系体现在它们间的关联关系上。每条分支都有相应的属性来记录分支的始节点和末节点;每个节点都有一个流入和流出分支的动态数组,记录流入流出该节点的分支。

存储通风系统数据的时候并不存储拓扑关系,打开图形的时候自动生成拓扑关系,在网络系统发生变化的时候,实时维护拓扑关系。通风网络拓扑关系的自动创建与维护具体实现方法如下:

① 建立矿井通风系统单线图(可以从 CAD 图导入,坐标包括 X、Y、Z 坐标)。

② 遍历所有巷道,如果一条巷道与其他巷道相交(在三维空间里判断是否相交)并且交点不与该巷道的始末节点重合,而且该交点处无风桥,则将该巷道从交点处分割为两条巷道,建立相应的假节点,除了与长度相关的属性外,其他所有的巷道特征和属性都可从原巷道继承。最小外接矩形(Minimum Bounding Rectangle,MBR)指包含某条分支或多边形的最小矩形,使用 MBR 进行相交等关系的快速判断,可大大减少处理的时间。相互跨越的巷道可以不做任何处理。

③ 节点匹配,建立节点、分支关系,进行邻近节点的合并。

在建立分支拓扑关系时需使用统一节点,因此要进行节点匹配。遍历所有巷道的始末节点,如果节点集合为空,则往节点集合加入该节点并对所加节点进行编号,否则将该节点与集合中所有的节点比较,如果该节点与集合中所有的节点的距离都不小于一个规定的距离,那么就将该节点加入节点集合并对所加节点进行编号,最后所有巷道的始末节点都获取节点的编号,即建立了节点和巷道的拓扑关系。下面的 Matching Nodes 函数和 Add 函数根据上面介绍的原理实现了通风网络所有节点的匹配。

```
'''<summary>
''' 获得 Tunnels 中不重复节点(X,Y,Z),完成分支与节点的拓扑关系,分支始末节点
也已匹配完毕
'''</summary>
'''<param name="Tunnels"> 分支</param>
'''<param name="Tolerence"> 精度</param>
'''<returns> Tunnels 中不重复的节点集合</returns>
'''<remarks> Tunnels 中的 Tunnel 必须有始末节点,节点必须有(X,Y,Z)值</remarks>
Public Function MatchingNodes (Tunnels As List (Of ITunnel3D), Tolerence As Double)As Nodes
    If Tunnels Is Nothing OrElse Tunnels.Count<1 Then Return Nothing
    Dim ns As New Nodes
    '获得节点集合
    For Each t As ITunnel3D In Tunnels
        ns.Add(t.StartNode,Tolerence)
```

```
                ns.Add(t.EndNode,Tolerence)
            Next
            Return ns
    End Function
    '''<summary>
    ''' 根据节点编号完成分支与节点的拓扑关系,分支始末节点也已匹配完毕
    '''</summary>
    '''<param name="Tunnels"> 分支</param>
    '''<returns> Tunnels 中不重复的节点集合</returns>
    '''<remarks> Tunnels 中的 Tunnel 必须有始末节点,节点必须有正确的编号值</
remarks>
    Public Function MatchingNodes(ByRef Tunnels As List(Of ITunnel3D))
As Nodes
        If Tunnels Is Nothing OrElse Tunnels.Count<1 Then Return Nothing
        Dim ns As New Nodes
        '获得节点集合
        For Each t As ITunnel3D In Tunnels
            ns.Add(t.StartNode)
            ns.Add(t.EndNode)
        Next
        Return ns
    End Function
    '''<summary>
    ''' 根据 ID 添加 Node
    '''</summary>
    '''<param name="Node"> 节点</param>
    '''<remarks> 如果 ID 重复则不添加</remarks>
    Public Overloads Function Add(ByRef Node As Node)As Boolean
        If Node Is Nothing Then Return False
        If Not Me.Contains(Node)Then
            Node.Index=Me.Count
            Me.Add(Node.Index,Node)
            If Not _DisplayIDNodes.Keys.Contains(Node.DisplayID)Then _
DisplayIDNodes.Add(Node.DisplayID,Node)
            Return True
        End If
        Node=Me.Item(Node.DisplayID,True)
        Return False
    End Function
```

```
'''<summary>
''' 根据 ID 添加 Node
'''</summary>
'''<param name="Node"> 节点</param>
'''<remarks> 如果 ID 重复则不添加</remarks>
Public Overloads Function Add(ByRef Node As Node,ByVal AddAlways As
Boolean)As Boolean
    If Node Is Nothing Then Return False
    If AddAlways Then
        Node.Index=Me.Count
        Me.Add(Node,Node.Index)
        Return True
    Else
        Return Me.Add(Node)
    End If
End Function
```

④ 同时根据通风构筑物和通风动力装置与巷道的空间位置自动判断它属于哪一条巷道,即建立了通风构筑物和通风动力装置与巷道的拓扑关系。

⑤ 将生成的通风网络拓扑关系保存在一个文件或数据库中,需要的时候可以从文件或数据库中读取,不需要每次风网解算时重新生成,即使通风系统图发生变化也只需要重新生成一次通风网络的拓扑关系即可。

实践证明,上述方法可以动态维护通风网络的拓扑关系。自动建立矿井通风网络的拓扑关系,不需要绘制网络图,无需再建立矿井通风系统的网络拓扑关系文件,就可以进行矿井通风系统的一些计算,如风网解算、风流调节等。这样可节省大量的人力,提高了效率。

2.2.3 拓扑错误检查与修改

经过节点匹配处理后,通风网络的节点和分支都已经产生,但是,此时的节点和分支的拓扑关系并不完全正确,需要经过一系列的检查,判断是否存在错误,如果是错误则需要修改原始数据。下面列出了几类常见的问题。

① 悬挂节点。悬挂节点是只有一条分支与之相连的节点,悬挂节点是悬挂分支上孤立的节点,产生悬挂节点的原因可能是丢失分支、分支不够长等。

② 重复分支。如果两个对象包括节点在内的全部顶点两两重叠(坐标相同),则称之为重合分支对象。出现重复分支的原因可能是数字化输入过程中的重复录入。若确定为重复录入,应删除其中一条记录。

③ 短分支。短分支是指长度小于某个给定值的分支,数字化输入过程中的

疏忽很容易产生短分支。发现短分支后由程序自动删除该分支。

以上是常见的存在问题的节点和分支,可以通过二维图形查误,有些问题可以通过三维图形查误。

从通风网络的数据特点、结构特点出发,在研究通风网络拓扑关系特点的基础上,对通风网络拓扑关系自动生成进行了研究,它能够准确地反映通风网络的拓扑关系和运行情况,便于通风管理人员的管理和决策。通过实际系统的运行,证明了该方法的实用性。

2.3　矿井通风网络通路算法

通路是图论中的一个重要概念,在通风网络中有着广泛的用途,如利用通路法对通风网络进行优化调节、绘制通风网络图等。国内外的相关学者对通风网络通路算法进行了深入研究[9-12],1984年阜新矿院的徐瑞龙、施圣荣等学者对矿井通风按需调节的通路法进行了研究。目前通路算法主要有矩阵法和搜索法,搜索法主要以辽宁工程技术大学的深度优先搜索法为代表[13]。

矿井火灾时期的通风系统,或者局部通风机选择和设置不合理的通风系统,很容易出现循环风,也就是网络中存在单向回路。通风网络中有单向回路存在时,其节点风量平衡定律和回路阻力平衡定律仍然成立。当网络中含有单向回路时,通路矩阵法将失效,通路矩阵法只适合无单向回路的通风网络。并且当网络较复杂时,矩阵法占用内存较大,计算效率低。不含有单向回路的深度优先和宽度优先搜索算法可以确定网络全部通路。辽宁工程技术大学提出的深度优先搜索法,按照普通的搜索策略也不能解决含有单向回路的通风网络查找通路的问题,通过修改寻边策略,可以使深度优先搜索法适用于有单向回路时的通风网络查找通路。

下面利用图论和集合论的知识,将对通风网络中通路确定方法进行研究,提出一种确定通风网络任意两节点间所有通路的"通路树深度优先生长"法(PTDFG)。该法当通风网络较小和较大时都能保证较高的效率,既适用于有单向回路时的通风网络,也适用于无单向回路的通风网络,而且运算效率要比矩阵算法高。该法不仅适合单源单汇型通风网络,通过加虚拟分支和虚拟节点也可以适用于多源多汇型通风网络。

2.3.1　"通路树深度优先生长"法确定通路的原理[14]

为了增加算法的适应性,将多源多汇型通风网络通过加虚分支和虚节点变为单源单汇型通风网络,后面提到的通风网络均指单源单汇型通风网络。

通风网络中任意两通路的交集非空,一棵树从树根到树叶的路径的交集也非空,根据这些相似性质,若把所有的节点通路相同的部分合并在一起作为树干枝,就形成了一棵节点通路树,但是,这是一棵特殊的树,树根均为通风网络的进风节点,树叶均为回风节点,树枝与树枝的交点对应着通路的节点,需要强调的是这棵树有别于图 $G(E,V)$ 的一棵生成树(支撑树),这样就可以模拟树的生长,"搜索"通路。

节点树的生长过程是"同胚深度优先生长"的过程。设定树的生长从树根及干枝开始,然后,遵循"先枝后叶"原则,也就是说,树根生成后,再生成一干枝,树干枝生成后,总是从末端树枝节点朝一方向生长出新的若干树枝,再生长树叶,树叶生长后,再从末端树枝节点朝另一方向生长,若不能生长,再朝其余方向生长,若各方向均不能生长,后退一节点开始枝叶生长,退到树根时开始另一干枝生长,再重复前述生长过程,若不能生长出干枝,生长终止。从节点树的叶节点开始向根部寻找,即可找出所有通路。

下面分析不同情况下确定通风网络图中任意两节点间所有通路的过程。

(1)通风网络图中无单向回路

如图 2-3 所示,确定从节点 v_1 到节点 v_8 之间的全部通路。从节点 v_1 出发,根据临近的支路 e_1 与 e_2 的方向可以确定节点 v_2 与 v_3;从节点 v_2 出发,根据临近的支路 e_5 与 e_6 的方向可以确定节点 v_6。依此类推,根据上述可以确定出如图2-6所示的图形。不难发现此图类似于"树",将其命名为"通路树"。根节点(图 2-4 中的 v_1)为确定通路的起始节点(图 2-3 中的 v_1),如果叶节点(图 2-4 中的 v_8)为确定通路的终止节点(图 2-3 中的 v_8),则从根节点到该叶节点所经过的路径为所求的一条通路;否则不是。通路的条数也可以由叶节点或要求通路终止节点的个数来确定,二者相等。具体到图 2-4 中,可以确定 4 条通路。

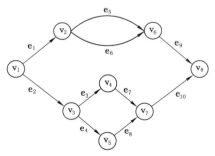

图 2-3　无单向回路通风网络

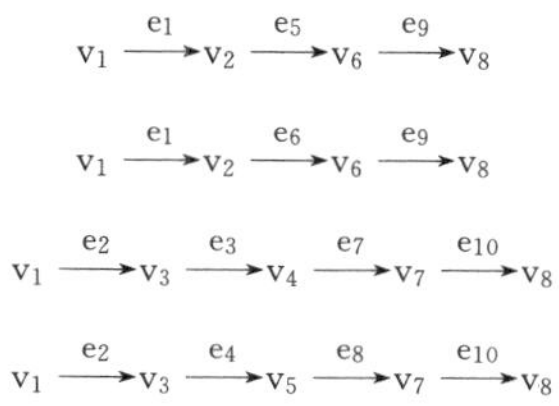

$$v_1 \xrightarrow{e_1} v_2 \xrightarrow{e_5} v_6 \xrightarrow{e_9} v_8$$

$$v_1 \xrightarrow{e_1} v_2 \xrightarrow{e_6} v_6 \xrightarrow{e_9} v_8$$

$$v_1 \xrightarrow{e_2} v_3 \xrightarrow{e_3} v_4 \xrightarrow{e_7} v_7 \xrightarrow{e_{10}} v_8$$

$$v_1 \xrightarrow{e_2} v_3 \xrightarrow{e_4} v_5 \xrightarrow{e_8} v_7 \xrightarrow{e_{10}} v_8$$

图 2-4　无单向回路通路树

（2）通风网络图中含有单向回路

当图 G 中存在单向回路时，如图 2-5 所示，节点 v_3、v_4、v_7、v_5 之间继续用上述算法解算任意两点间通路时，程序将无法工作。为了解决这个问题，对 PTD-FG 法进行了改进。从图 2-6 中可以看出，由于存在单向回路，节点 v_3 重复出现。针对这一特点，在寻找每一个节点的子节点时，都将该子节点与其祖先节点进行比较，如果有重复，证明该通风网络图中存在单向回路，那么这条路径就到此重复节点，停止寻找其子节点。按此方法继续进行其他通路的解算。如果没有重复，证明该通风网络图中不存在单向回路。就图 2-6 而言，因为一节点为 v_3 的节点而非要求通路终止节点 v_8，所以没有构成要求的通路。在图 2-6 中只能确定 3 条通路。

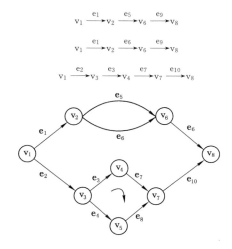

图 2-5　含有单向回路的网络

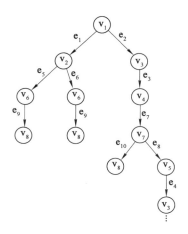

图 2-6　含有单向回路的通路树

2.3.2　"通路树深度优先生长"法确定通路的实现

（1）为适应算法需要，对 Node 节点对象进行改造

为了用程序实现上面的算法，必须对 Node 节点对象进行改造，添加一些相关的属性，如图 2-7 所示，给 Node 节点对象添加下列属性：

In Nodes：流入该节点的节点集合，反映节点间的拓扑关系。

Out Nodes：流出该节点的节点集合，反映节点间的拓扑关系。

Branch Nodes：该节点的分支节点集合，在构建节点树时创建。

（2）构造通路树

根据上面介绍的利用 PTDFG 法确定通路的原理可以构造通路树，具体实现的递归函数 Construct Nodes Tree 代码如下所示：

```
Private Sub ConstructNodesTree(ByRef parentNode As Node, _
    ByVal BeginNode As Node, ByVal EndNode As Node, _
    ByVal Nodes As Nodes，ByRef TreeNodes As List(Of Node))
    If Nodes Is Nothing OrElse BeginNode Is Nothing OrElse _
      EndNode Is Nothing OrElse Nodes.Count< 1 OrElse _
        BeginNode.DisplayID= EndNode.DisplayID Then
parentNode= Nothing
Exit Sub
    End If
    If parentNode Is Nothing Then
       parentNode= New Node(BeginNode.Index)
```

图 2-7 节点类图

parentNode.DisplayID= BeginNode.DisplayID

parentNode.LastNode= Nothing

TreeNodes= New List(Of Node)

parentNode.SRID= TreeNodes.Count

TreeNodes.Add(parentNode)

End If

Dim n As Node= Nodes(parentNode.DisplayID，True)

If n.OutNodes IsNot Nothing AndAlso n.OutNodes.Count> 0 Then

Dim b As Boolean= False

For i As Integer= 0 To n.OutNodes.Count- 1

Dim n1 As New Node(n.OutNodes(i).Index)

n1.DisplayID= n.OutNodes(i).DisplayID

If IsCanAddNode(parentNode，EndNode，n1) Then'判断是否可以

添加叶节点

```
                    n1.LastNode= parentNode
                    If parentNode.NextNodes Is Nothing Then _
                    parentNode.NextNodes= New List(Of Node)
                    n1.SRID= TreeNodes.Count
                    parentNode.NextNodes.Add(n1)
                    TreeNodes.Add(n1)
                    b= True
                End If
          Next
          If b Then
              For i As Integer= 0 To parentNode.NextNodes.Count- 1
                    Dim tn As Node= Nodes(parentNode.NextNodes(i).Dis-
playID，True)
                    ConstructNodesTree(parentNode.NextNodes(i)，tn，End-
Node，Nodes，TreeNodes)             Next
          Else
              Dim I As Integer= 0
          End If
      End If
  End Sub
```

（3）根据构建的通路树，初始化通路矩阵和通路集合

```
''' < summary>
'''构造通路矩阵及节点通路集合
''' < /summary>
''' < remarks> < /remarks>
Public Sub InitMatrixP() Implements IVentilationNetWork.InitMatrixP
    If Me.Nodes Is Nothing OrElse Me.Nodes.Count< 1 Then Exit Sub
    _NodesTree=Nothing
    _TreeNodes=New List(Of Node)
    If Me._AirLinkedTunnel Is Nothing OrElse Me._AirLinkedTunnel.EndNode_
    Is Nothing OrElse Me._AirLinkedTunnel.StartNode Is Nothing Then Return
    Call ConstructNodesTree(_NodesTree，Me._AirLinkedTunnel.EndNode，_
                        Me._AirLinkedTunnel.StartNode，Me._Nodes，
_TreeNodes)
        Dim iP As Integer=0
        For i As Integer= 0 To Me._TreeNodes.Count-1
            If Me._TreeNodes(i).Index=Me._AirLinkedTunnel.StartNode.In-
dex Then iP+ =1
        Next
```

```
_MatrixP=New Matrix(iP, Me.Nodes.Count)
_MatrixP.setValues(0) '将矩阵初始化为 0 矩阵
Dim iarrpCount As Integer=0
For i As Integer=0 To Me._TreeNodes.Count- 1
    Dim n As Node=Me._TreeNodes(i)
    If n.DisplayID=Me._AirLinkedTunnel.StartNode.DisplayID Then
        ReDim Preserve _ArrRoutesByNodes(iarrpCount)
        If _ArrRoutesByNodes(iarrpCount) Is Nothing Then _
                _ArrRoutesByNodes(iarrpCount)=New List(Of Node)
        _MatrixP(iarrpCount,n.Index)=1
        _ArrRoutesByNodes(iarrpCount).Add(Me._Nodes(n.Display-
ID，True))
        While n.LastNode IsNot Nothing
            _MatrixP(iarrpCount,n.LastNode.Index)=1
        _ArrRoutesByNodes(iarrpCount).Add(Me._Nodes(n.LastNode.
DisplayID，True))
            n=n.LastNode
        End While
        _ArrRoutesByNodes(iarrpCount).Reverse() '第一个元素为始节
点，最后元素为末节点
        iarrpCount+ =1
    End If
    Next
End Sub
```

"通路树深度优先生长"法适用于较简单的通风网络,可以计算通风网络任意两节点间所有通路。该方法模拟树的生长规律找出所有的通路,理论简单、便于实现、计算复杂度较小,效率较高,可靠性和适应性非常强,适用于无单向回路和有单向回路的通风网络,也适用于单源单汇型和多源多汇型通风网络。

2.4 矿井通风网络图的自动生成

李湖生在 1988 年就研究用电子计算机绘制矿井通风网络图[15],1996 年开始矿井通风网络图 CAD 软件的研制[16],1998 年开始研究由通风网络结构数据自动生成曲线网络图[17];2006 年吴兵研究了用最长路径法自动生成通风网络图[7]。还有其他学者都不同程度地对通风网络图的自动生成进行了研究,但是大部分通风网络图自动生成以后还需要进行人工修改。下文基于自主开发的

GIS 组件 MineMap 研究通风网络图的完全自动生成。

2.4.1　通风网络图的特点

通风网络图的主要特点是图形本身只需反映出节点和分支的数目及二者之间的连接关系。节点位置和分支长度与巷道交叉点位置和巷道实际长度没有关系,巷道长度只作为通风网络图的一个权值而不由分支长度来反映。从通风网络图所表达的内容和形式来分析,矿井通风网络图本质上包含了三类数据:图的结构数据即各节点、分支之间的二元拓扑关系;与分支相关联的参数即权值;物理图形数据即点的位置、分支的形状。在这三类数据中网络结构数据和权值是主要内容,而图形数据则是表现形式。对于给定的通风系统,其网络结构数据是唯一的,即各节点、分支的连接关系是确定的,必须反映出节点和分支的数目及连接关系,但图形数据可以千变万化,即图形数据是不确定的。

2.4.2　通风网络图的绘制原则

采用计算机自动生成通风网络图的要求是[18]:需要人工输入的数据尽可能少,生成以后的人工编辑也要尽可能少,生成的网络图美观,符合一般的使用习惯。通风网络图的具体绘制原则如下:

① 用一个进风节点代替所有进风节点,将其布置在网络图的最下边;
② 用一个出风节点代替所有出风节点,将其布置在网络图的最上边;
③ 分支方向基本应由下向上;
④ 分支间的交叉尽可能少;
⑤ 节点与节点之间应有一定的间距;
⑥ 分支与其他分支之间应有一定的间距;
⑦ 网络图总的形状基本为"椭圆"形。

要由计算机自动实现网络图的绘制,光有这几条基本原则是远远不够的,还需要给出一些具体算法。

2.4.3　通风网络图的生成算法

从通风系统图绘制通风网络图一般需要经过编节点、作简化、绘草图、变形整理、检查校对和最后成图等一系列复杂的工序,是一项艰苦而细致的工作。笔者通过反复研究与实践,找到了一种可行的自动生成算法。

目前已有通风网络图的自动生成算法,将一个通风系统生成为一个曲线形网络图,成熟的算法有最长通路法[14,19-22],其主要思路是找到各通风机系统中的最长通路,以通路长的布置在两侧、通路短的布置在中间为原则,形成曲线网络图。然而,最长通路法自动绘制通风网络图,需要找出最长通路和次最长通路等,计算量大,用户等待时间长。

相比以上算法的不足,基于独立通路和非贪婪最长路径法的通风网络图的自动生成研究,不需要查找最长通路,只需要应用深度优先搜索法确定独立通路(独立通路比全部通路要少得多),确定出每次可以绘制的最长独立节点路径,再确定独立节点路径的曲率并进行优化,最后确定其他分支的曲率。到此为止,所有分支的始末节点的位置和分支的曲率已经确定,再进行最后的各独立路径和分支曲率优化。所有分支的始末节点的位置和分支的曲率确定以后即可实现通风系统网络图的自动绘制。

同一个通风网络结构数据,可以生成无数个拓扑结构相同的通风网络图,需要根据自己的要求设置网络图的图幅的方向、图幅的大小及图形形状。网络图的整体方向指的是大部分分支的方向。由于通风网络图中分支形状可分为2种,一是直线,二是圆弧。若为直线时,可由始末节点确定分支的位置。若为圆弧时,还应根据曲率角度(即圆弧的弦的中点与始节点所组成的线段与弦之间的夹角)来确定圆弧上的另一点坐标。同时还可根据用户的需要使生成图的交叉点少。

2.4.4　通风网络图的自动生成实现步骤

最长路径法确定节点位置和分支形状、计算机自动生成通风网络图的基本思想是:以单线条通风系统图中的线段为单位,自动判断各线段的分叉、汇合情况,按照2.3.2的方法自动生成通风网络节点与分支的拓扑关系,从而得到通风网络图。

要在一定大小的平面上布置有限个节点,其可能性是无限的,为了将这种不确定性的问题变得确定,需要进一步做一些限定。

(1)绘制单线条通风系统图

计算机自动生成通风网络图的基础是通风系统图。为了使绘图和生成网络图时的工作尽可能简单,故采用单线条通风系统图。单线条通风系统图可用AutoCAD或自行开发的通风系统图软件绘制。在单线条系统图上表示通风井巷的是直线段。

(2)建立分支与节点的拓扑关系

可以人工建立通风网络分支与节点的拓扑关系,也可以根据分支的始末节点的坐标(X,Y,Z)自动建立拓扑关系。

(3)找出所有节点通路

用节点树通路法或深度优先搜索法找出所有节点通路 R_s 集合。

（4）设定网络图的图幅

设定网络图图幅的目的是为确定节点坐标提供一个坐标系。在软件中可以由用户给定图幅的宽 W 和高 H，图形坐标系的原点位于图幅的左下角，横坐标为 X_0，纵坐标为 Y_0。网络图节点布置就是要确定各节点在图幅中的 (X, Y) 坐标。分支形状有直线和圆弧两种。若为直线，则由其始、末节点即可确定；若为圆弧，则还要确定圆弧上另一点的坐标。为了保证节点与节点间保持一定的间距，可设定节点间 X 和 Y 坐标的最小间距 D_X 和 D_Y。

（5）总进风节点和总回风节点的布置

通风网络图是一个闭合的有向图，根据通风网络结构数据中的虚拟分支（指虚拟的用于连接大气节点的巷道）信息可以找出通风网络图中的进风节点和回风节点。因为前面通风网络图设置中已经确定了通风网络图的方向和图幅大小，根据方向可以确定进回风节点位于图幅的哪侧，根据图幅大小和进回风的节点总数求出节点之间的宽度，进而可以确定进回风节点的具体位置。

首先，需要找出通风网络图的进风节点和回风节点。由于大气虚拟分支连接总回风和总进风节点，则很容易根据大气分支的始、末节点找出总进风和总回风节点，总进风节点位于绘图界限下侧中点，总回风节点位于绘图界限上侧中点，因此可以根据绘图区的大小计算出总进风节点和总回风节点的坐标。

（6）最长通路上的节点布置。

各最长通路上节点的 X 坐标的确定，是假设各通路上的节点沿一定弧度的圆弧线布置的。在软件中暂时设定圆弧的凸度（即圆弧的弦的中点到弧的垂直距离与弦长之比）为 0.4，这样画出的网络图比较接近于"鸭蛋形"。根据各最长通路上进、回风节点坐标和弧的凸度，以及圆的方程易于由弧上各节点的 Y 坐标确定其 X 坐标。

各最长通路的并联通路上的节点布置可从各通风机系统的最长通路的进风节点开始，依次寻找各节点至同一通路上其他节点的并联最长通路，将这些节点布置在与最长通路的凸向相反的圆弧线上，其凸度根据该通路的始末节点间的距离而定。由此可确定这些并联通路上节点的 X 坐标。

（7）递归确定剩余节点通路

找出剩余可绘制的所有较长（节点数较多）通路 CRS 集合，CRS 集合中的所有通路 R 必须满足以下条件：R 必须在 R_s 集合中的某条通路上，R 只有始末节点的位置已确定，CRS 集合也包括 R_s 集合中某条通路上不相邻两节点（是某条分支的始末节点）构成的通路。

（8）一些特殊分支的处理

① 并联分支的处理。用最长路径法求两节点间的最长路径时,得到的是所经过的分支的节点序列。再根据节点来确定分支时,如果是并联分支,应进行如下处理:如果并联分支总数为奇数时,中间的分支设成直线,其余分支设成弧线,并对称地均匀排列在两侧;如果并联分支总数为偶数时,所有分支都设成弧线,并对称地均匀排列在两侧。经过这样的处理,并联分支不相互重叠,同时形状又美观。

② 虚拟分支的处理。虚拟分支指虚拟的用于连接大气节点的分支,是实际中不存在的巷道。由于虚拟分支的连接,整个网络图成了一个闭合的图。而用最长路径法确定节点的位置时,网络中不能存在回路,所以在先建立拓扑关系时,虚拟分支不能包括在内。当其他分支绘制完成时,才处理虚拟分支。当所有节点的位置都确定了时,虚拟分支的始末节点的位置也已确定,可根据凸率角度确定出虚拟分支的形状。

③ 分支交叉的处理。为了使网络图更为美观实用,可以对分支进行交叉判断,通过修改分支的曲率来使分支之间的交点较少。

确定了所有节点的坐标后,直接将各分支的始、末节点用弧线连起来,则网络图的雏形即已形成。但还有一些细节需要处理。

① 最长通路上的分支形状。由于最长通路的节点均已按圆弧线布置,而且各最长通路上的分支都是顺序相连的,所以各分支都直接用弧线连接即可。

② 并联分支的处理。对于始、末节点相同的并联分支,都设为圆弧形状,圆弧上另一点的坐标要根据将并联分支均匀排列的原则确定。

③ 重迭分支的处理。如果某一分支与另一分支有重叠,若该分支原为直线则改为圆弧,若已是圆弧则改变圆弧的凸度。圆弧上的另一点坐标,根据分支始、末节点间的距离确定合适的圆弧凸度后即可确定。

（9）进行分支曲率的系统优化

根据通风网络图的绘制原则,用程序自动判断分支曲率并循环进行优化。为方便用户对自动生成的通风网络图进行修改和美化,程序提供了编辑修改通风网络图的功能。用户可以方便地修改分支曲率,移动节点。当移动节点时,程序会自动搜索出与此节点相关的分支,所有与该节点有关的分支都按原有的曲率进行改变。

2.4.5　进行分支曲率的系统优化实验及分析

根据通风网络图的绘制原则,将圆弧转为样条曲线,用程序自动判断分支拐点坐标并循环进行优化,可方便用户对自动生成的通风网络图进行修改和美化。

（1）测试数据

为保证实验的效果,测试数据没有选择非常简单的虚拟通风网络,而是选择了具有代表性的徐州矿务集团三河尖煤矿的真实通风网络拓扑数据,分支数为 193,节点数为 125。

（2）最长和次最长独立节点路径位置及曲率的确定

最长和次最长独立节点路径曲率,通过实验确定分别为-0.4 和 0.4,这两条通路确定了生成的网络图的总体形状,较为美观。

（3）其他独立节点路径的默认曲率的确定与优化原则

① 其他独立节点路径优先在前两条最长路径确定的椭圆中进行布置,也可以在椭圆外进行布置。

② 其他独立节点路径的默认曲率的正负符号的确定:其他独立节点路径默认曲率的正负号与该独立节点路径的始末节点所在路径曲率的正负号相反。

③ 其他独立节点路径的默认曲率的绝对值可以介于 0～0.5,通过大量实验和理论分析,其他独立节点路径的默认曲率的绝对值设置为 0 较为合适。

理论分析:① 其他独立节点路径默认曲率的正负号与该独立节点路径的始末节点所在路径曲率的正负号相反,是为了保证两条路径间的空间较大,以便于布置两条路径上的其他路径和分支。② 前两条最长路径的曲率,通过实验确定分别为-0.4 和 0.4,这两条通路确定了网络图的总体形状,其他独立节点路径优先按照默认曲率布置在椭圆内部。前两条最长路径确定的椭圆其内部空间是有限的,其他独立节点路径布置的时候,其振幅不要太大,否则会不符合"分支间的交叉尽可能少,节点与节点之间应有一定的间距"的原则,实验也证明了这一点,与理论分析的结果较相符。

（4）对其他路径曲率进行优化

从实验情况可以看出,分支默认的曲率几乎均不能满足自动绘制通风网络图的基本原则,需要对独立节点路径的曲率进行优化。优化的主要原则为"分支间的交叉尽可能少,节点与节点之间应有一定的间距"。

只要其他路径曲率的绝对值位于 0～0.5,最终的优化效果几乎都一致,但如果其他路径曲率的默认值取得合理,可以提高优化速度。将优化后的图放大后,可以发现基本满足"分支间的交叉尽可能少,节点与节点之间应有一定的间距"的原则。优化后仅有两个避免不掉的交叉点,独立节点路径的布置经过优化后基本上满足自动绘制的原则。

（5）剩余分支曲率的确定与优化

独立节点路径的曲率决定了独立节点路径上分支的曲率,在独立节点路径上分支曲率已经确定的基础上,进行剩余分支曲率的确定与优化。

（6）将最长两条独立节点路径的曲率调整为－0.5、0.5

由最长两条独立节点路径所确定的网络图框架，内部空间非常有限，布置其他分支比较困难，因此将最长两条独立节点路径的曲率调整为－0.5、0.5，由最长两条独立节点路径所确定的网络图框架为圆形，不再是椭圆形。前面独立节点路径与其他分支曲率的确定主要是从宏观上进行优化，没有考虑到部分微观的。对所有分支的曲率和所有节点的位置进行微调，是从微观的角度对局部进行微调。通过宏观和微观相结合的方式进行优化，自动生成的网络图更加符合要求，比较理想，如图 2-8 所示。

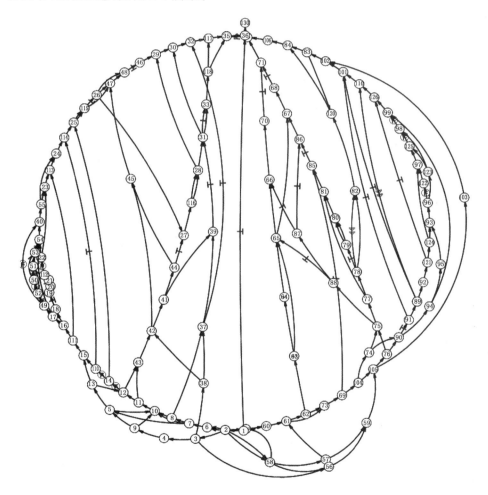

图 2-8 将最长两条独立节点路径的曲率调整为－0.5、0.5

（7）分支用样条曲线表示

分支用样条曲线表示，调整和优化起来自由度更大。采用和上面类似的思路，能量高的节点在能量低的节点下面，节点与节点间竖直和水平方向都保持一定的距离，样条曲线上的点可以任意位移，总的目标是分支与分支间交点较少，图形比较美观，具体实现效果如图 2-9 所示。该法比较适合较为复杂的网络图绘制。

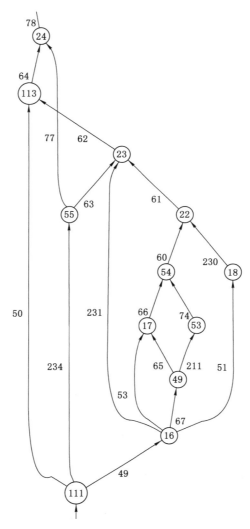

图 2-9　样条曲线通风网络图

2.4.6 导出网络图至 AutoCAD 的核心代码

为满足进一步修改与完善的需要,将自动生成的网络图自动导入 Auto-CAD 中,具体实现代码如下所示。

```
# Region"导出网络图至 AutoCAD"
    Sub ExportGraphToAutoCAD()
        If MineMap.MainForm.Instance.CurfrmMap Is Nothing OrElse Cur-
frmMap.MapControl1.Map.Layers.Count<1 Then Return
        Dim Acadapp As AcadApplication=Nothing
        Try
        CADutil.ConnectAutoCAD(Acadapp)
    Acadapp.Documents.Open(Application.StartupPath & "\Data\Template\
Network.dwt")
        Acadapp.ActiveDocument.ActiveLayer = Acadapp.ActiveDocument.
Layers.Item("单线巷道")
        Dim gs As List(Of Geometries.Geometry)=CurfrmMap.MapControl1.
Map.Layers(0).DataSource.AllGeometries
            For Each g In gs
                Select Case g.GeometryType
                    Case Enums.GeometryType.Spline
                        AddGeometryToACAD(DirectCast(g,Geometries.
Spline),Acadapp)
                    Case Enums.GeometryType.Text
                        AddGeometryToACAD(DirectCast(g,Geometries.
Text),Acadapp)
                    Case Enums.GeometryType.Polygon
                        AddGeometryToACAD(DirectCast(g,Geometries.
Polygon),Acadapp)
                    Case Enums.GeometryType.Ellipse
                        'AddGeometryToACAD(DirectCast(g,Geometries.
Ellipse),Acadapp)
                    Case Enums.GeometryType.Circle
                        AddGeometryToACAD(DirectCast(g,Geometries.
Circle),Acadapp)
                    Case Enums.GeometryType.Tunnel3D
                        AddGeometryToACAD(DirectCast(g,Ventilation.
ITunnel3D),Acadapp)
                End Select
            Next
```

```
        Acadapp.ZoomExtents()
        AppActivate(Acadapp.Caption)'显示 CAD 界面
    Catch ex As Exception
        MsgBox(ex.ToString)
    End Try
End Sub
    Function AddGeometryToACAD(g As Spline,Acadapp As AcadApplica-
tion)As AcadSpline
        If g Is Nothing OrElse g.Points.Count< 1 Then Return Nothing
        Dim pArray()As Double=MineMapPointToArray(g.Points)
        Dim startTan(0 To 2)As Double
        Dim endTan(0 To 2)As Double
        Dim fitPoints(0 To 8)As Double
        Dim pl As AcadSpline = Acadapp. ActiveDocument. ModelSpace.
AddSpline(pArray,startTan,endTan)
        Return pl
    End Function
    Function AddGeometryToACAD(g As Polygon,Acadapp As AcadApplication)
As AcadPolyline
        If g Is Nothing OrElse g.ExteriorRing.Points.Count<1 Then Re-
turn Nothing
        Dim pArray()As Double=MineMapPointToArray(g.ExteriorRing.Points)
        Dim pl As AcadPolyline=Acadapp.ActiveDocument.ModelSpace.AddPoly-
line(pArray)
        Return pl
    End Function
    Function AddGeometryToACAD(g As Circle,Acadapp As AcadApplication)As
AcadCircle
        If g Is Nothing Then Return Nothing
        Dim pArray(0 To 2)As Double
        pArray(0)=g.Center.X
        pArray(1)=g.Center.Y
        pArray(2)=g.Center.H
    Dim pl As AcadCircle=Acadapp.ActiveDocument.ModelSpace.AddCircle
(pArray,g.Radius)
        Return pl
    End Function
    Function AddGeometryToACAD(g As Geometries.Text,Acadapp As AcadAp-
plication)As AcadText
```

```
        If g Is Nothing Then Return Nothing
        Dim pArray(0 To 2)As Double
        pArray(0)=g.X
        pArray(1)=g.Y-g.TextStyle.Height
        pArray(2)=0
        Dim pl As AcadText=Acadapp.ActiveDocument.ModelSpace.AddT-
ext(g.LabelText,pArray,g.TextStyle.Height* 0.7)
        Return pl
    End Function
  Function MineMapPointToArray (ByVal pnts As List (Of Geometries.
Point))As Double()
        Dim pArray()As Double=Nothing
        If pnts Is Nothing OrElse pnts.Count<1 Then Return pArray
        ReDim pArray(pnts.Count*3-1)
        For i As Integer=0 To pnts.Count-1
            pArray(i*3)=pnts(i).X
            pArray(i*3+1)=pnts(i).Y
            pArray(i*3+2)=pnts(i).H
        Next
        Return pArray
    End Function
    # End Region
```

2.5　矿井通风网络结构复杂度及分级

　　近年来,随着"小世界"网络模型、无标度网络模型、网络演化理论等的相继提出[23],以及科研人员对众多复杂的自然和人造网络的探索,复杂网络理论研究得到了迅速发展,成为研究复杂通风网络的有效工具。目前在评价矿井通风系统的众多指标中,从通风网络拓扑结构方面来评价矿井通风系统的指标还很少。矿井通风网络是有向网络,简单的通风网络系统要比复杂的好控制与管理,因为系统结构越复杂,系统元素间的关联越强,分析的难度就越大[24]。尽管矿井通风网络拓扑关系的概念已提出多年,但对拓扑关系的复杂度研究还不够深入[25,26]。矿井通风网络的结构复杂程度与巷道个数(即分支数)、矿井生产布局和井下用风地点的多少及分布有关,并影响着井下风流的稳定性和井下风量调节[27]。因此,合理评价矿井通风网络的复杂程度,使常说的矿井通风系统简单、复杂和极复杂能够合理的定量化,有效指导煤矿安全经济合理投入、合理配备技术人员数量及合理确定救灾避灾预案,对于煤矿安全生产具有重要意义。

结构复杂度在供应链网络[28,29]、交通网络、全球生产网络[30]、大脑结构[31]、软件结构[32,33]、矿物结构[34]、生态系统、语言结构等方面得到了广泛研究。矿井通风网络通常是一个复杂的网络系统,各分支间相互关联,改变一条分支的状态可能对其他分支的通风情况产生不合预期的影响[35,36]。1994 年莫斯科矿业学院通风研究室乌沙柯夫教授来华讲学时,提出用结构法来评价矿井通风系统可靠性的指标 γ[26], $\gamma = (n-m+1)/n$(n 为分支数,m 为节点数)。独立回路数($n-m+1$)与独立通路数($n-m+2$)是一致的。每个回路至少有一条其他回路所没有的分支,这样的回路称之为独立回路。每个通路至少有一条其他通路所没有的分支,这样的通路称之为独立通路。独立回路数和独立通路数是分析矿井通风网络的基本参数,选用独立回路数作为评价通风网络复杂度的基础参数具有一定的合理性,但用指标 γ 存在的问题是,当两个不同通风网络的分支数和节点数相同时,γ 值相同,但实际上两个网络的复杂程度不一定一样。也有学者提出用网络中所含的角联分支数 n_j 与总分支数 n 的比来评价通风系统的复杂程度指标 W,$W = \dfrac{n_j}{n}$,认为 W 的值越大通风系统越复杂[26]。河南理工大学杨运良提出利用指标 R($R = \lg[m \times (n+n_j)]$,$n_j$ 为角联分支数)作为反映矿井通风网络结构复杂程度的指标[26]。该指标考虑了角联分支,能反映通风网络的复杂性,但是 m 与($n+n_j$)是否相关,还需进一步研究。

Lei 等结合生产实际从节点数、分支数、独立回路数以及角联分支数等四个主要影响因素出发,对矿井通风网络结构复杂度进行分析、评价,将矿井通风网络结构复杂度划分为简单、中等、较复杂和复杂四个等级[37]。

通风网络风量分配有时候需要人工进行调节,而程序员需要按照程序流程图对算法进行调试,因此通风网络结构复杂度与软件结构复杂度有类似之处。软件结构复杂度用圈复杂度[38,39]来表示,圈复杂度为程序当中由于循环导致有向图中产生回边的个数 $V(G)$,$V(G) = E - n + 2$,其中 E 为程序流图的边数,N 为程序流图的节点数。圈复杂度与通风网络中的独立通路数($n-m+2$)含义相同,数值相等。通风网络结构复杂度是否可以用独立通路数来计算,是否全面反映了通风网络结构复杂度等问题需要进一步进行研究。

现有研究主要从网络角度研究矿井通风网络复杂度,而实际上矿井通风网络结构复杂度不仅和图形本身的复杂程度有关,还和通风系统自身特有的功能结构相关[40],如通风网络内部通风混乱程度等。为更好地定量评价和比较不同通风网络复杂程度,需要对影响通风网络结构复杂度的相关因素、评价模型做进一步分析。

2.5.1　对目前已提出评价模型的分析

目前主要有 4 种评价模型可以用来评价通风网络结构复杂度:

$$\gamma = (n - m + 1)/n \tag{2-1}$$

$$W = n_j/n \tag{2-2}$$

$$R = \lg\left[(n + n_j) \times m\right] \tag{2-3}$$

$$V(G) = n - m + 2 \tag{2-4}$$

为了对以上四种评价模型进行合理性分析,利用含有 7 条分支的简单角联和 9 个矿井通风网络的实际数据,按照 4 个评价模型分别计算了相应的通风网络结构复杂度,具体如表 2-1 所示。

表 2-1　各种通风网络结构复杂度评价模型计算与比较

矿井名称	n	m	$n-m+1$	n_j	$n+n_j$	$(n+n_j)\times m$	γ	W	R	$V(G)$
简单角联	7	6	2	1	8	48	0.29	0.14	1.68	7
矿井 1	36	24	13	16	52	1 248	0.36	0.44	3.10	25
矿井 2	48	34	15	15	63	2142	0.31	0.31	3.33	35
矿井 3	72	47	26	20	92	4324	0.36	0.28	3.64	48
矿井 4	84	55	30	21	105	5775	0.36	0.25	3.76	56
矿井 5	133	97	37	60	193	18 721	0.28	0.45	4.27	98
矿井 6	149	107	43	56	205	21 935	0.29	0.38	4.34	108
矿井 7	169	114	56	41	210	23 940	0.33	0.24	4.38	115
矿井 8	224	146	79	80	304	44 384	0.35	0.36	4.65	147
矿井 9	441	298	144	170	611	182 078	0.33	0.39	5.26	299

表 2-1 中简单角联及 9 个实际矿井大致是按照通风网络结构从简单到复杂的顺序排列的。从各个方面来讲矿井 9(有 441 条分支,144 个独立回路)要比矿井 1(有 36 条分支,13 个独立回路)复杂,矿井 1 按照 γ 和 W 模型计算的结构复杂度分别为 0.36 和 0.44,矿井 9 按照 γ 和 W 模型计算的结构复杂度分别为 0.33 和0.39。从计算结果来看,矿井 9 的通风网络结构反而比矿井 1 简单,与实际情况不符,故 γ 和 W 模型不能够很好地评价通风网络结构复杂度。

利用模型 R 和模型 $V(G)$ 计算的简单角联及 9 个实际矿井通风网络结构复杂度基本合理。模型 R 用到的通风网络的两个基本参数为 n 和 $(n+n_j)$,可以基于表 2-1 数据用 SPSS(IBM SPSS Statistics 19,IBM 公司推出的用于统计学分析、数据挖掘和预测分析的软件产品)分析这两个基本参数是否相关,具体结果如表 2-2 所示,n 与 m、$(n+n_j)$ 均强相关,用 $R=\lg[(n+n_j)\times m]$ 来计算通风网络结构复杂度不够合理。

表 2-2　n 与 m、$(n+n_j)$ Pearson 相关性分析

	n	m	n_j	$n+n_j$	$(n+n_j)\times m$
n	1.000	0.998	0.983	0.999	0.951
m	0.998	1.000	0.987	0.998	0.949
n_j	0.983	0.987	1.000	0.991	0.956
$n+n_j$	0.999	0.998	0.991	1.000	0.956
$(n+n_j)\times m$	0.951	0.949	0.956	0.956	1.000

综合以上分析,模型 γ 和模型 W 不能很好地评价通风网络结构复杂度,模型 R 和模型 $V(G)$ 能够大致评价通风网络结构复杂度,但模型 R 选用的基本参数是相关的,搭配不够合理。4 个评价模型都没有考虑网络内部混乱程度等因素对通风网络结构复杂度的影响。

2.5.2　矿井通风网络结构复杂度影响因素

矿井通风网络的复杂性不仅与网络的节点数、分支数、独立回路数、所有通路数、角联分支数、聚类系数有关,还与网络的紊乱程度、进风井(源)数量、回风井(汇)数量等因素紧密相联。下面对影响矿井通风网络结构复杂度的主要因素进行分析。

(1) 分支数、节点数、独立回路数、独立通路数、所有通路数

分支和节点是矿井通风网络的基本组成部分,分支与节点的个数对通风网络复杂性有着举足轻重的影响。在矿井通风网络中独立回路数 $IL=n-m+1$。一般在通风网络解算时采用独立回路数进行计算,独立回路数越大,计算量也就越大。由图论可以知道,网络独立通路数为 $n-m+2$,通风网络在优化与调节时一般以独立通路数为基础,独立通路数越多,通风网络优化与调节就越困难,因此独立回路数($n-m+1$)和独立通路数($n-m+2$)在通风网络结构复杂度定量评价时具有重要的意义。

从通风网络开始节点到通风网络结束节点所有可能通路的数量为所有通路数,救灾避灾路线设计和角联分支辨识等工作需要用到这个参数。所有通路数一般比较大,如表 2-1 所示,矿井 9 是一个拥有 441 条分支的通风网络,所有通路数为 20 185 条。

(2) 网络节点度与平均节点度

平均节点度值反映了网络内部的混乱程度。按常理,网络的平均节点度值越大,网络连接越紧密,对应的节点之间的"祸合"越强,从而使得遍历效率降低,而如果网络的平均节点度值越小,则网络连接越松散,对应的节点之间的"祸合"就越弱,从而使得遍历效率得到提升,因而,网络的平均节点度值越大,网络越复杂,平均节点度与通风网络结构复杂度正相关。

矿井通风网络节点度分布相对于其他网络比较特殊,有自己独特的分布规律,不同节点类型的度分布如表 2-3 所示。

表 2-3　矿井通风网络中不同节点类型的度分布

节点度数	矿井中节点类型	出现概率描述
1	进、回风井	进回风井数量是固定的,比较少,最常见的通风网络进回风井均为 1
2	串联	指的是串联巷道,井下一般比较少
3	并联、风流汇合及风流分开三叉路口	通风网络中最为常见
4	十字路口	相当于煤矿井下两条巷道平面相交的交点,这种情况煤矿井下很少
≥5	相近节点简化后的复合节点	相当于一个节点与 5 条以上分支相连,通风网络中极为罕见,一般是通风网络简化造成的

如果分支数 n 和节点数 m 确定,则该网络的平均节点度为定值,即 $D=2n/m$。为了更好地统计通风网络节点度分布情况,统计所选择网络规模较大的矿井 7、矿井 8、矿井 9 三个矿井的节点度分布情况,具体如表 2-4 和图 2-10 所示,度大于 7 的节点不存在,度为 1、2、4、5、6 的节点数非常少,大部分节点度为 3,与表 2-3 中节点度分布规律基本相同,每个矿井通风网络节点度的变化趋势大致相似,而且三个矿井的平均节点度大约都为 3,即:

表 2-4　矿井 7、矿井 8、矿井 9 节点度分布

	1	2	3	4	5	6	平均节点度
矿井 7	6	16	87	12	1	0	3.02
矿井 8	4	17	104	15	4	2	3.16
矿井 9	11	30	227	26	4	0	3.04

$$D = 2n/m \tag{2-5}$$

因为实际矿井平均节点度 D 一般都在 3 上下波动,定义 K 为平均节点度不均衡系数:

$$K = D/3 = 2n/3m \tag{2-6}$$

K 与 D 成正比,取值在 1 左右,可以采用 K 值对通风网络结构复杂度进行修正,$K>1$ 表示将复杂度向复杂方向修正,$K<1$ 表示将复杂度向简单方向修正。由式(2-5)可以得出:

$$m \approx \frac{2}{3}n \tag{2-7}$$

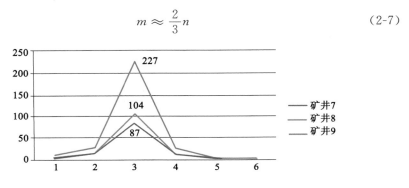

图 2-10　矿井 7、矿井 8、矿井 9 通风网络节点度分布

（3）进风井数量

矿井风网内进风井和回风井的数量与配置不同,风网的风量分配、稳定程度也不同。通常风网的进风井数量越多,各进风井间与各回风井间通风参数差别越大,通风管理与调控越困难;风网的回风井数量越多,越接近于分区通风,通风管理与调控越容易。为方便分析通风网络,可以将进回风井通风网络通过加虚分支和虚节点变为一进一回型通风网络,通风网络变换前后结构复杂度几乎没有发生变化。虽然矿井进回风井数量对通风网络管理工作复杂性有影响,但对通风网络结构复杂度没有影响。

（4）角联分支数量

角联分支连接了矿井通风网络中两条平行风流通路[41]（如图 2-11 所示分支 5）,其自身风流不稳定,易出现微风、无风甚至风流反风,严重影响到通风系统的稳定性。风流不稳定会引起巷道内瓦斯聚集,从而有可能在煤矿生产过程中造成瓦斯和煤尘爆炸,导致重大人员伤亡和财产损失。大量角联分支的存在,使得通风网络内部节点与节点之间、分支与分支之间联系更加复杂[42],因此角联分支数 n_j 对通风网络结构复杂度具有一定的影响。

（5）网络结构熵

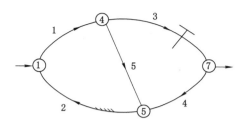

图 2-11　某矿 12403 工作面通风系统网络图[41]

网络结构熵可以反映网络内部混乱的程度,在一定程度上也反映角联的影响。当 $n-m+1$ 为定值时,如果网络节点之间的连接方式不同,矿井通风网络的结构复杂性也就不同,这是由网络内部引起的,可以用描述网络内部混乱程度的网络结构熵来表示,网络结构熵越大,网络内外越混乱,网络越复杂。网络结构熵可表示为:

$$E = -\sum_{i=1}^{m} I_i \ln I_i \qquad (2\text{-}8)$$

$$I_i = d_i / \left(\sum_{j=1}^{m} d_j \right) \qquad (2\text{-}9)$$

其中,I_i 是节点 i 的重要度,m 是网络中的节点数,d_i 是第 i 个节点的度,显然 $d_i > 0$。

2.5.3　通风网络结构复杂度定量评价模型构建

（1）影响因素相关性分析

通过前面分析可知,矿井通风网络中的分支数 n、节点数 m、独立回路数 $n-m+1$、独立通路数 $n-m+2$、所有通路数 a_p、角联分支数 n_j、分支数与角联分支数之和 $n+n_j$ 及 $(n+n_j) \times m$ 与通风网络结构复杂度有可能相关,并均有可能作为评价通风网络结构复杂度的基础参数,网络结构熵 e、聚类系数 cc、节点平均度及平均聚类系数 acc 等几个参数的不同取值对通风网络结构复杂度有稍微的影响,并都有可能作为通风网络结构复杂度的修正系数。为了正确合理选择定量评价通风网络结构复杂度的基础参数和修正参数,需要对以上通风网络参数进行相关性分析。

进行相关性分析的基础参数为一个简单角联和 9 个矿的通风网络相关参数,具体如表 2-5 所示,基于表 2-5 相关参数和 SPSS 对通风网络结构复杂度影响因素进行相关性分析,分析结果如表 2-6 所示。

表 2-5　简单角联及 9 个实际矿井通风网络基础参数

矿井名称	n	m	$n-m+1$	$n-m+2$	a_p	E	cc	$2n/m$	n_j	$n+n_j$	$(n+n_j) \times m$	acc
简单角联	7	6	2	3	3	0.99	2.00	2.33	1	8	48	0.29
矿井 1	36	24	13	14	31	2.72	3.70	3.00	16	52	1 248	0.10
矿井 2	48	34	15	16	32	2.76	0.93	2.82	15	63	2 142	0.02
矿井 3	72	47	26	27	262	3.03	3.40	3.06	20	92	4 324	0.05
矿井 4	84	55	30	31	480	3.73	4.20	3.05	21	105	5 775	0.05
矿井 5	133	97	37	38	206	3.73	1.73	2.74	60	193	18 721	0.01
矿井 6	149	107	43	44	166	3.77	2.56	2.79	56	205	21 935	0.02
矿井 7	169	114	56	57	2 240	4.51	9.93	2.96	41	210	23 940	0.06
矿井 8	224	146	79	80	4 774	4.72	11.20	3.07	80	304	44 384	0.05
矿井 9	441	298	144	145	20 185	5.45	9.37	2.96	170	611	182 078	0.02

根据表 2-6 通风网络结构复杂度影响因素 Pearson 相关性分析,结果表明 n、m、$n-m+1$、$n-m+2$、a_p、e、n_j、$n+n_j$、$(n+n_j) \times m$ 因素相关性比较强,通过前面分析,n、m、$n-m+1$、$n-m+2$、n_j、$n+n_j$ 都可以作为评价通风网络结构复杂度的基础参数,但哪一个因素合理准确、更直观,还需要进一步探讨;平均节点度($2n/m$)与其他因素基本不相关,并且与通风网络复杂性成正相关,可以作为通风网络结构复杂度的修正系数。

(2) 主要影响因素本质关系研究

n、m、$n-m+1$、$n-m+2$、n_j、$n+n_j$ 等 6 个因素是强相关的,6 个因素之间到底有什么关系? 下面将进行具体分析。由式(2-7)可知在矿井通风网络中,$m \approx \frac{2}{3}n$,由此可以推出:

$$n-m+1 \approx n - \frac{2}{3}n + 1 \approx \frac{1}{3}n \qquad (2\text{-}10)$$

$$n-m+2 \approx n - \frac{2}{3}n + 2 \approx \frac{1}{3}n \qquad (2\text{-}11)$$

由表 2-5 中 9 个实际矿井通风网络分支数 n 和角联数 n_j,在 Excel 中进行拟合实验可知,线性拟合效果最好,线性拟合结果如图 2-12 所示,n 与 n_j 的关系为:

$$n_j = 0.385\ 6n - 4.557\ 6 \qquad (2\text{-}12)$$

$$n + n_j = n + 0.385\ 6n - 4.557\ 6 = 1.385\ 6n - 4.557\ 6 \qquad (2\text{-}13)$$

综合式(2-7)、式(2-10)、式(2-13)可以得到:

表 2-6　通风网络结构复杂度影响因素 Pearson 相关性分析

	n	m	$n-m+1$	$n-m+2$	a_p	E	cc	$2n/m$	n_j	$n+n_j$	$(n+n_j)\times m$	acc	$(n-m+1)/n$
n	1.000	0.998	0.992	0.992	0.925	0.860	0.686	−0.350	0.983	0.999	0.951	−0.411	0.092
m	0.998	1.000	0.983	0.983	0.916	0.854	0.649	−0.314	0.987	0.998	0.949	−0.430	0.036
$n-m+1$	0.992	0.983	1.000	1.000	0.932	0.863	0.752	−0.418	0.964	0.988	0.946	−0.367	0.205
$n-m+2$	0.992	0.983	1.000	1.000	0.932	0.863	0.752	−0.418	0.964	0.988	0.946	−0.367	0.205
a_p	0.925	0.916	0.932	0.932	1.000	0.658	0.607	−0.256	0.920	0.927	0.991	−0.182	0.165
e	0.860	0.854	0.863	0.863	0.658	1.000	0.726	−0.656	0.804	0.848	0.692	−0.685	0.245
cc	0.686	0.649	0.752	0.752	0.607	0.726	1.000	−0.571	0.578	0.658	0.572	−0.069	0.555
$2n/m$	−0.350	−0.314	−0.418	−0.418	−0.256	−0.656	−0.571	1.000	−0.273	−0.330	−0.233	0.527	−0.800
n_j	0.983	0.987	0.964	0.964	0.920	0.804	0.578	−0.273	1.000	0.991	0.956	−0.414	0.006
$n+n_j$	0.999	0.998	0.988	0.988	0.927	0.848	0.658	−0.330	0.991	1.000	0.956	−0.413	0.068
$(n+n_j)\times m$	0.951	0.949	0.946	0.946	0.991	0.692	0.572	−0.233	0.956	0.956	1.000	−0.245	0.090
acc	−0.411	−0.430	−0.367	−0.367	−0.182	−0.685	−0.069	0.527	−0.414	−0.413	−0.245	1.000	0.074
$(n-m+1)/n$	0.092	0.036	0.205	0.205	0.165	0.245	0.555	−0.800	0.006	0.068	0.090	0.074	1.000

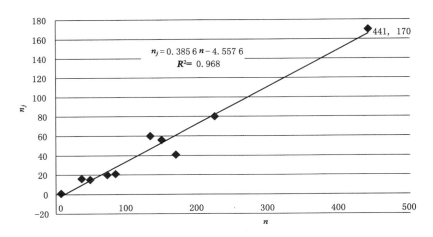

图 2-12　9 个矿井分支数与角联分支数线性拟合

$$n \approx \frac{3}{2}m \approx 3(n-m+1) \approx 3(n-m+2) \approx 2.59\,n_j + 11.82$$

$$\approx 0.72(n+n_j) + 3.31 \tag{2-14}$$

从式(2-10)～式(2-14)可知,n、m、$n-m+1$、$n-m+2$、n_j、$n+n_j$ 等 6 个因素本质上是线性函数关系,从而解释了 6 个因素为什么是强相关的。分析结果表明这 6 个因素,选择哪一个因素作为评价通风网络结构复杂度的基础参数都是可以的,效果是等价的,也进一步解释了 $\gamma = \lg[(n+n_j) \times m]$ 和 $V(G) = n-m+2$ 两个模型为什么可以较好地评价通风网络结构复杂度的原因了。

但是哪个因素更加直观,更加容易被接受,还需要进一步分析。n、m、$n-m+1$、$n-m+2$、n_j、$n+n_j$ 等 6 个因素中,n 是通风网络分支数,也即矿井通风系统中巷道数量,是最简单、最直观的一个参数,并且通过表 2-6 Pearson 相关性分析可知,n 与其余 5 个因素相关性最强,综合考虑,选择 n 作为评价通风网络结构复杂度的基础参数较为合理。

(3)通风网络结构复杂度定量评价模型的构建

综合以上分析,选择 n 作为评价通风网络结构复杂度的基础参数,选择平均节点度不均衡系数 K 作为平均节点度影响通风网络结构复杂度的修正系数,从而可以构建矿井通风网络结构复杂度的评价模型:

$$N = nK \tag{2-15}$$

N 为等效分支数,通过 n 修正得到。K 的值在 1 左右,对分支数 n 进行了修正,使通风网络结构复杂度更能反映实际情况。N 会在 n 上下稍微浮动。

将式(2-6)代入式(2-15)可以得:

$$N = \frac{2n^2}{3m} \qquad (2\text{-}16)$$

利用式(2-16)对简单角联和 9 个矿井的等效分支数进行计算,结果如表 2-7 所示,等效分支数可以很好地反映通风网络结构复杂程度,可操作性强,能够直观、定量地判断矿井通风网络的结构复杂程度。从式(2-16)可以看出,等效分支数 N 只与分支数 n、节点数 m、进风井数 s_i、回风井数 s_o 相关,参数易于获取,计算方便。

表 2-7　简单角联和 9 个矿井的等效分支数

矿井名称	n	m	N
简单角联	7	6	5
矿井 1	36	24	36
矿井 2	48	34	45
矿井 3	72	47	74
矿井 4	84	55	86
矿井 5	133	97	122
矿井 6	149	107	138
矿井 7	169	114	167
矿井 8	224	146	229
矿井 9	441	298	435

2.5.4　通风网络结构复杂程度分级及合理性检验

(1) 通风网络结构复杂程度分级

为更好地描述通风网络的复杂程度,比较不同矿井通风网络的结构复杂度,需对通风网络结构复杂度进行分级。简单的矿井通风网络分支数一般有几十条,复杂的矿井通风网络分支数有四五百条,个别非常复杂的矿井通风网络分支数在 1 000 条左右。为了较合理地准确评价通风网络结构复杂度,将其分为简单、较简单、中等、较复杂、复杂和极复杂 6 级。基于 SPSS 将等效分支数 N 从 1 到 1 000 进行大致的聚类分析,聚类数为 6 的聚类中心分析结果如表 2-8 所示。结合表 2-8 聚类中心,并结合表 2-7 通风网络实际情况和使用习惯,将聚类中心进行微调,按照调整后的聚类中心将通风网络结构复杂度分为 6 级,调整后聚类中心及相应的等效分支数范围如表 2-9 所示。

表 2-8 等效分支数从 1—1000 的最终聚类中心

等级	1	2	3	4	5	6
N 聚类中心	20.50	75.00	171.50	331.00	561.00	847.00

表 2-9 等效分支数从 1—1000 的调整后聚类中心及范围

等级	1	2	3	4	5	6
N 聚类中心	25.00	75.00	150.00	300.00	600.00	850
范围	$N \leqslant 50$	$50 < N \leqslant 100$	$100 < N \leqslant 200$	$200 < N \leqslant 400$	$400 < N \leqslant 800$	$N > 800$

根据表 2-9 分级情况进一步提出了通风网络结构复杂度 C 指标,复杂度 C 的含义与利用等效分支数评价通风网络结构复杂程度意义相同,数值相当,一一对应。利用 C 值可以将通风网络结构复杂程度进行等区间划分,如表 2-10 所示,将等效分支数小于等于 50 的定义为简单,复杂度等级为 Ⅰ 级,$C \leqslant 1$;将等效分支数 $50 < N \leqslant 100$ 的定义为较简单,复杂度等级为 Ⅱ 级,$1 < C \leqslant 2$;将等效分支数 $100 < N \leqslant 200$ 的定义为中等,复杂度等级为 Ⅲ 级,$2 < C \leqslant 3$;将等效分支数 $200 < N \leqslant 400$ 的定义为较复杂,复杂度等级为 Ⅳ 级,$3 < C \leqslant 4$;将等效分支数 $400 < N \leqslant 800$ 的定义为复杂,复杂度等级为 Ⅴ 级,$4 < C \leqslant 5$;将等效分支数 $N > 800$ 的定义为极复杂,复杂度等级为 Ⅵ 级,$C > 5$。根据该划分标准可以对不同矿井的通风网络复杂度进行比较,也可以对同一个通风网络不同时期或改造前后进行复杂度比较。

表 2-10 通风网络结构复杂度定量划分标准

等效分支数 N	复杂度 C	复杂度等级	等级描述
$N \leqslant 50$	$C \leqslant 1$	Ⅰ	简单
$50 < N \leqslant 100$	$1 < C \leqslant 2$	Ⅱ	较简单
$100 < N \leqslant 200$	$2 < C \leqslant 3$	Ⅲ	中等
$200 < N \leqslant 400$	$3 < C \leqslant 4$	Ⅳ	较复杂
$400 < N \leqslant 800$	$4 < C \leqslant 5$	Ⅴ	复杂
$N > 800$	$C > 5$	Ⅵ	极复杂

(2)通风网络结构复杂度 C 计算模型

根据表 2-10 可以归纳出等效分支数 N 与通风网络结构复杂度 C 的对应关系,如表 2-11 所示。

表 2-11 等效分支数 N 与通风网络结构复杂度 C 的对应关系

等效分支数 N	50	100	200	400	800
通风网络结构复杂度 C	1	2	3	4	5

为确定等效分支数 N 与通风网络结构复杂度 C 的对应关系,运用 Excel 对二者进行了线性拟合、二次多项式拟合、乘幂拟合、对数拟合等拟合实验,如图 2-13 所示,结果表明对数拟合效果最好,因而确定 N 与 C 的函数关系如下:

$$C = 1.442\ 7\ln(N) - 4.643\ 9 \tag{2-17}$$

将式(2-16)代入式(2-17)可以得到 C 的完整计算公式:

$$C = 1.442\ 7\ln\left(\frac{2n^2}{3m}\right) \tag{2-18}$$

从式(2-18)可以看出,矿井通风网络结构复杂度 C 只与分支数 n、节点数 m 相关,参数易于获取,计算方便。

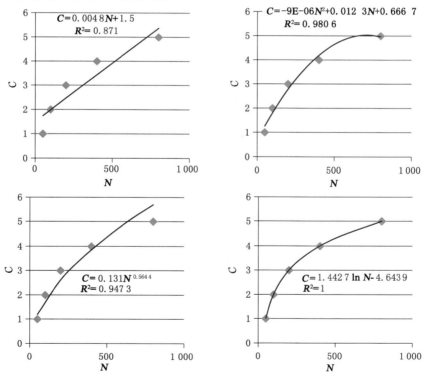

图 2-13 等效分支数 N 与通风网络结构复杂度 C 的四种拟合对比分析

（3）实例应用及合理性检验

为将矿井通风网络结构复杂度新模型应用于通风网络结构复杂度评价，进一步检验该模型和分级划分标准的合理性，随机选取了 5 个复杂程度不同的矿井通风网络，结合前面提到的 9 个矿井通风网络，应用前文提出的等效分支数 N 模型和通风网络结构复杂度 C 模型对这 14 个矿井的通风网络结构复杂度进行定量评价，并进行复杂度分级，具体如表 2-12 所示，结果显示与矿井通风网络复杂程度比较相符。

表 2-12　14 个矿井通风网络结构复杂度定量评价与分级

矿井名称	n	m	$2n/3m$	N	C	复杂度等级	等级描述
矿井 1	36	24	1.00	36	0.43	Ⅰ	简单
矿井 2	48	34	0.94	45	0.77	Ⅰ	简单
矿井 3	72	47	1.02	74	1.51	Ⅱ	较简单
矿井 4	84	55	1.02	86	1.73	Ⅱ	较简单
矿井 5	133	97	0.91	122	2.26	Ⅲ	中等
矿井 6	149	107	0.93	138	2.46	Ⅲ	中等
矿井 7	169	114	0.99	167	2.74	Ⅲ	中等
矿井 8	224	146	1.02	229	3.22	Ⅳ	较复杂
矿井 9	441	298	0.99	435	4.18	Ⅴ	复杂
矿井 10	471	244	1.29	606	4.68	Ⅴ	复杂
矿井 11	600	295	1.36	814	5.13	Ⅵ	极复杂
矿井 12	1 323	845	1.04	1 381	5.92	Ⅵ	极复杂
矿井 13	385	277	0.93	357	3.89	Ⅳ	较复杂
矿井 14	162	102	1.06	172	2.78	Ⅲ	中等

矿井 1、矿井 2 的复杂度为 0.43 和 0.77，等效分支数小于 50，是很简单的通风网络；矿井 3 和矿井 4 的等效分支数在 100 以下，是比较简单的矿井，计算复杂度分别为 1.51 和 1.73；矿井 5、矿井 6、矿井 7、矿井 14 的等效分支数介于 100—200 之间，通风网络已经不再简单，这类矿井比较常见，通风网络结构复杂程度为中等复杂，计算复杂度分别为 2.26、2.46、2.74、2.78；矿井 8、矿井 13 的等效分支数已经大于 200，但小于 400，属于比较复杂的通风网络了，计算复杂度分别为 3.22、3.89；矿井 9、矿井 10 是公认的复杂通风网络，等效分支数大于 400、小于 800，计算复杂度分别为 4.18、4.68，是典型的复杂通风网络；矿井 11、矿井 12，等效分支数已经超过 800，计算复杂度均超过 5，是公认的典型极复杂

通风网络。金属矿山通风网络有少数分支数超过 800 的,但在煤矿通风网络中极为少见。

通过以上分析可知,利用 C 和 N 模型进行通风网络结构复杂度定量评价与分级,简单易行。研究表明大部分煤矿通风网络结构复杂程度大部分为中等、较复杂或复杂,简单和极复杂很少,极复杂矿井通风网络多出现在金属矿山,结构复杂度评价结果与矿井的实际情况是相符的。

为了检验本章提出的 N、C 新模型,可以运用 Yang Yunliang's R 模型、$V(G)$ 模型、N 模型和 C 模型等四种模型对 14 个矿的通风网络结构复杂度计算结果进行对比分析,复杂度计算结果及排序如表 2-13 和图 2-14 所示。

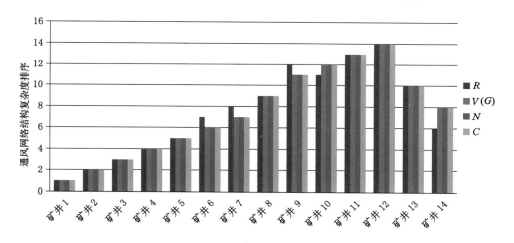

图 2-14　R 模型、$V(G)$ 模型、N 模型和 C 模型计算结果对比分析

从表 2-13 和图 2-14 可以看出 Yang Yunliang's R 模型、$V(G)$ 模型、N 模型和 C 模型在评价通风网络结构复杂度方面基本一致。从表 2-13 和图 2-14 所示的 14 个煤矿通风网络结构复杂度计算结果来看,利用 $V(G)$ 模型、N 模型和 C 模型三个模型计算的复杂度排序完全一致。Yang Yunliang's R 模型在评价矿井 6、矿井 7、矿井 9、矿井 10、矿井 14 等 5 个煤矿的通风网络时与其他三种模型的评价结果稍微有所不同。R 模型认为在结构复杂度方面,矿井 7 比矿井 14 复杂,矿井 9 比矿井 10 复杂,这评价结果与另外三种模型评价结果相反。矿井 7 与矿井 14 分支数相差不大,但是矿井 14 节点数比矿井 7 少。在分支数一定的情况下,节点数越少,分支之间相互连接越复杂,同时矿井 14 角联分支数比矿井 7 要多,因此矿井 14 要比矿井 7 稍微复杂一点。矿井 10 分支数、角联分支数都比矿井 9 多,而且矿井 10 节点数比矿井 9 少,因此矿井 10 通风网络结构复

表 2-13　四种模型通风网络结构复杂度计算结果比较

矿井名称	n	m	n_j	R	$V(G)$	N	C	R排序	$V(G)$排序	N排序	C排序
矿井 1	36	24	16	3.10	14	36	0.53	1	1	1	1
矿井 2	48	34	15	3.33	16	45	0.85	2	2	2	2
矿井 3	72	47	20	3.64	27	74	1.56	3	3	3	3
矿井 4	84	55	21	3.76	31	86	1.77	4	4	4	4
矿井 5	133	97	60	4.27	38	122	2.28	5	5	5	5
矿井 6	149	107	56	4.34	44	138	2.47	7	6	6	6
矿井 7	169	114	41	4.38	57	167	2.74	8	7	7	7
矿井 8	224	146	80	4.65	80	229	3.20	9	9	9	9
矿井 9	441	298	170	5.26	145	435	4.12	12	11	11	11
矿井 10	471	244	181	5.20	229	606	4.60	11	12	12	12
矿井 11	600	295	225	5.39	307	814	5.02	13	13	13	13
矿井 12	1323	845	516	6.19	480	1381	5.79	14	14	14	14
矿井 13	385	277	141	5.16	110	357	3.83	10	10	10	10
矿井 14	162	102	48	4.33	62	172	2.78	6	8	8	8

杂度要比矿井 9 复杂一些,而不是矿井 9 比矿井 10 复杂。从以上分析来看,$V(G)$ 模型,N 模型和 C 模型的评价结果更加合理一些,并且只与分支数和节点数有关,计算简单方便。R 模型需要识别通风网络所有角联分支,运算量比较大。N 模型和 C 模型考虑了平均节点度对通风网络结构复杂度的影响,计算结果相对 $V(G)$ 模型更加合理,同时运算量比 R 模型小得多。

串联对于通风网络的结构形状不产生大的影响,对通风网络结构复杂度影响很小,故计算矿井通风网络结构复杂度时可以把串联分支等效简化为一条等效分支来处理,但是计算复杂度时比较麻烦。由于通风网络的平均节点度为定值,$D=2n/m$,串联分支越多,平均节点度越小,文中的通风网络结构复杂度新计算模型已经采用平均节点度对复杂度进行修正,考虑了串联分支对复杂度的影响,在计算通风网络结构复杂度时就不必对串联分支进行简化了,使得通风网络结构复杂度计算更加快捷。

等效分支数 N 和通风网络结构复杂度 C 考虑了串联分支数、节点平均度及进回风井数量对复杂度的影响,可以更好地评价通风网络结构复杂程度。等效分支数 N 和通风网络结构复杂度 C 只与分支数、节点数、进风井数、回风井数四个参数相关,而且这四个参数易于获取,使得通风网络结构复杂度 C 计算简便;从表 2-13 可以看出分支数 n 大致也反映了通风网络结构复杂程度,因此在要求不高的情况下,可以用分支数 n 按照表 2-10 的标准对通风网络结构复杂度进行粗略评价和比较。

2.6 矿井通风网络特征参数关联性

对通风网络特征参数的研究有利于分析、评价和优化通风网络。矿井通风网络主要有节点数、分支数、独立回路数、独立通路数、所有通路数、平均节点度等、角联分支数及网络结构熵等特征参数。其中节点数、分支数是基础参数,独立回路数、独立通路数、平均节点度可以通过图论中的相关公式计算出来,但角联分支数、所有通路数及网络结构熵难以直接计算。赵丹、刘剑等基于并行计算进行矿井通风网络角联识别的算法研究[43];司俊鸿、陈开岩建立了基于无向图的角联独立不相交通路法,能够完整地找出通风网络中所有角联分支[44];李伟、张浪等通过改进节点位置法能够准确识别角联分支[45,46];贾进章、郑丹、刘剑在目前通风网络中所有通路数确定方法的基础上,利用图论和集合论的知识,提出了计算复杂度较小的行向量法,可以确定所有通路数[9];杨运良提出指标 $R=\lg[m\times(n+n_j)]$(m 为节点数、n 为分支数、n_j 为角联数),作为反映矿井通风网络结构复杂程度的指标[47];魏连江基于分支数、节点数两个基本参数提出了通风网络结构复杂度 C 的新评价模型[48]。国内外学者对交通网络、供应链网络、Internet 和 www 网络、生态系统网络、航空网络等部分网络特征参数进行了较深入的研究,对矿井通风网络特征参数及其相互关系的研究相对较少,特别是角联分支数和所有通路数难以快速估算,通风网络结构复杂度计算比较复杂[49-52]。本书以图论为基础,深入全面分析典型矿井通风网络特征参数,研究角联分支数、所有通路数快速估算模型,以及通风网络特征参数相互关系,为今后矿井通风系统优化效果评价、矿井通风网络分析以及提高矿井通风系统抗灾能力方面研究工作提供相应的支持。

2.6.1 矿井通风网络特征参数

矿井通风网络拓扑结构对网络的特性有重要影响,矿井通风网络的特性不但与通风网络的节点数、分支数、独立回路数、节点平均度等有关,还与角联分支数、网络结构熵等紧密相关,下面对矿井通风网络特征参数进行分析。

(1)分支数(n)、节点数(m)、独立回路数(IL)、独立通路数(IP)、所有通路数(a_p)

分支和节点是矿井通风网络的基本组成部分,一个确定的通风网络,其分支数和节点数是定值,可以分别记为 n、m。由图论可知在矿井通风网络中独立回路数 $IL=n-m+1$。一般在通风网络解算时采用独立回路数为基础进行计算,独立回路数越大,计算量也就越大[11]。通风网络在优化与调节时一般以独立通路为基础,独立通路数越多,通风系统优化与调节就越困难,由图论可以知道,网络独立通路数 $IP=n-m+2$。从通风网络始节点到通风网络末节点所有可能通路的数量为所有通路数(a_p),救灾避灾路线和角联分支研究分析等工作需要用到所有通路数,数值一般比较大。

(2)平均节点度(d_a)

节点度 d_i 是刻画和衡量一个节点的特性,它表示与节点 i 相连边的数量。一般来说,一个节点的度越大,它在网络中的重要性就越高,节点 i 的 d_i 定义为该点与其他节点相连接的边数。网络平均节点度为所有节点度的总和与节点总数的比值,也可用下式表示。

$$d_a = 2n/m = \sum d_i/m \qquad (2\text{-}19)$$

(3)角联分支数(n_j)

角联分支连接了矿井通风网络中两条风流通路,其自身风流不稳定,有可能引起重特大事故或引起事故的进一步扩大。大量角联分支的存在,使得通风网络内部节点与节点之间、分支与分支之间联系更加复杂,因此角联分支数 n_j 对通风网络结构特性具有重要的影响,也是研究通风网络特性必不可少的一个参数,但角联分支数一般难以直接计算。

(4) 网络结构熵(E)

网络结构熵(E)是研究复杂网络的一个重要工具,用来描述网络内部混乱程度,具体计算公式[23]如式(2-18)和式(2-19)所示。

(5) 平均路径长度(A_{PL})

假设网络中所有分支的权值都是相等的,将两个节点 i 和 j 之间的距离定义为连接这两个节点的最短路径上的边数。任意两个不同节点之间的距离平均值称为网络的平均路径长度[29],即:

$$A_{PL} = \frac{1}{\frac{1}{2}m(m-1)} \sum_{i>j} d_{ij} \qquad (2-20)$$

式中,m 为节点数;d_{ij} 为 i、j 两点间的距离。

(6) 等效分支数(N)与通风网络结构复杂度(C)

选择分支数 n 作为评价通风网络结构复杂度的基础参数,选择平均节点度不均衡系数 $K(K=2n/3m)$ 作为平均节点度对通风网络结构复杂度影响的修正系数,可以得到等效分支数 N,通过拟合回归可以得到通风网络结构复杂度 C 与等效分支数 N 的关系[30],如式(2-21)所示。

$$C = 1.442\ 7\ln(N) - 4.643\ 9 \qquad (2-21)$$

(7) 典型矿井通风网络特征参数

为方便通风网络分析,一般增加总进风虚拟节点 a 与总回风虚拟节点 b,将所有的进风井节点与 a 相连接,所有的回风井节点与 b 相连接,然后通过大气分支将 a、b 节点相连接,将所有通风网络都简化成一进一回。在此基础上,基于矿井通风可视化系统(VSE)[29],提取和计算典型矿井通风网络基础特征参数,整理得到 23 组数据,如表 2-14 所示。

表 2-14　典型矿井通风网络特征参数

矿井编号	n	m	IL	IP	a_p	d_a	n_j	E	A_{PL}	N	C
M1	40	26	15	16	31	3.08	16	2.86	3.78	41	0.71
M2	53	36	18	19	32	2.94	15	2.92	4.43	52	1.06
M3	88	57	32	33	480	3.09	21	3.81	6.30	91	1.86
M4	143	100	44	45	191	2.86	57	3.87	5.19	136	2.45
M5	159	109	51	52	166	2.92	56	3.93	5.19	155	2.63

表 2-14(续)

矿井编号	n	m	IL	IP	a_p	d_a	n_j	E	A_{PL}	N	C
M6	166	107	60	61	1 788	3.10	40	4.38	7.36	172	2.78
M7	143	99	45	46	206	2.89	60	3.91	4.96	138	2.46
M8	179	116	64	65	2 440	3.09	41	4.29	7.43	184	2.88
M9	195	128	68	69	2 148	3.05	75	4.48	8.08	198	2.99
M10	212	138	75	76	2 522	3.07	78	4.68	8.61	217	3.12
M11	229	148	82	83	4 774	3.09	80	4.73	9.09	236	3.24
M12	258	175	84	85	7 133	2.95	94	4.87	8.08	254	3.34
M13	280	188	93	94	7 683	2.98	104	4.98	9.07	278	3.48
M14	312	210	103	104	8 013	2.97	119	5.09	9.37	309	3.63
M15	353	235	119	120	8 845	3.00	136	5.25	9.90	354	3.82
M16	416	277	140	141	18 802	3.00	158	5.42	10.30	417	4.06
M17	453	300	154	155	20 185	3.02	170	5.49	10.41	456	4.19
M18	543	350	194	195	21 255	3.10	203	5.74	10.51	562	4.49
M19	520	338	183	184	20 290	3.08	194	5.70	10.61	533	4.41
M20	445	291	155	156	14 120	3.06	171	5.51	10.11	454	4.18
M21	393	258	136	137	10 343	3.05	146	5.35	9.22	399	3.99
M22	337	222	116	117	9 550	3.04	129	5.18	8.75	341	3.77
M23	302	202	101	102	8 821	2.99	115	5.04	8.71	301	3.59

2.6.2 矿井通风网络特征参数关系

（1）矿井通风网络特征参数相关性分析

矿井通风网络的基本特征参数有分支数 n、节点数 m、独立回路数 IL、独立通路数 IP、所有通路数 a_p、平均节点度 d_a、角联分支数 n_j、网络结构熵 E、平均路径长度 A_{PL}、等效分支数 N 与通风网络结构复杂度 C。为分析各特征参数的相关关系，以表 2-14 中的典型矿井通风网络数据为基础，借助 SPSS 软件对其进行双变量相关性分析，各特征参数都属于定距变量，故选择 Pearson 相关系数进行分析，结果如表 2-15 所示。

表 2-15　特征参数间 Pearson 相关系数

		n	m	IL	IP	a_p	d_a	n_j	E	A_PL	N	C
n	Pearson 相关性	1.000	0.999	0.998	0.998	0.956	0.259	0.991	0.945	0.903	0.999	0.939
	显著性（双侧）		0	0	0	0	0.233	0	0	0	0	0
m	Pearson 相关性	0.999	1.000	0.995	0.995	0.955	0.230	0.993	0.947	0.901	0.998	0.942
	显著性（双侧）	0		0	0	0	0.291	0	0	0	0	0
IL	Pearson 相关性	0.998	0.995	1.000	1.000	0.955	0.312	0.985	0.939	0.903	1.000	0.930
	显著性（双侧）	0	0		0	0	0.147	0	0	0	0	0
IP	Pearson 相关性	0.998	0.995	1.000	1.000	0.955	0.312	0.985	0.939	0.903	1.000	0.930
	显著性（双侧）	0	0	0		0	0.147	0	0	0	0	0
a_p	Pearson 相关性	0.956	0.955	0.955	0.955	1.000	0.276	0.946	0.852	0.840	0.956	0.831
	显著性（双侧）	0	0	0	0		0.202	0	0	0	0	0
d_a	Pearson 相关性	0.259	0.230	0.312	0.312	0.276	1.000	0.184	0.275	0.411	0.286	0.198
	显著性（双侧）	0.233	0.291	0.147	0.147	0.202		0.402	0.204	0.051	0.185	0.365
n_j	Pearson 相关性	0.991	0.993	0.985	0.985	0.946	0.184	1.000	0.928	0.877	0.989	0.922
	显著性（双侧）	0	0	0	0	0	0.402		0	0	0	0

表 2-15（续）

		n	m	IL	IP	a_p	d_a	n_j	E	A_{PL}	N	C
E	Pearson 相关性	0.945	0.947	0.939	0.939	0.852	0.275	0.928	1.000	0.964	0.942	0.990
	显著性（双侧）	0	0	0	0	0	0.204	0		0	0	0
A_{PL}	Pearson 相关性	0.903	0.901	0.903	0.903	0.840	0.411	0.877	0.964	1.000	0.903	0.934
	显著性（双侧）	0	0	0	0	0	0.051	0	0		0	0
N	Pearson 相关性	0.999	0.998	1.000	1.000	0.956	0.286	0.989	0.942	0.903	1.000	0.935
	显著性（双侧）	0	0	0	0	0	0.185	0	0	0		0
C	Pearson 相关性	0.939	0.942	0.930	0.930	0.831	0.198	0.922	0.990	0.934	0.935	1.000
	显著性（双侧）	0	0	0	0	0	0.365	0	0	0	0	

统计学认为 R^2 介于 $0\sim1$ 之间，越接近 1，模型越精确，回归拟合效果越好，一般认为 $R^2>0.8$ 的模型拟合优度比较高。通过对表 2-15 的分析可知：

① n 与 m、IL、IP、a_p、n_j、E、A_{PL}、N、C 的相关系数均大于 0.90，显著性（双侧）的值都为 0，小于 0.01，表示显著相关；

② d_a 与其他参数几乎不相关，因为每个矿井通风网络平均节点度 d_a 基本都为 3，相当于常量，与其他参数关系不大。

（2）分支数 n 与节点数 m 关系研究

从表 2-15 可知，n 与 m 的 Pearson 相关系数为 0.999，是强相关的，它们之间必然存在某种关系，因此尝试利用 Excel 进行回归分析。基于表 2-14 中典型矿井通风网络分支数和节点数进行回归分析发现，n 与 m 有明显的线性关系，如图 2-15 所示。因此 m 和 n 的关系可以用式（2-22）表示：

$$m = kn \tag{2-22}$$

从典型矿井数据回归分析可知 k 为常数，一般可以取值 0.658 7，即可以得到式（2-23）。

$$m = 0.658\ 7n \tag{2-23}$$

由式(2-16)、式(2-22)、式(2-23)可推导出通风网络的平均节点度,针对矿井通风网络的实际情况,平均节点度 d_a 一般为常数,在 3 上下小幅波动,通过回归分析可知, d_a 可以取值 3.036,如式(2-24)所示。

$$d_a = \frac{2n}{m} = \frac{2}{k} = \frac{2}{0.658\ 7} = 3.036 \tag{2-24}$$

m 和 n 的关系可以用式(2-25)来表示。

$$m = \frac{2}{d_a}n \tag{2-25}$$

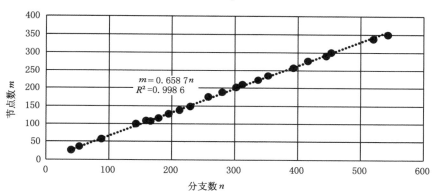

图 2-15　节点数 M 与分支数 N 的线性关系

(3) 分支数 n 与独立回路数 IL、独立通路数 IP 关系研究

由图论可知 $IL = n - m + 1$, $IP = n - m + 2$,结合式(2-25)可得式(2-26)和式(2-27),故 IL、IP 都与分支数 n 存在线性关系。

$$IL = n - \frac{2}{d_a}n + 1 = (1 - \frac{2}{d_a})n + 1 \tag{2-26}$$

$$IP = n - \frac{2}{d_a}n + 2 = (1 - \frac{2}{d_a})n + 2 \tag{2-27}$$

由式(2-26)、式(2-27)可知,如果 n 取值比较大时,公式中的 1 和 2 常数项可省略,对计算结果影响不大,可以得到式(2-28)。

$$IL = IP = (1 - \frac{2}{d_a})n \tag{2-28}$$

(4) 分支数 n 与角联分支数 n_j 关系研究

由表 2-15 特征参数相关性分析可知,分支数 n 与角联分支数 n_j 的 Pearson相关系数为 0.991,为显著相关。基于表 2-14 中典型矿井通风网络分支数和角联分支数进行回归分析发现, n 与 n_j 有明显的线性关系,如图 2-16 所示。

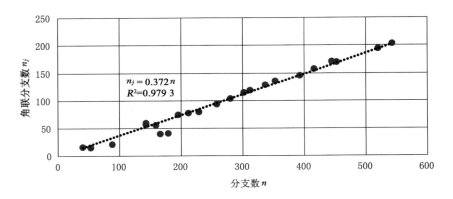

图 2-16　角联分支数 n_j 与分支数 n 的线性关系

由图可知 $R^2 = 0.979\ 3$，拟合效果理想，故角联分支数 n_j 与分支数 n 的关系为：

$$n_j = 0.372 \times n \tag{2-29}$$

（5）分支数 n 与所有通路数 a_p 关系研究

由上文中的相关性分析可知，分支数 n 与所有通路数 a_p 的 Pearson 相关系数为 0.956，也具有显著相关性。选取较为接近的几种曲线进行拟合分析后，发现二次拟合效果比较理想，如图 2-17 所示。

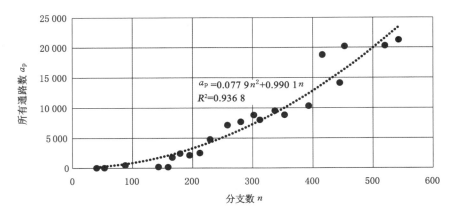

图 2-17　所有通路数 a_p 与分支数 n 的二次多项式关系

由图可知 $R^2 = 0.936\ 8$，拟合效果理想，故所有通路数 a_p 与分支数 n 的关系为：

$$a_p = 0.077\ 9n^2 + 0.990\ 1n \tag{2-30}$$

（6）分支数 n 与等效分支数 N 及通风网络结构复杂度 C 关系研究

上文中介绍了等效分支数 N 与通风网络结构复杂度 C 的具体定义，由相关性分析可知分支数 n 与 N、C 都为显著相关，存在某种关系，故由式（2-16）、式（2-20）、式（2-21）可以得：

$$N = \frac{d_a}{3}N \tag{2-31}$$

$$C = 1.442\ 7\ln\left(\frac{d_a}{3}N\right) - 4.643\ 9 \tag{2-32}$$

（7）分支数 n 与平均路径长度 A_{PL} 关系研究

由上文中的相关性分析可知，分支数 n 与平均路径长度 A_{PL} 的 Pearson 相关系数为 0.903，为显著性相关。以平均路径长度 A_{PL} 为 X 轴，分支数 n 为 Y 轴进行曲线拟合，如图 2-18 所示。

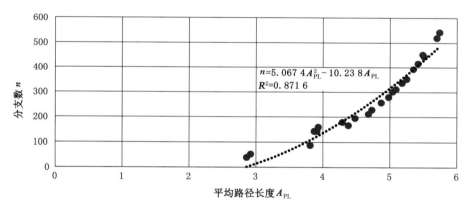

图 2-18　分支数 n 与平均路径长度 A_{PL} 的二次多项式关系

由图可知 $R^2 = 0.871\ 6$，拟合程度较理想，故分支数 n 与平均路径长度 A_{PL} 的关系为：

$$n = 5.067\ 4A_{PL}^2 - 10.238A_{PL} \tag{2-33}$$

（8）分支数 n 与网络结构熵 E 关系研究

由表 2-15 可知，分支数 n 与网络结构熵 E 的 Pearson 相关系数为 0.945，为显著性相关。以网络结构熵 E 为 X 轴、分支数 n 为 Y 轴进行曲线拟合，结果如图 2-19 所示。

由图可知 $R^2 = 0.974\ 9$，幂指数拟合效果理想，故分支数 n 与网络结构熵 E 的关系为：

$$n = 1.076\ 7E^{3.503\ 5} \tag{2-34}$$

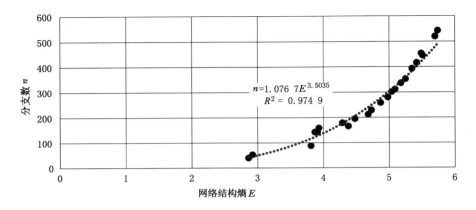

图 2-19 网络结构熵 E 与分支数 n 的幂关系

（9）特征参数相互关系

结合以上各个参数关系分析，综合式（2-25）、式（2-28）、式（2-29）、式（2-31）、式（2-33）、式（2-34）可以得到：

$$n = \frac{d_a}{2}m = \frac{d_a}{d_a - 2}IP = \frac{d_a}{d_a - 2}IL = 2.688\ 2n_j$$

$$= \frac{3}{d_a}N = 5.067\ 4\ A_{PL}^2 - 10.238A_{PL} = 1.076\ 7E^{3.503\ 5}$$

$$(2-35)$$

如果将等式（2-24）代入式（2-35），则可以得到：

$$n = 1.518m = 2.930\ 5IP = 2.930\ 5IL = 2.688\ 2n_j$$

$$= 0.988\ 1N = 5.067\ 4\ A_{PL}^2 - 10.238\ 0A_{PL} = 1.076\ 7E^{3.503\ 5} \quad (2-36)$$

由式（2-36）可知 n、m、IP、IL、n_j、N 之间为线性函数关系。

不同的通风网络，由于分析时简化程度略有不同，平均节点度 d_a 在略大于 3 的一个常值上下浮动，通过大量数据回归分析得出 d_a 取值 3.036 比较合适。如果不是精确计算，d_a 可以直接取值 3 或 3.036 0，如果要精确计算，d_a 可以由 $d_a = 2n/m$ 计算得到精确值。

如果将 $d_a = 3.036$ 代入式（2-32），则可以得到 $C = 1.442\ 7\ln(1.012n) - 4.643\ 9$，利用该公式计算各个通风网络结构复杂度，与原先的结构复杂度排序一致，说明可以基于简化后的结构复杂度 C 计算模型进行通风网络结构复杂度的计算与比较，而且更加简单方便。

参考文献

[1] 魏连江,王德明,王琪,等.构建矿井通风可视化仿真系统的关键问题研究[J].煤矿安全,2007,38(7):6-9.

[2] 魏连江,王德明.基于构件的矿井通风安全管理系统的开发研究[J].中国矿业,2006,15(12):25-27.

[3] 周福宝,王德明.网络解算分支反向原因剖析及调节[J].矿业安全与环保,2000,27(4):37-38.

[4] 倪景峰.矿井通风可视化仿真系统可视化研究[D].阜新:辽宁工程技术大学,2004.

[5] 倪景峰,刘剑,李雨成.矿井通风网络可视化拓扑关系建立和维护[J].辽宁工程技术大学学报,2004,23(6):724-726.

[6] 段东.矿井通风系统拓扑关系自动生成的研究及风网解算[D].阜新:辽宁工程技术大学,2005.

[7] 吴兵,卢本陶,水林娜.用最长路径法自动生成通风网络图[J].煤矿安全,2006,37(6):1-3.

[8] 魏连江,许占营,郝宪杰,等.复杂通风网络最简准等效拓扑研究[J].金属矿山,2012(1):158-160.

[9] 贾进章,郑丹,刘剑.通风网络中通路总数确定方法的改进[J].辽宁工程技术大学学报,2003,22(1):4-6.

[10] 刘剑,贾进章,刘新.用独立通路法确定矿井通风网络的极值流[J].辽宁工程技术大学学报,2003,22(4):433-435.

[11] 刘剑,贾进章,郑丹.基于独立通路思想的风网平衡图绘制数学模型研究[J].煤炭学报,2003,28(2):153-156.

[12] 陈长华.用通路法确定通风网络最优断面与风压[J].辽宁工程技术大学学报,2003,22(4):448-449.

[13] 刘剑,贾进章,于斌.通风网络含有单向回路时的通路算法[J].辽宁工程技术大学学报,2003,22(6):721-724.

[14] 魏连江,周福宝,朱华新.通风网络拓扑理论及通路算法研究[J].煤炭学报,2008,33(8):926-930.

[15] 李湖生.用电子计算机模拟火灾时期矿井通风系统的风流状态[J].煤矿安全,1988,19(4):13-14.

[16] 李湖生.矿井通风网络图CAD软件的研制[J].煤矿安全,1996,27(10):

1-4.

[17] 李湖生.由通风网络结构数据自动生成曲线网络图[J].煤矿安全,1998,29
(1):9-12.

[18] SONG W T,CAI K,FENG R Q,et al. The complexity of network coding
with two unit-rate multicast Sessions[J]. IEEE Transactions on Informa-
tion Theory,2013,59(9):5692-5707.

[19] 倪景峰,陶红福,杨富强,等.矿井通风网络压能图节点分层算法研究[J].
中国安全生产科学技术,2020,16(2):49-53.

[20] 汪亮,张峰,朱华新,等.三河尖矿通风系统网络图的自动绘制研究[J].矿
业工程,2009,7(4):60-62.

[21] 郝宪杰,魏连江,张宏捷.通风网络拓扑关系的自动建立研究[J].煤矿安
全,2008,39(11):18-20.

[22] 郝宪杰,张宏捷,沈龙,等.通风网络图的自动生成研究与实现[J].煤矿现
代化,2008(5):48-49.

[23] WATTS D J,STROGATZ S H. Collective dynamics of ′small-world′ net-
works (see comments)[J]. Nature,1998,393:440-442.

[24] 魏连江,汪云甲,方宗武.复杂通风网络简化过程与原理研究[J].中国矿业
大学学报,2010,39(4):480-483.

[25] 吴超,王从陆.复杂矿井通风网络分析的参数调节度数字实验[J].煤炭学
报,2003,28(5):477-480.

[26] WEI L J. Topology theory of mine ventilation network[J]. Procedia Earth
and Planetary Science,2009,1(1):354-360.

[27] 杨运良.矿井通风系统网络结构复杂程度的评价[J].煤矿安全,1998(1):
32-34.

[28] MODRAK V,SEMANCO P. Structural complexity assessment:a design
and management tool for supply chain optimization[J]. Procedia CIRP,
2012,3:227-232.

[29] MODRAK V,MARTON D. Structural complexity of assembly supply
chains:a theoretical framework[J]. Procedia CIRP,2013,7:43-48.

[30] SCHUH G,POTENTE T,VARANDANI R M,et al. Methodology for
the assessment of structural complexity in global production networks
[J]. Procedia CIRP,2013,7:67-72.

[31] MUSTAFA N,AHEARN T S,WAITER G D,et al. Brain structural
complexity and life course cognitive change[J]. NeuroImage,2012,61

(3):694-701.

[32] LAW V J,O'NEILL F T,DOWLING D P. 3-dimensional (orthogonal) structural complexity of time-series data using low-order moment analysis[C]. Kos,Greece:AIP,2012:670-673.

[33] RAMASUBBU N,KEMERER C F,HONG J. Structural complexity and programmer team strategy:an experimental test[J]. IEEE Transactions on Software Engineering,2012,38(5):1054-1068.

[34] KRIVOVICHEV S V. Structural complexity of minerals:information storage and processing in the mineral world[J]. Mineralogical Magazine, 2013,77(3):275-326.

[35] HU Y N,KOROLEVA O I,KRSTIC M. Nonlinear control of mine ventilation networks[J]. Systems & Control Letters,2003,49(4):239-254.

[36] SUVAR M,CIOCLEA D,GHERGHE I,et al. Advanced software for mine ventilation networks solving[J]. Environmental Engineering and Management Journal,2012,11(7):1235-1239.

[37] LEI P Y E. The evaluation of complex degree of mine ventilation network structure[M]. Beijing:Science Press,2007.

[38] MCCABE T J. A complexity measure[J]. IEEE Transactions on Software Engineering,1976,2(4):308-320.

[39] MCCABE T J,BUTLER C W. Design complexity measurement and testing[J]. Communications of the ACM,1989,32(12):1415-1425.

[40] WANG Y J,MUTMANSKY J M. Modeling mine ventilation networks using five basic network elements[J]. Mining Engineering,1997,49(12): 65-69.

[41] ZHOU F,WEI L,CHEN K,et al. Analyses of cascading failure in mine ventilation system and its effects in a serious mine gas explosion disaster [J]. Journal of Failure Analysis and Prevention,2013,13(5):538-544.

[42] WU F L,WANG H G. Study on the Simplification of Mine Ventilation Network Including Simple Diagonal Branches[J]. The Second China Energy Scientist Forum,2010(1-3):329-331.

[43] 赵丹,刘剑,潘竞涛,等. 基于并行计算的通风网络角联结构识别分析[J]. 煤炭学报,2009,34(9):1208-1211.

[44] 司俊鸿,陈开岩. 基于无向图的角联独立不相交通路法[J]. 煤炭学报, 2010,35(3):429-433.

［45］李伟,张浪,王翰锋,等.基于改进节点位置法的角联风路识别［J］.煤炭科学技术,2012,40(11):77-79.

［46］ZHANG S,YAO Y,HU J,et al. Deep autoencoder neural networks for short-term traffic congestion prediction of transportation networks［J］. Sensors,2019,19(10):2229.

［47］程磊,杨运良,熊亚选.矿井通风系统评价指标体系的研究［J］.中国安全科学学报,2005,15(3):91-94.

［48］魏连江,周福宝,梁伟,等.矿井通风网络特征参数关联性研究［J］.煤炭学报,2016,41(7):1728-1734.

［49］NAKKAS A,XU Y. The impact of valuation heterogeneity on equilibrium prices in supply chain networks［J］. Production and Operations Management,2019,28(2):241-257.

［50］肖显静,何进.生态系统生态学研究的关键问题及趋势:从"整体论与还原论的争论"看［J］.生态学报,2018,38(1):31-40.

［51］黄光球,徐晓龙,陆秋琴.复杂通风网络总风阻快速计算方法［J］.安全与环境学报,2016,16(1):66-71.

［52］周福宝,魏连江,夏同强,等.矿井智能通风原理、关键技术及其初步实现［J］.煤炭学报,2020,45(6):2225-2235.

3　矿井通风可视化仿真系统开放式架构及开发模式

矿井通风可视化仿真系统经过中外专家近几十年的研究,已经取得了许多成果[1-4],但是也存在一些突出的共性问题,如集成效果不理想、适应业务变化的能力差和系统总成本高、维护和可持续开发困难等[5-8]。因而对矿井通风可视化仿真系统的架构研究也就成了一个不可回避的问题,它是关系到一个矿井通风可视化仿真系统建设成败的关键。本书将基于 GIS 理论和微软的最新开发平台来构建矿井通风可视化仿真系统,研究和实现插件式矿井通风可视化仿真系统的开放式架构,这种架构可以将各种功能以插件的形式动态插入系统中,提高系统的开放性。

在矿井通风可视化仿真系统研发过程中,一般要经历需求分析、高层设计、详细设计、编码、测试和运行维护等几个阶段。高层设计是重要的一环,它的核心任务就是通过系统架构,搭建用户和系统开发人员沟通的“桥梁”。架构规划是对构成系统的各组件的行为模式、组件之间的接口和协作关系等问题的决策总和,它是仿真系统详细设计等阶段的先导和基础,是仿真系统详细设计人员的工作指南,一旦确定,将决定整个矿井通风可视化仿真系统的面貌和运作效率的上限,因而是矿井通风可视化仿真系统研究的重点[9]。

本章将在研究矿井通风可视化仿真系统国内外研究现状和系统需求的基础上,提出一种使用插件机制改进的矿井通风可视化仿真系统开放式架构模型,为系统增加开放性。该架构模型以实现业务流程与核心功能模块的完全分离和完善插件机制为基础,以通风仿真业务流程的集成管理为核心,具有良好的可扩展性、灵活性与开放性。

3.1　矿井通风可视化仿真系统需求

关键需求决定架构,在初始阶段应确定出一些对系统起关键作用的需求,这些需求通常对创建架构具有重要影响。另外,还要识别用户需求中一些难以实现的、未知的或者存在风险的元素。

　　把可视化仿真系统应用于矿井通风,便形成了矿井通风可视化仿真系统。矿井通风可视化仿真系统可以动态地对通风系统进行研究和分析。用户可以任意调节通风动力和改变通风网络(如增加删减巷道、通风机和通风构筑物,调节风门大小等)来高效仿真矿井的通风系统变化,给决策者或管理人员提供调整或优化的参考依据。

　　作为能够准确、直观、及时、全面地反映通风状况的矿井通风可视化仿真系统,必须具有以下一些功能:矿井通风系统图的输入、编辑与显示,矿井通风系统风流分配仿真及其仿真结果的处理与分析,巷道和节点方便快捷的查询,巷道风流方向和通风参数的自动标注,巷道开掘与报废、风门位置的变动模拟,风网图和双线图等相关图件的自动绘制,通风机可视化仿真,矿井通风系统的三维可视化仿真以及日常通风管理工作。

3.2　矿井通风可视化仿真系统设计与开发原则

　　系统设计工作的优劣直接影响系统的质量好坏,应对通风可视化仿真系统的架构进行深入细致的研究,充分利用煤矿企业提供的网络环境实现分布、并行等处理功能,满足日益广泛的分布式网络应用的需求,增强网络功能。为提高系统设计的质量,系统设计须遵照国家技术标准和指导性原则,依据信息化建设与系统建设的具体目标和要求,本着以下原则对矿井通风可视化仿真系统进行总体设计。

　　(1)先进性与前瞻性原则

　　总体设计要确保技术的先进性和实用性,使系统具有良好的可扩展性和灵活性,以适应信息技术快速发展的趋势,满足当前及未来对系统的应用需求。

　　(2)现实性和可操作性原则

　　从用户信息化建设的现状出发,总体规划设计,从具体需求着手,强调现实可行性、实用性。

　　(3)用户至上原则

　　用户是系统及其服务赖以生存的基础。以用户为中心,力求开发的成果易于使用和维护,确实减轻系统用户的工作强度,提高日常管理工作的效率。

　　(4)总体设计、分步实施原则

　　系统的设计要贯彻系统工程的理论和方法,总体设计方案与工程实施方案要衔接配套,须有利于平台集成、应用集成和信息集成,且必须在统一领导下,统一规划,统一管理,有序实施。

　　(5)数据完备、数据统一原则

系统必须有完备、准确的数据。这是系统运行成功的关键。没有数据的系统是空架子,不可能实用化。另外,数据必须统一,减少冗余。

(6) 可靠性、可用性、安全性、实用性和可维护性原则

系统必须运行在可靠的数据、软件、硬件基础上,这是系统稳定运行的前提;在此基础上,应用系统与操作系统有比较明确的接口规范。应用系统要经过严格测试,有较强的容错能力,确保可靠运行。属性数据采用关系式数据库结构设计,与应用图层紧密相连,方便与地理信息相关的查询。系统具有多层安全保护机制,确保各项数据的完整性、准确性和安全性,系统应对客户端没有特殊的要求。

(7) 扩展性原则

在应用系统的设计与开发方面,依据标准化和模块化的设计思想,在此基础上建立具有一定灵活性和可扩展性的应用平台,使系统不仅在体系结构上保持很大的开放性而且同时提供各种灵活可变的接口,系统内部也保持相当程度的可扩充性。

(8) 开放性原则

作为面向服务的应用型专业系统,客观上要求它必须具有良好的开放性,必须符合相关的工业标准,以充分保障系统与其他应用系统的无缝集成,便于系统的集成和数据共享。系统提供开放式组织结构,易于与其他系统连接。

3.3 矿井通风可视化仿真系统软件体系结构

在研究矿井通风可视化仿真系统的架构之前,需要先确定矿井通风可视化仿真系统的软件体系结构。软件体系结构也就是软件的实现方式,主要有 C/S 结构、B/S 结构和二者的混合式三种方式[10]。

3.3.1 C/S 结构分析

C/S(Client/Server)结构是通过在客户端和服务器端安装不同逻辑实现的软件,以实现资源共享和提供服务的功能。Client/Server 体系结构严格地定义了客户端和服务器端对信息数据的处理范围。在这种工作方式下,将服务器端和客户端的功能做了详细的区分。

(1) C/S 结构的特点

Client/Server 结构在诞生的时候,就以灵活性和易用性得到了很多称赞,因为它将软件和相应的终端捆绑起来并赋予其不同的职能。它发展到今天已经非常成熟,可以把实现友好人机交互界面的任务交给客户端处理,而服务器

端只需完成数据的存储和处理。这种体系结构的优点是：

① 系统功能强大。软件体系的分工可以给系统带来更加强大的功能。系统的每个部分可以相对独立地完成比较专一的工作，将每个功能模块的负载降低。

② 交互能力强。客户端可以拥有非常友好的人机界面，增加了软件的易用性，使工作变得更加轻松。服务器端可以充分利用自己的资源只对客户端进行服务，交流更加简单。

③ 系统运行效率高。由于功能的分类管理，每个部分只完成自己对应的逻辑功能，整个系统的应用效率得到提高。

④ 开发工具和开发手段可选择性强。在 C/S 结构的实现过程中，因为很多部分的工作都分担到客户端，所以相应的开发就灵活了许多，可以通过很多不同的工具来实现逻辑应用。

（2）C/S 结构的缺点

虽然 C/S 结构有很多的优点，但是这并不代表它就没有缺点。随着网络的不断发展，应用的业务逻辑也越来越复杂，C/S 结构的缺点也就慢慢地暴露出来了。具体的缺点包括以下几个部分：

① 所开发出来的系统相对比较封闭。在 C/S 结构的应用中大多数这种结构的软件系统都只运行于局域网中，因为在广域网站客户端的软件容易被利用来攻击服务器。

② 系统结构复杂。由于对软件需求的不断增加，C/S 结构的软件系统变得越来越复杂。

③ 开发周期长。因为系统结构变得复杂，开发过程中对相应逻辑的理解和实现也变得复杂，开发周期必然会增加，开发成本也就随之升高。

3.3.2 B/S 结构分析

为了克服 Client/Server 结构所存在的问题，Browser/Server（B/S）结构就诞生了。

B/S 结构即浏览器和服务器结构。它是随着 Internet 技术的兴起，基于 C/S结构的一种变化或者改进结构。B/S 结构的主要工作方式是通过客户端的浏览器发送浏览信息的请求到服务器端，然后服务器端解析这些协议信息，将相应的信息在数据库或其他设备中找到，然后将这些数据再通过协议传递给客户端的浏览器，浏览器再用特殊的方式将信息反馈给使用者。

整个过程中浏览器取代了以前 C/S 结构中 Client 端的应用程序。B/S 结构是在 Internet 等广域网络中对 C/S 结构的一种进化，是用浏览器这种比较通用的客户端软件来取代原有的不能通用的客户端程序。

（1）B/S 结构优点

B/S 结构最大的优点就是可以在任何地方进行操作而不用安装任何专门的软件[11]。其还有很多其他的优点：

① 统一的客户端浏览器为网络和软件系统的应用拓展了空间。由于客户端是通过浏览器来实现的，所以在使用服务的时候，客户不需要特殊的软件来实现，只需要可以上网就可以利用这个系统。

② 维护和升级方式简单。目前，软件系统的改进和升级越来越频繁，B/S 结构的产品明显体现出更为方便的特性。B/S 结构的软件只需要管理服务器，所有的客户端只是浏览器，不需要做任何的维护。无论用户的规模有多大，有多少分支机构，都不会增加任何维护升级的工作量。

③ 成本降低，选择更多。由于客户端采用浏览器，所以软件的开发只针对服务器端，这就极大地降低了开发的成本。

（2）B/S 结构的缺点

服务器运行数据负荷较重，整个系统过于依赖网络，安全性问题层出不穷，开发中过多地考虑客户端的显示问题。

3.3.3 软件体系结构

随着网络的使用越来越普遍，人们对于网络和软件系统的要求也在不断增加。C/S 结构、B/S 结构都有它自己适用的范围，每种结构也都有自身的优点和缺点。C/S 结构只适用于小型的局域网络，可利用其做一些比较灵活的客户端应用；B/S 结构适合于广域网络（Internet）。

因此，矿井通风可视化仿真系统的结构体系是以 C/S 结构为主、B/S 结构为辅的混合式结构。图形编辑等方面的功能主要采用 C/S 结构完成，而仿真图形的浏览、信息的查询和属性数据的维护等采用 B/S 结构和 C/S 结构完成。

3.4 矿井通风可视化仿真系统架构技术

软件架构是一系列相关的抽象模式，用于指导大型软件系统各个方面的设计。软件架构是一个系统的草图[12]。软件架构描述的对象是直接构成系统的抽象组件。各个组件之间连接明确，相对细致地描述组件之间的通信。在实现阶段，这些抽象组件被细化为实际的组件，在面向对象领域中，组件之间的连接通常用接口来实现。

软件架构还包括符合系统完整性、经济约束条件、审美需求和样式。它并不仅注重对内部的考虑,而且还在系统的用户环境和开发环境中对系统进行整体考虑,即同时注重对外部的考虑。

3.4.1 架构设计的目标与标准

架构作为软件设计的高层部分,是一个软件系统从整体到部分的最高层次的划分,是用于支撑更细节设计的框架。无论是采用计划式设计还是演进式设计,都不能忽略软件架构在软件开发过程中举足轻重的地位。许多设计优秀的软件系统,它们的共同特征是具有良好的体系架构。架构设计需要重视如下内容。

① 程序组织。软件架构必须划分出整个系统的功能模块(或者是子系统),以及正确描述模块间的关系。功能模块应基于客户需求与功能特征进行合理地划分。如果没有好的程序组织,系统架构会像一张蜘蛛网一般,看似四通八达,但很容易让开发人员迷失在开发进程中。

② 数据设计。软件系统很难脱离数据而单独存在,因而数据设计会成为制约项目成功的关键。此外,对于软件设计而言,一个好的数据设计还能够提高软件系统的整体性能。

③ 安全性。针对不同的领域,架构师对系统安全的关注程度也不一样,但数据安全是最起码的要求。

④ 性能。不能奢望通过改善硬件系统使得系统性能符合客户的要求,软件设计必须从架构的层面上考虑性能的优化。

⑤ 可扩展性。在新技术出现的时候,一个软件系统应当允许导入新技术,从而对现有系统进行功能和性能的扩展。软件必须能够在用户的使用率、用户的数目增加很快的情况下,保持合理的性能。

⑥ 可靠性。软件系统对于用户的商业经营和管理来说极为重要,因此软件系统必须非常可靠。在架构设计时必须考虑系统可能出现的错误和异常,以及出现错误或异常后应该如何处理。

⑦ 可用性。系统要求界面的风格以及用户的操作必须统一,同时还应考虑用户的体验,以及保证操作流程符合业务规则。有时候界面设计能够得到用户的认可,就意味着项目已经成功了一半。

⑧ 可维护性。一个易于维护的系统可以有效地降低技术支持的花费。

3.4.2 开放式架构技术的特点

使用面向对象基于构件技术和插件机制的开放式架构进行矿井通风可视化仿真系统的开发,可以使通风仿真业务流程就像数据库中的数据一样可以随时修改而不需要更改软件程序本身,业务流程中任何一项活动的执行者可以随时进行调整,从而可以以渐进的方式实现自动化;可以使系统结构和功能逻辑清晰明了,便于仿真系统模块的拆分组合,让项目组成员容易明确项目目标,获得清晰的分工和责任,使整个程序开发过程有序可控。清晰的架构分层和模块划分,也使各对象间相互独立,保证了系统的可维护性、可扩展性和可持续性,也便于开发人员迅速明确错误位置,保证单元模块的开发质量,减少导致系统集成错误的因素;可以使系统具有较强的灵活性、扩展性、兼容性,可以随时调整,便于系统的维护与升级;可以解决异构通风仿真业务流程之间的数据共享和操作方法的无缝集成,充分利用了开放式的强大功能。

无论是三层架构还是四层架构设计的系统,这种多层架构系统与传统 Client/Server 系统的最大区别在于对业务逻辑层的充分剥离。这样做不仅是在设计上使得对于系统的业务需求变得更为容易,更具有以下几个优点:

① 更为清晰的逻辑流程。由于在多层架构中,业务逻辑与数据操作及用户交互分离,这使得在着手进行系统设计时,能够更集中地对业务的流程进行分析,而不必关心业务中具体步骤的细节技术解决,使得整个设计过程变得更有效,针对性更强。

② 功能代码复用性强。随着系统设计中业务逻辑的分离,对于业务中一些通用性的功能模块,通过分层设计,可以使得模块代码独立出来。尤其很多业务逻辑的数据访问都是由一组或几组相同的数据操作组合而成的,通过结合面向对象分析方法,能够使得系统中的代码复用性更强,开发强度大大降低。

③ 分布式部署。在多层架构系统设计中,可以将不同的业务分布在系统的不同主机上,也可以将面向不同客户的同一业务分布在不同主机上。

④ 数据安全。由于数据层与业务层的进一步剥离,在分层架构的系统中,数据层与客户隔离,减少了数据库遭受错误访问或非法攻击的可能性。

3.4.3 具体架构过程分析

在经过架构分析过程后,根据系统结构是 C/S 或 B/S 可提出一个底层架构体系,再进行划分形成 N 层体系,在做出了底层架构体系设计后将之前架构分析中产生的支撑子系统与之进行融合,同时结合非功能性需求,系统的架构图就产生了。

在架构图产生后,就需要做技术的映射,因为在架构图的底层架构体系中列出来的是 layer,那么每个 layer 其设计模型是怎么样的、每个 layer 的依赖是怎么解决的,在解决完了这个部分后需要对之上的支撑子系统进行设计模型、接口的描述。然后,进行支撑子系统的模块划分以及系统功能模块的划分,划分原则依据功能内聚来进行,同时也需考虑架构体系的设计约束。在划分完毕后即产生了系统的模块视图,同时需标明模块的接口关系,在此图绘制完毕后按模块对模块的职责进行描述,同时对其接口做出规范,至此整个架构设计就完成了。

3.5 矿井通风可视化仿真系统开放式架构研究

矿井通风可视化仿真系统的开放式架构是指整个系统采用标准化、模块化设计,采用基于插件机制改进的可复用分层体系架构,每一层分布在一个或若干个 DLL 文件中,业务层所有的业务逻辑功能模块全部采用插件形式提供,以利开发商灵活进行二次开发,数据层中的各种文件格式通过内存空间数据库进行格式转换,以利于用户对矿井通风可视化仿真系统数据的导入导出。

从架构中可以看到各个方面对于整个系统的支持,包括对业务需求、用户需求以及功能需求的满足,架构设计能站在较高的角度来看待、分析整个系统。在经历了分析、设计过程后系统架构得以诞生。系统架构作为系统的一部分,同样要面临需求变化所带来的影响,而同时系统架构作为系统最为基础的部分,是要尽量减少变化所带来的影响。要解决这个矛盾,在做架构设计时就要考虑这些问题,可以采用模式、接口化等多种方式来解决。同时结合自己项目的特点,才能逐步形成架构蓝图。

矿井通风可视化仿真系统往往是复杂的、多维度的和分层次的,但在概念层次上,可归结为三个层次,即用户支持(表示层)、内部业务管理(业务插件层)和信息的采集与更新(数据层),数据层是矿井通风可视化仿真系统的基础,由通风系统的几何信息、拓扑信息、属性信息组成。业务插件层是对矿井通风可视化仿真系统的业务管理,其核心是通风可视化仿真功能模块的自动化,是表示层和数据访问层联系的纽带,它一方面向表示层提供其功能服务,另一方面又要调用数据层提供的数据访问服务,起着承前启后的作用,所有的业务功能模块都是以插件的形式提供的。整体架构分为表示层、业务插件层和数据层等三层,不同层之间、不同模块之间耦合度低,提高了模块的可重用性。系统可通过多个插件的组合来实现,保证了系统的开放性。

应用目前最新的研究成果,基于微软最新的开发平台 DotNet、GDI+、计算机图形学,借鉴软件工程的思想和 GIS 理论,对矿井通风仿真的可视化进行理论研究和整体开放式架构设计。根据矿井通风可视化仿真系统架构要求和软件架构技术,矿井通风可视化仿真系统采用 DotNet 作为其开发语言,系统整体采用传统经典的 C/S 结构与当前主流的 B/S 结构混合模式,主要的业务功能模块全部采用插件形式实现,架构主要采用分层模式。

矿井通风可视化仿真系统的开放式架构主要体现在插件机制上,系统的各种功能均采用插件的形式提供,需求增加时,只需要开发新的插件即可,不需要对原有程序进行变更。

3.6 矿井通风可视化仿真系统架构的实现

基于仿真系统体系结构模型的灵活性、扩展性、兼容性以及集成性和高效率考虑,在分析矿井通风可视化仿真系统需求和系统体系结构的基础上,同时也是对概念层次的具体化,提出如图 3-1 所示矿井通风可视化仿真系统的架构模型。

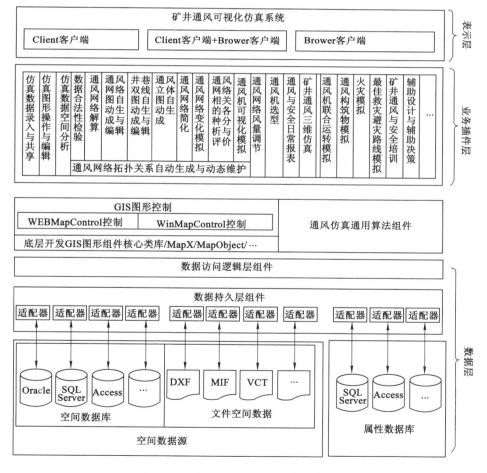

图 3-1　矿井通风可视化仿真系统的架构模型

表示层:表示层也就是界面层,是矿井通风可视化仿真系统的用户接口部分。用于处理用户请求,显示仿真输出的数据。包括目前主流的 Windows 格式(最终编译成 exe 程序供用户使用)和 Web Browser 格式(用户可以通过 Internet Explorer 来使用提供的功能)两种,即系统采用 C/S 和 B/S 混合架构,两种方式都提供通风系统空间数据和属性数据的显示与编辑功能。表示层可以随意改变而对业务插件层、数据层无影响。

业务插件层:业务插件层接受从表示层输入的用户请求,并将其转化为业务逻辑过程能理解的方式,根据特定的业务逻辑有序地向数据访问层发送数据请求,并将数据访问层返回的数据解释组合成用户所需信息,返回给表示层。矿井通风可视化仿真系统的核心功能都在这一层,该层先实现底层开发 GIS 图形组件核心类库以及矿井通风仿真通用算法,然后再实现通风网络解算、通风系统动态仿真、火灾模拟、相关图件的自动生成等通风可视化仿真系统功能插件,最终以动态链接库的形式提供给表示层使用。

数据层:数据层用于解决应用中的持久性问题。矿井通风可视化仿真系统的属性数据源有 Access、SQL Server 等,空间数据源有 Access、SQL Server、SHP、DXF、MIF 和 VCT 等。数据层通过 IProvider 接口对数据源进行抽象,只要能实现 IProvider 接口的数据源就可以支持,IProvider 接口的相交查询通过空间索引实现。在这里考虑了 C/S 与 B/S 的统一,各种数据源的统一,例如,如果想将系统 C/S 改为 B/S,那么由于表示层统一为数据"入口",那么要改的仅仅是添加 B/S 表示层的代码;如果把数据库从 SQL Server 改为 Oracle,那么添加一个实现 IProvider 接口的类就可以了。架构分层以后,负责客户端开发的人员不需要了解复杂的数据源格式和业务逻辑信息,所有的操作请求和结果反馈都是通过访问适配器来进行的。这样减少了开发准备期,极大地减轻了各个模块各个应用层之间的耦合性,提高了系统的拓展性。

3.7 开放式架构的开放规则

出于安全性和可靠性考虑,矿井通风可视化仿真系统开放式架构的开放是有一定限度的,并不是无限开放,需要有一定的开放规则。这里说的开放包括对用户的开放和对软件开发商的开放,但二者的开放内容和开放程度不同。

(1)对用户的开放规则

有些通风管理系统的数据很难与常见的文件格式交流,是封闭式的。本书开放式架构中的数据层对用户开放。数据访问层作为底层数据对外服务的中间层,不仅仅是一个形式上的概念,而且具有实际的存储结构,将不同数据文件、不同数据库纳入统一的容器中进行访问,兼顾提高数据访问和可视化的效率以及实现数据的真正透明,在物理内存中构建统一的结构,各种文件格式的通风网络空间数据和属性数据可通过内存空间数据库进行格式转换,其结构体系如图 3-1 数据层所示,矿井通风可视化仿真系统的空间数据和属性数据可以导入或导出常见的数据格式,方便用户快速构建通风可视化仿真系统,也方便用户将可视化仿真系统的数据与其他系统共享。

高级用户可以通过增加插件的方式实现 IProvider 接口,增加对新数据源的支持。通过对插件的管理,用户可以加载和卸载插件以增删系统的功能。另外架构采用 C/S 和 B/S 混合式架构,用户可以在局域网内进行矿井通风可视化仿真系统的数据编辑、可视化仿真,可以在广域网范围内的任何一台经过授权的电脑浏览仿真结果和编辑通风网络属性信息。

(2) 对软件开发商的开放规则

出于可靠性和安全性考虑,对软件开发者可开放系统原始数据和经过处理的数据、菜单和工具栏的一部分、其他界面元素。对软件开发商的开放主要采用两种方式,一种是利用 DLL 将系统各种功能进行开放,方便二次开发;另一种是通过插件机制和相关接口将主程序的数据和界面元素(菜单、工具栏、工作区等)对软件开发商进行开放,软件开发商可以直接调用系统的原始数据和经过处理的数据,可以方便地增删菜单(插件功能入口)、工具栏,通过添加插件(一个插件一般存在于一个 DLL 文件中)而不需改变主程序的情况下方便地为系统添加新功能。

(3) 做到图形、数据和计算的统一

在架构中保证图形、数据和计算的统一非常重要,在架构中所有图形和计算的数据来源均是通风网络 NetWorkLayer 对象,NetWorkLayer 对象中包含了分支集合和节点集合,通风网络几乎所有的数据都保存在分支集合中,Net-WorkLayer 对象中的数据发生变化,图形也将变化,故可以保证图形、数据和计算的统一。

利用插件机制时,将通风网络 NetWorkLayer 对象开放供软件开发商读取和修改,软件开发商或用户通过开发新的插件增加新的功能时,用的数据是插件机制开放的 NetWorkLayer 对象中的分支集合和节点集合,并且各种图形中的分支对象都是绑定到 NetWorkLayer 对象分支集合中的分支,从而可以保证软件开发商开发时也能够做到图形、数据和计算的统一。

参考文献

［1］吴淑怡.矿井通风监测系统设计与应用［J］.能源技术与管理,2020,45(6)：161-163.

［2］罗武贤.矿井通风三维仿真系统在张双楼矿局部通风系统调整中应用［J］.能源技术与管理,2020,45(6)：15-17.

［3］刘杰.通风可视化仿真系统改进方案的研究［J］.煤炭科技,2018(3)：50-52.

［4］魏连江,王德明.基于构件的矿井通风安全管理系统的开发研究［J］.中国矿业,2006,15(12)：25-27.

［5］肖渭.虚拟现实在矿井通风中的可控可视化应用初探［J］.内蒙古煤炭经济,2018(16)：57-58.

［6］杨志明.浅谈煤矿矿井通风可视化仿真系统［J］.信息通信,2014,27(10)：102.

［7］多依丽.基于OpenGL的矿井通风可视化研究［D］.阜新:辽宁工程技术大学,2011.

［8］赵志军.基于Ventsim的大宁矿通风系统优化改造研究［D］.太原:太原理工大学,2011.

［9］马丽娟.基于软件开发环节中软件架构的作用研究［J］.电子测试,2017(13)：69-70.

［10］曾锡安.基于C/S与B/S混合结构的生态放流远程监测系统研究与开发［D］.兰州:兰州理工大学,2019.

［11］陈刚.基于B/S共享模式矿井通风系统可视化研究及应用［D］.赣州:江西理工大学,2011.

［12］仲萃豪.软件开发与软件架构［M］.北京:科学出版社,2013.

4 矿井通风可视化关键技术与实现

矿井通风可视化仿真系统是一个复杂的大型系统,涉及多个学科,为提高系统开发的成功率,本章将基于.NET、GIS 理论和计算机图形学对矿井通风可视化仿真系统所需的可视化基础平台 MineMap 组件进行研究和实现,为矿井通风可视化仿真研究提供基础可视化平台。

4.1 可视化方法研究

矿井通风可视化仿真系统是应用型信息系统,以通风网络可视化分析及研究作为主要内容,具有通风网络空间数据输入、存储、处理、分析和输出等功能。在开发初期,最主要的是确定可视化方法。矿井通风可视化仿真开发具有多种可视化方法可供选择,可分为从底层独立开发、基于地理信息系统(GIS)的开发平台进行二次开发、利用 GIS 控件(如 MapObject、MapX)进行二次开发和基于成熟绘图软件如 AutoCAD 进行二次开发等几种。

对以上四种可视化方法进行分析比较,可以发现独立开发难度较大,单纯二次开发受 GIS 工具提供的编程语言限制,因此结合 GIS 工具软件与目前可视化开发语言的集成二次开发方式成为 GIS 应用开发的主流,它的优点是既可以充分利用 GIS 工具软件对空间数据库的管理、分析功能,又可以利用其他可视化开发语言具有的高效、方便等编程优点,集二者之所长,但这种方法前期投入较大,需要同时购买 GIS 工具软件和可视化编程软件,成本较高,推广受限制。

利用现有的 AutoCAD 进行二次开发,很难保证通风系统属性数据和空间数据的一致性,基于现有的 GIS 平台或组件的二次开发对于管理通风系统实体的空间数据和属性数据不是很方便,而且通用 GIS 平台的空间分析功能很难应用于矿井通风可视化仿真系统。

综上,要有效对矿井通风系统进行可视化仿真,必须开发矿井通风可视化专用的 GIS 组件,矿井通风可视化仿真系统所需要的决策支持功能需要重新开发。矿井通风可视化仿真系统的图形平台需要从底层开发与矿井通风密切相关的、专业的、功能完善的矿井通风专用 GIS 组件系统,该系统必须具备图形的显示、编辑和常用操作及网络 GIS 的部分功能,还必须具备专业 GIS 平台的部分空间分析和辅助决策功能,下面将对可视化仿真基础的 GIS 组件 MineMap进行研究分析。

4.2　矿井通风可视化仿真基础 GIS 组件 MineMap 研究与实现

　　与矿井通风相关的大量数据多是地下与空间位置相关并且与大量属性信息密切结合的空间信息,一般的 CAD 和 GIS 平台不能完美地表达矿井通风特有的点、线、面及三者之间的相互关系,如果要有效对矿井通风系统进行可视化仿真,必须开发矿井通风专用的 GIS 组件 MineMap,同时考虑到开发矿业类可视化系统的通用性,MineMap 组件不仅需要满足矿井通风可视化仿真系统的需求,还要兼顾矿业特点,满足其他矿业可视化系统的开发,比如在矿井通风可视化仿真系统中,可以显示采掘工程平面图、地质图等一些采矿图件,MineMap要能实现采矿相关的一些特殊符号、线型及填充图案。

4.2.1　MineMap 组件设计思路

　　MineMap 组件的设计旨在为矿井通风可视化仿真系统和矿业可视化系统的开发提供一个基础 GIS 组件和一般性解决方案,为系统开发中的若干常见需求提供统一可行的解决方案,缩短开发时间、提高开发效率、降低开发成本。在MineMap 组件设计中充分考虑各种实际需求,提供多种解决方案,各个部分留有充分的可扩展空间,并且 MineMap 组件的设计实现可以按简单到复杂、低级到高级的原则对功能进行实现。系统各个部分的功能都以插件的形式进行维护升级,为系统的升级提供方便、降低维护成本。

　　MineMap 组件需要包含如下组成部分:管理空间坐标数据的矢量图形系统、管理属性数据的数据库管理系统以及实现矢量图形系统与数据库管理系统双向连接的连接系统。具体如下所示:

　　① 开发相对完整的矢量图形系统;

　　② 开发数据库管理系统可以使用 ADO. NET;

　　③ 建立矢量图形系统与数据库管理系统的连接须具有双向性及稳定性的特点;

　　④ 开发各种空间信息查询统计和分析功能;

　　⑤ 开发多用户 GIS 系统,实现网络化。

4.2.2　MineMap 功能模块划分

根据矿井通风仿真可视化的需要及 MineMap 组件的设计思路,确定以下几个功能模块。

① 通风系统图操作功能。包括图形的放大、缩小、移动、距离测量、点选、框选、闪烁、显亮。

② 通风系统图输出功能。主要是图形的打印输出。

③ 通风系统图导入功能。主要是数据文件的恢复导入,支持多种格式的数据文件导入。

④ 通风系统图编辑功能。主要是通风网络对象的增删、移动、复制等。

⑤ 通风系统图显示功能。主要是控制图层的显示数目,控制相关的标注显示问题,以及地理对象选中之后的闪烁、分类显示、特殊显示(自定义)等。

⑥ 信息查询功能。可以根据属性来查询空间对象,反之也可以根据空间对象来查询其相关的属性信息,查询之后系统自动定位到相关的对象,并以特殊标记显示该对象。

⑦ 图例管理功能。主要对图层进行图例管理,操作结果可以影响到数据库中的内容。

4.2.3　MineMap 架构

考虑到矿井通风仿真可视化开发的灵活性、扩展性,同时也是对概念层次的具体化,提出如图 4-1 所示 MineMap 组件的分层架构模型。

4.2.4　MineMap 数据管理研究

(1) MineMap 数据存储系统研究

通风仿真数据分为空间数据和属性数据。在传统的通风可视化仿真系统中,将两类数据分别存储,利用关系型数据库来存储属性数据;由于空间数据的特殊性,以文件形式存储空间数据;通过在空间数据文件和关系型数据库中的属性数据之间建立关联来读取数据。然而,这种空间数据的文件管理模式在实现数据共享、网络通信、并发控制及数据的安全恢复机制等方面出现了难以解决的问题。因此 MineMap 组件利用关系型数据库来存储和管理矿井通风可视化仿真系统空间数据及属性数据,主要将其存储在 Access 和 SQL Server 数据库中。

Access 和 SQL Server 在对空间信息的支持上,缺乏对几何体的存储,在新的.NET CLR 的支持下,可以真正地添加基于.NET 的对象。在新版本的 SQL

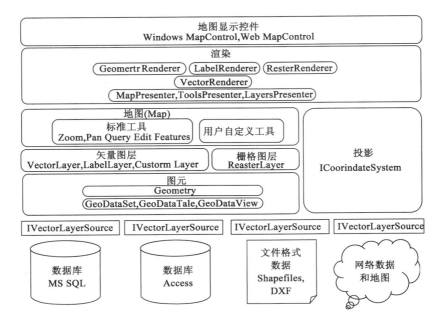

图 4-1　MineMap 组件的架构图

Server 中可以实现简单几何类型的存储，但用户数据类型不能超过8 000字节。

而字节列和用户自定义类型一样，也有 8 000 个字节的限制。将通风系统几何对象以二进制的形式存储在一个图像列中，使用图像列的目的是它能够保存大到 2G 的数据，这对于大多数的几何对象都足够使用。除了几何列之外，还创建了四个实数类型的列，用来存储几何外接矩形框的最大最小坐标值，这能提高基于外接矩形框的查询的效率。其他的列用来存储几何体的属性，主要字段如图 4-2 所示。

Map : 表

字段名称	数据类型
GeoSRID	数字
GeoType	文本
GeoMaxX	数字
GeoMaxY	数字
GeoMinX	数字
GeoMinY	数字
GeoObject	OLE 对象

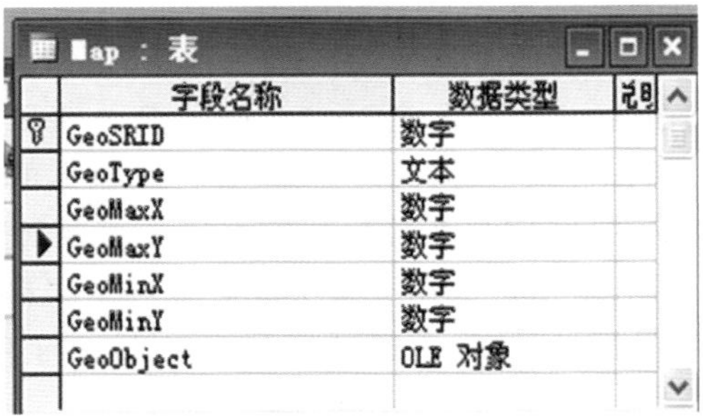

图 4-2　存储几何对象的主要字段

在 MineMap 组件的设计过程中,将矿井通风系统数据全部存储在数据库中,避免了用文本文件存储数据的缺点。将通风网络空间数据和属性数据进行一体化存储,将一个分支或一个节点的空间数据和属性数据全部存储在数据库一个表的同一个记录中,提高了空间数据和属性数据的一致性以及相关操作的效率。

为了更快速、方便地建立矿井通风可视化仿真系统,研究数据共享机制非常有必要。在 MineMap 组件设计中引入了数据源接口的概念,每个图层可以由多种数据源提供数据(如 Access,SQL Server,DXF 等),多种数据源可以基于内存空间数据库进行交换,也就是各种数据格式可以通过内存数据库进行格式转换。具体内容可以参照图 4-1 中 MineMap 组件架构图的数据层。

(2)基于空间索引技术的内存空间数据库引擎研究

矿井通风可视化仿真系统的数据流是从外存到内存,内存和 CPU 进行数据交换,在 CPU 中运算的数据结果返回内存,显示器等终端设备从内存中获取数据。矿井通风可视化仿真系统是一个多客户端系统,客户端频繁地与空间数据库进行数据交换,非 GIS 客户端也需读取空间数据,每一次的刷新都是对空间数据库的一次操作。这些操作有时还需通过一定的数据引擎才能和底层关系数据库交换数据,这种频繁读取硬件设备进行大数据量刷新的时间效率非常低。

减少对硬盘数据库的访问次数,将全局刷新改为增量刷新,将常用数据在硬盘中的访问转移到内存中,可以提高效率。在硬件设备飞速发展的今天,以较大的内存空间换取执行的时间效率是可取的,也是可行的。基于 ADO. NET 的 DataSet 构建了内存空间数据库 GeoDataSet(图 4-3),并用四叉树空间索引技术建立索引,实现对空间数据的快速编辑、显示、查询和分析。

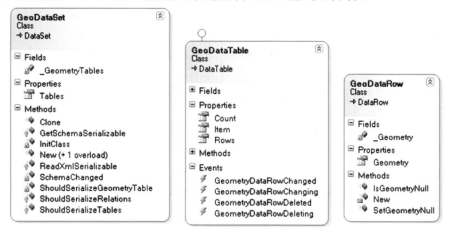

图 4-3 内存空间数据库 GeoDataSet 体系图

兼顾提高数据访问和矿井通风可视化仿真的效率以及实现数据的真正透明,在物理内存中构建统一的结构,将内存加载空间数据的机制称为内存空间数据引擎 SDME(spatial data memory engineering)。其结构体系如图 4-4 所示。设计内存空间数据引擎的数据结构,即在内存上进行空间的划分,根据数据需要进行合理的组织,在内存中进行数据的分析和查询等操作和在硬盘上进行操作具有一致性。

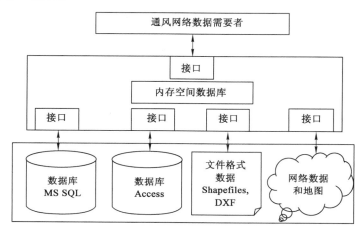

图 4-4 内存空间数据库体系图

通过对 Access 和 SQL Server 的扩展,添加空间功能,以存储通风网络空间数据和属性数据,将空间数据存储在 Access 和 SQL Server 的表中。

4.2.5 MineMap 具体实现

由于矿井通风可视化仿真系统的开发是基于 .NET 框架结构的,因此 MineMap 组件使用纯面向对象的设计语言 C♯ 2019 和 VB 2019 开发,是 MineMap 在具体实现上的一大特色。源代码级的共享和二进制代码级的重用,是 MineMap 在设计上的独到之处。.NET 框架的使用,使得矿井通风可视化仿真系统的开发非常简单,同时基于纯面向对象的设计语言,使得代码方面的重用成为可能。而 MineMap 组件在矿井通风可视化仿真系统具体项目中的使用说明了 MineMap 架构选择和设计的正确性,该系统的设计可达到"一次编写,多平台运行"的目的,内置的大量控件和对话框方便了二次开发。下面将对 MineMap 组件主要功能的实现进行简单介绍。

(1) Geometry(图元)对象的实现

MineMap 支持分支、节点、线、多边形等几何类型。Geometry 在此处指的是对现实世界中抽象出来的各种事物的几何描述，从大的方面来讲，就是点、线、面三种类型，例如，一个风门可以抽象为一个点，一条巷道可以用一条线来描述。

分支、节点、文本标注等所有图元类都实现了 IGeometry 接口，该接口是作为其他具体图元对象接口的父接口而定义的。在该接口中，包含了所有具体图元的相同属性和方法的抽象，可以兼容 OpenGIS、MapX 中对几何类型的规范。MineMap 中的图元对象主要包括点、线、分支、节点等，是进行矿井通风可视化仿真和相关图件自动绘制不可缺少的。Geometry 体系如图 4-5 所示。

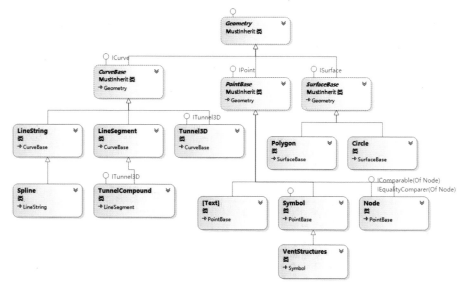

图 4-5   Geometry 体系图

（2）Style（样式）对象的实现

Style 为样式，是在绘制图形时使用的。Style 体系图如图 4-6 所示。在矿井通风可视化仿真系统中保存每一个图元的显示样式，在绘制图形时需要使用样式来显示图元。比如一个图元用来表示巷道，一个图元用来表示河流，它们在文件存储时是没有太大区别的，而在绘制时，由于使用了不同的样式，就可以发现明显的不同。

为了使矿井通风可视化仿真系统显示复杂多样的图形，MineMap 组件中使用样式，且具有丰富的符号库，可以绘制出复杂的符号。系统提供了大量的复杂符号。如图 4-7 所示，点样式中的风门、密闭、通风机、可调节风门等点样式，对于风网解算结果的可视化和通风网络图的显示是必不可少的；系统还提供了 100 多种线型，如图 4-8 所示，其中双线线型对于双线图的快速自动生成非

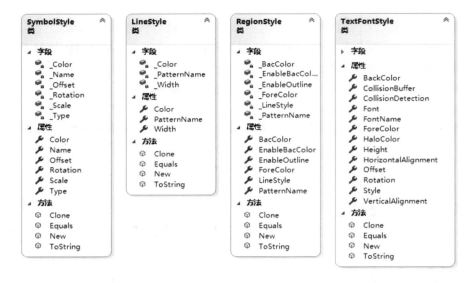

图 4-6　Style 体系图

图 4-7　点样式对话框

常重要,带箭头的线型对于方便网络图的自动生成起着重要的作用。填充图案如图 4-9 所示;文本样式如图 4-10 所示,这些可方便通风系统图件的各种文字样式的标注。

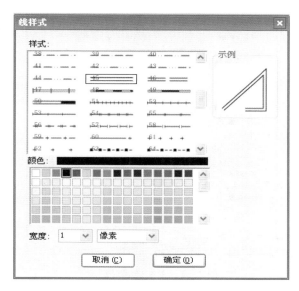

图 4-8　线样式对话框

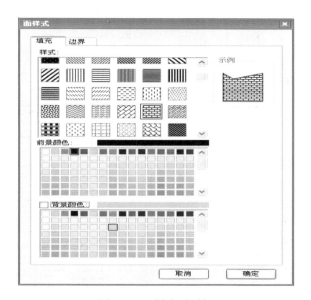

图 4-9　面样式对话框

（3）通风可视化仿真图形显示控件的实现

仿真图形显示控件 MapControl 与 Map 对象密切配合，来完成通风仿真图形的显示与操作功能，MapControl 的编制使得基于 MineMap 组件的通风可视

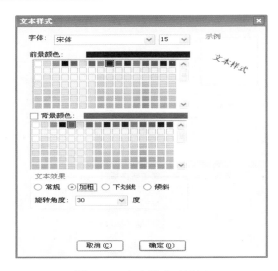

图 4-10　文本样式对话框

化仿真开发变得容易，几行代码就可以完成非常强大的图形可视化功能，而且 MineMap 组件非常通用，MineMap 组件的图形可视化功能可以无缝地集成到矿井通风可视化仿真系统中。

　　MapControl 实现了类似 MapX、MapObject 等通用 GIS 组件图形显示控件的常用功能，MapControl 对象的功能主要通过 Map 对象来完成，Map 对象的数据来源主要是 Map 对象的图层集合中的图层，MapControl 对象类图如图 4-11 所示，图层的主要类型如图 4-12 所示。MapControl 对象通过 ShowLayerControl 方法提供了图层控制对话框，主要包括图层的显示与关闭，设置图层是否可编辑、是否可选择、是否标注，增删图层、最大最小视野等功能。

图 4-11　MapControl 对象类图

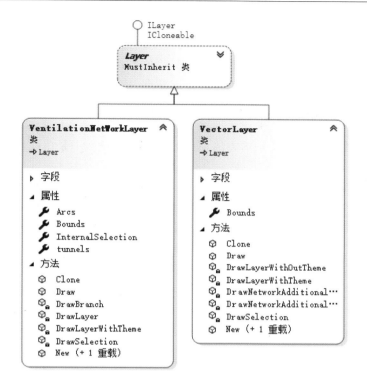

图 4-12　图层对象系列图

4.3　固定宽度双线图及立体图的快速自动生成研究与实现

　　为了能够区分出巷道之间实交或虚交的关系,习惯用双线表示矿井通风系统的巷道,例如 AutoCAD 等绘图软件就采用双线绘制通风系统图,这种方法虽然易于区分巷道间的层位关系,但是随着图形的缩放,双线间的距离变大变小,图形缩放到一定程度时,将使巷道双线之间的连接关系无法看清,而且手工绘制双线图工作量大。目前较为成熟的主要有单线法和双线固定宽度法,其中单线法可对虚交巷道先作交叉点处理,绘制过程简单、工作量小,但不易表达清楚井巷间的层位关系;双线固定宽度法无论缩放,双线宽度始终不变,巷道间连接关系很清楚,但双线坐标实时计算和消隐处理计算量大、运算复杂,且移动增删巷道时图形显示维护较困难。

　　在深入研究矿井通风网络巷道连接关系的基础上,提出用固定宽度单线表示巷道,用自动架桥法和"假双线"法正确区分单线井巷空间层位关系的新方法。"假双线"法无需计算双线坐标,可快速实现通风系统双线图自动绘制。自动生成的双线图可以正确反映巷道间的层位关系,并且可以在双线图基础上自动生成矿井通风系统立体图。该方法计算量小,速度快。

4.3.1 目前区分巷道层位关系的方法及其实现机制

目前区分巷道层位关系的方法,总的来说分为两种,一是单线虚交点法,二是真双线法。

（1）单线虚交点法

单线虚交点法是对虚交巷道作交叉点处理,效果如图 4-13 所示。当两条巷道相互跨越并相交时,对交点处用一小圆弧连接一微小段长度,然后消去两点间线段,使之能清楚地反映出各巷道间跨越的关系。这种方法实现简单、计算量小,但表达井巷间的层位关系时不如双线图效果好。

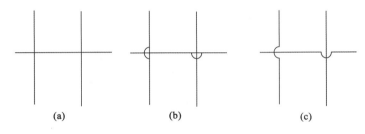

图 4-13　投影直线的虚交点处理

（2）"真双线"法

这种方法是传统的方式,本质是用多个线段对象表示一条巷道来实现双线效果,是效果比较好的一种方式。具体效果如图 4-14(c)所示,具体实现方法分为非固定宽度双线和固定宽度双线两种情况。

① 显示的时候非固定宽度。双线巷道图在显示的时候,双线间距离随着图形的缩放而变大变小。具体实现方法可分为消隐和不消隐两种方法,不消隐即直接用 CAD 或其他软件画出双线(一条双线巷道,要用多条独立的单线组合表示),消隐法是先将单线图实时计算双线坐标转化为双线图,然后将交叉点处作消隐处理。这种方法易于区分巷道间的层位关系,但是不易维护,且图形缩放到一定程度时,将使巷道双线之间的连接关系无法看清。

② 显示的时候是固定宽度。这种方法首先将单线图[图 4-14(a)]实时计算双线坐标转化为双线图[图 4-14(b)],使双线宽度保持不变,然后对交叉点进行

消隐处理[图 4-14(c)]。这是目前较常用的一种方法,这种方法效果非常好,仅在增删移动巷道时图形显示维护困难。

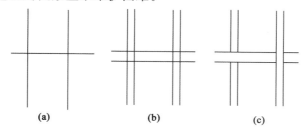

图 4-14 真双线法示意图

(a)单线图;(b)实时计算生成双线;(c)消隐处理后效果

4.3.2 区分巷道层位关系的新方法研究及其实现机制

在深入研究巷道层位关系区分方法的基础上,提出了两种效果比较好的新方法,固定宽度单线架桥法和"假双线"法。

(1)固定宽度单线架桥法

该法是受地图上河流与道路交叉处的"桥"符号启发而来的,其效果如图 4-15 所示。这种方法首先将单线宽度变为 d,在交叉点位于上面的巷道处"架桥",其宽度与单线巷道的宽度相同,并可以更改线段的颜色,使之能清楚地反映出各巷道间跨越的关系。

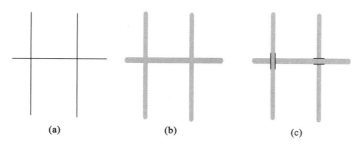

图 4-15 单线架桥法示意图

(2)"假双线"法

通过研究发现,利用双线图和立体图区分巷道层位关系效果最佳,但是进行相关的处理比较困难。如果采用动态方法计算双线坐标,一旦图形系统进行放大和缩小操作,就需要重新计算所有的双线交点坐标,这样就耗费大量的时间。

"假双线"法是一种新的通风系统双线图的自动绘制方法,可以解决上面提到的问题,但"假双线"法的实现机制与以往的方法完全不同。

① "假双线"法的本质。"假双线"法是一种非常有效的通风系统双线图的快速自动绘制方法,该方法的本质是将单线巷道的线型(图 4-16)用固定宽度双线线型表示(效果如图 4-17 所示),再对交叉点处进行消隐处理,无需计算双线坐标来实现双线图快速自动绘制。该双线图的本质还是单线图,但展现出来的是双线图效果(图 4-18)。

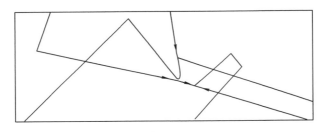

图 4-16　通风系统单线图

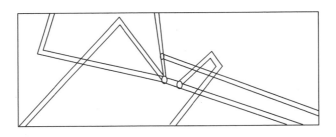

图 4-17　使用双线线型后的效果图

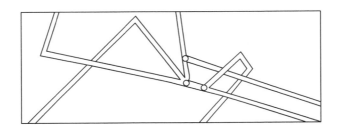

图 4-18　使用双线线型且交叉点处消隐处理后效果图

②"假双线"法通风系统双线图快速自动绘制实现机制。其具体实现机制为：首先将通风系统单线图（图 4-16）的线型由单线线型改为双线线型，改为双线线型后的单线井巷效果图如图 4-17 所示，这时候交叉点没有处理，还是不能区分层位关系。然后再根据双线线型的宽度、巷道与 X 轴的角度进行交叉点的消隐处理，消隐处理交叉点后效果如图 4-18 所示，此时可以非常清楚地表达巷道之间的层位关系。

"假双线法"与固定宽度双线法有本质的不同：固定宽度双线法的每条巷道的双线需要根据巷道中心线坐标、当前图形的中心点及缩放倍数实时计算，计算量非常大，而"假双线法"与此不同，将巷道中心线线型改为双线线型即可得到每条巷道的双线，计算量非常小、运行效率高，可以满足大型的通风系统双线图的快速实时绘制。

③"假双线"法自动生成通风系统立体图。立体图反映巷道之间的层位关系效果更好，利用"假双线"法在自动绘制双线图过程中产生的中间计算数据的基础上，根据巷道与 X 轴角度及光源的方向给巷道添加阴影，很容易拓展生成通风系统立体图，能够更好地反映巷道之间的关系。在双线图基础上自动生成的立体图如图 4-19 所示。

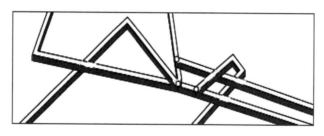

图 4-19   在双线图基础上自动生成的立体图

4.3.3   井巷层位关系区分方法比较

上文介绍了区分矿井通风系统图井巷层位关系的几种方法，这几种方法各有优缺点。具体优缺点如表 4-1 所示。

表 4-1   矿井通风可视化仿真系统图区分井巷层位关系几种方法比较

井巷层位区分方法	用单线还是 双线表示井巷	计算机处理 效率	视觉效果	未来潜力 总体评价
单线架桥法	单线	高	一般	较大

表 4-1(续)

井巷层位区分方法	用单线还是双线表示井巷	计算机处理效率	视觉效果	未来潜力总体评价
"假双线"法	单线(视觉双线)	较高	好	大
"真双线"法	真实双线	低	好	小
单线虚交点法	单线	较高	较好	小

① 单线架桥法:这种方法实现简单,编程容易实现,对于简单的图形层次关系容易看清,但是当多条线段交于一点时,不易"架桥"。这种方法能够区分巷道层位关系,且实现较简单,但效果不如双线图,具体如何"架桥"和"桥"的表现有待于进一步研究。

② "假双线"法:这种方法创造性地用双线线型代替单线线型,无需计算双线坐标来快速自动绘制通风系统双线图,大大降低了计算量,是一种比较好的区分井巷层位关系的方法。

③ "真双线"法:这种方法一条巷道是由多个线段对象组成的,不具有对象的唯一性(单线图一条巷道由一个折线对象表示,具有唯一性),不符合面向对象的编程习惯,编辑维护和属性数据绑定较困难,且在图形显示的时候,需要实时计算双线坐标、节点坐标以及进行消隐处理,计算量大,且移动、增加、删除巷道时图形显示维护困难。

④ 单线虚交点法:该方法绘制简单、工作量小,但视觉效果没有双线图效果好。

通过比较可知,单线架桥法能够区分巷道层位关系,且实现较简单,效率高,但效果不如双线图,具体如何提高"架桥"和"桥"的表现效果有待进一步研究;"假双线"法,是一种新的通风系统双线图的快速自动绘制方法,具有计算量小、执行效率高和易于实现等特点,应用该方法不仅可以大大提高计算机的自动绘图速度,又能正确反映出矿井巷道间的空间层位关系。

4.3.4 通风系统双线图快速自动绘制模型的建立

为了实现通风系统双线图的快速自动绘制,需要建立合适的模型,该模型主要内容如下:

① 通风网络主要由巷道组成,巷道具有始末两个节点,双线图主要绘制双线巷道和节点符号。

② 双线巷道具有固定宽度(假设宽度为 d,d 大于 4 像素),随着图形的缩

放,双线视觉宽度保持不变,能够较好地反映通风网络的连接关系和层位关系。

③ 在节点处绘制节点符号,节点符号是直径为 d 的小圆,节点符号也可以是一个小圆(直径大于 d),在该小圆中心处绘制节点编号。

④ 为提高系统的性能以及不至于图形过于失真,巷道的形状采用折线表示。使用折线表示一条巷道具有很多优点,能够提高系统的性能,使图形接近于实际,且当折线采用双线线型后,该条巷道的双线效果立即可以展现出来,而不需要任何处理,如图 4-20 所示。

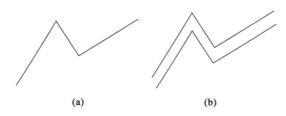

图 4-20   单线线型转双线线型示意图
(a) 单线图;(b) 单线转双线线型后效果

⑤ 节点是两条或两条以上巷道的交点,本模型中在巷道与巷道的实交处都设置节点,节点与节点之间相连的折线即为巷道。这样处理以后,巷道与巷道的实交处只可能发生在节点处,其他地方的平面投影相交都是虚交,虚交处的巷道具有上下关系。

⑥ 只用一个图形对象表示巷道。通风系统中的每条巷道用一个折线对象来表示,而不是用多个线段对象来表示,有利于图形编辑和属性数据的绑定,符合面向对象的编程习惯。

⑦ 自动绘制通风系统双线图时不计算双线坐标。双线效果主要是通过改变单线线型为双线线型(具有固定宽度 d,d 大于 4 个像素)来实现的,为了获得满意的通风系统双线图,巷道连接处和巷道之间的虚交处需要进行消隐处理,消隐处理时也不需要计算双线坐标。

⑧ 交叉点消隐处理。由于巷道在空间真实相交的地方都设置有节点,故在节点处绘制节点符号(由圆和节点编号组成),这样处理以后,巷道与巷道真实的交点只有可能发生在始末节点处。消隐处理只需要处理巷道之间的连接处和虚交处,而不再需要考虑平面上的十字相交、丁字形相交等其他情况。并且,节点处绘制了节点符号,巷道连接处只需要进行消隐处理,而不需要考虑补线操作。计算需要消隐的部分时也不需要计算双线坐标,消隐数据计算主要是根

据双线宽度、巷道与 X 轴的夹角计算出来的;消隐数据计算出来后,记录其相对结构和中心坐标,在以后的图形操作中,如平移、放大、缩小时,不需要反复计算,只需要绘制双线线型的单线巷道和用背景色绘制的需要消隐的部分,而不需要计算双线的坐标和需要消隐的部分,因此处理效率比较高。以上的技术处理大大简化了消隐处理,降低了计算量。

⑨ 双线图形显示维护。在增删移动巷道时,可以采用一定的机制,在消隐对象发生变化时仅重新处理变化交叉点(含新添加、减少和变化的交叉点)处的消隐计算,并记录消隐部分,再更新图形,可以提高自动绘制的效率。

利用上面介绍的模型自动绘制通风系统双线图具有以下几个特点:

① 采用折线而不是一条线段表示巷道,绘制的通风系统双线图接近实际;

② 始终用一个双线线型折线对象表示和绘制巷道,保持了巷道对象的唯一性,符合面向对象的编程习惯;

③ 生成双线图时无需计算双线坐标,提高了效率;

④ 简化了节点处消隐处理,有利于在图形发生变化时进行图形显示维护;

⑤ 利用该模型,还可以快速自动生成通风系统立体图,以更好地表达巷道之间的连接关系。

4.3.5 "假双线"法通风系统双线图快速自动绘制步骤及其实现

通过对"假双线"法通风系统双线图快速自动绘制实现机制及其特点分析,"假双线"法通风系统双线图快速自动绘制步骤和如何实现也就非常清晰了,首先要制作双线线型,其次是更改单线线型为双线线型,最后对交叉点进行消隐处理。

(1) 构造双线线型

GDI+是 GDI 的升级,性能有了很大的改善,而且也更加易于使用,可以基于 VS2008 和 GDI+构造双线线型。设置 GDI+中 Pen 对象的 CompoundArray 属性,可以得到双线效果的线型,具体可以参照相关开发文档,核心代码如下所示:

```
'根据双线线型的宽度 Width 返回双线线型 Pen 对象.
  'Width>2,当 Width>=5 时双线效果较佳
   Function getDoublePen(Width As Single)As Pen
       Dim dblPen As New Pen(Color.Black,Width)
       Dim lwp As Single=1/Width
       dblPen.CompoundArray={0,lwp,1-lwp,1}
       Return dblPen
  End Function
```

（2）将单线线型改为双线线型

更改单线线型巷道为双线线型巷道,单线通风系统图就转变为双线通风系统图,如图4-17所示,视角效果是双线,交叉点还没有进行消隐处理。对于一条巷道采用双线线型后,其内部不需要进行交叉点的消隐处理,如图4-20所示的单线巷道,使用双线线型后双线显示效果好,其本身不需要任何处理,但与其他巷道的交叉点处需要进行消隐处理。

（3）交叉点处消隐处理

将由单线表示的矿井通风巷道转化成有宽度的双线线型表示时,为正确区分巷道的层位关系,必须对交叉点进行消隐处理,只需用二重循环对巷道集合中的所有线段进行两两比较并进行消隐处理。

由于矿井通风系统的复杂性和多样性,不能排除会出现两条以上巷道同交于一点的情况。运用"假双线"法构造消隐部分是对巷道进行两两比较进行消隐的,可以很好地解决两条以上巷道同交于一点的情况。

"假双线"法是一种新的通风系统双线图的快速自动绘制方法,已经在矿井通风可视化仿真系统VSE中应用,实际应用表明"假双线"法具有计算量小、执行效率高和易于实现等特点。应用该方法可以大大提高计算机的自动绘图速度,又能正确反映出矿井巷道间的空间层位关系。

4.3.6 矿井通风系统立体图的自动生成研究与实现

矿井通风系统立体图,是根据投影原理把矿山井巷的立体图形投影到平面上而形成的图形,由于矿井通风系统立体图能较好地表达井巷之间的立体关系,能直观地反映井下巷道空间上的分布及风流的分合,故它是进行通风系统设计和现场施工管理必不可少的图件。基于自动生成的双线图来研究通风系统立体图的快速自动绘制,以更好地表达各巷道之间的连接关系,研究和解决隐藏线处理和立体侧面填充等问题,这将有利于简化绘图过程、提高绘图速度,同时有助于矿井通风可视化仿真系统的推广。

（1）矿井通风系统立体图的自动绘制原理

在双线图的基础上自动绘制矿井通风系统立体图是可行的,可以观察图4-21所示的双线图,是在矿井通风系统单线图的基础上,采用"假双线"法快速自动绘制的矿井通风系统双线图。图4-22是在图4-21双线图基础上通过添加阴影(侧面填充),在交叉点处根据巷道的层位关系对侧面图填充进行消隐而实现的通风系统立体图。该立体图具有较强的立体感,而且是完全采用程序自动绘制的。

（2）矿井通风系统立体图的自动绘制实现

通过研究在双线图的基础上是可以实现立体图的自动绘制的,自动绘制立

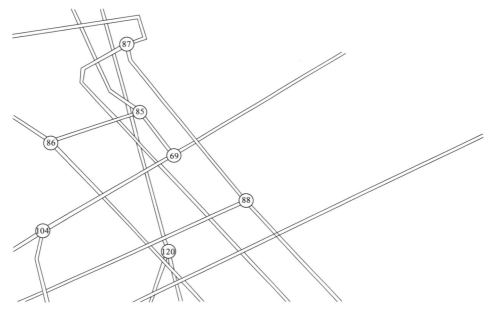

图 4-21 矿井通风系统双线图

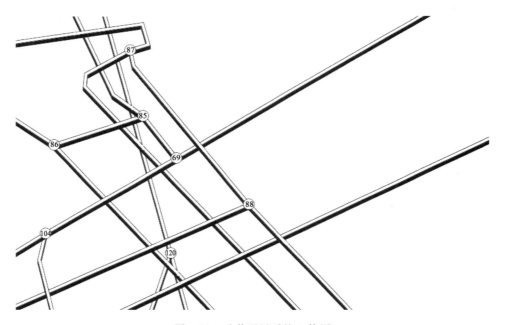

图 4-22 矿井通风系统立体图

体图的前提是必须有双线图,再对其进行处理生成立体图。

① 利用双线法自动生成双线图

详细内容可以参照 4.3 中固定宽度双线图的快速自动生成研究与实现。

② 对每条巷道进行侧面填充

通风立体图的巷道一般由三条线组成。其相邻两条分别组成一个侧面。为了突出立体感,需要对侧面进行填充(即所谓的阴影),还包括隐藏线和隐藏面的处理。为增强立体图的立体感,程序做以下规定:

$0°<$巷道倾角 $a<90°$,填充右侧面;$90°<$巷道倾角 $a<180°$,填充左侧面;

$180°<$巷道倾角 $a<270°$,填充右侧面;$270°<$巷道倾角 $a<360°$,填充左侧面;

$a=0°$ 或 $a=360°$时,填充正侧面。

具体实现的代码如下所示:

```
'立体图添加阴影和阴影消隐处理
            Dim b As New SolidBrush(map.BackColor)
            If MineMap.Mapping.Map.Parameters.NetWorkDrawType =
Enums.NetWorkDrawType.SolidGraph _
            AndAlso hidePlygons IsNot Nothing Then
             For i As Integer=0 To ts.Count-1
                If ts(i).ShouldDrawPolygon Is Nothing Then Continue For
                   For j As Integer=0 To ts(i).ShouldDrawPolygon.
Count-1
                      If ts(i).ShouldDrawPolygon(j)Is Nothing Then
Continue For
                         g.FillPolygon(Brushes.Black,ts(i).Should-
DrawPolygon(j))
                   Next
                Next
                For j As Integer=0 To hidePlygons.Count-1
                   g.FillPolygon(b,hidePlygons(j).ToArray)
                Next
            End If
        '''<summary>
        ''' 求一条巷道的阴影及应消隐的阴影
        '''</summary>
        '''<param name="Points"> 构成一条巷道的点数组(巷道有可能是折线)
</param>
        '''<param name="b1"> 双线巷道宽度的一半</param>
```

```vbnet
        '''<param name="b2"> 巷道高度</param>
        '''<param name="ShouldDrawPolygons"> 阴影多边形集合,元素为点数
组类型(即 PointF())</param>
        '''<remarks> </remarks>
        Public Sub CalculateShadowRegionFromTunnel(Points As PointF
(),ByVal b1 As Double,_
        ByVal b2 As Double,ByRef ShouldDrawPolygons As List(Of PointF()))
            If Points Is Nothing OrElse Points.Length<2 Then Return
            ShouldDrawPolygons=New List(Of PointF())
            '中间变量,用来存储一条双线多段巷道的初始两点、终端两点,以及巷道
转折处的中间两点
            Dim dblPnts(,)As PointF=getShadowDoubleLinePoints(Points,b1)
            If dblPnts Is Nothing OrElse dblPnts.Length<2 Then Return
            For i As Integer=1 To Points.Length-1
                '求一段巷道中的角度,从而判断其所处的象限
                Dim Angle As Single=MineMap.Utilities.Util.GetAngle
(Points(i-1).X,_
    Points(i-1).Y,Points(i).X,Points(i).Y,True)
                Dim iSide As Integer=0
                If (Angle>=90 AndAlso Angle<270)Then iSide=1
                Dim pfs(3)As PointF
                pfs(0)=dblPnts(i-1,iSide)
                pfs(1)=dblPnts(i-1,iSide)+New SizeF(0,b2)
                pfs(2)=dblPnts(i,iSide)+New SizeF(0,b2)
                pfs(3)=dblPnts(i,iSide)
            '隐藏线和隐藏面的处理部分
                Dim InsectPoint As PointF '中间变量,存储交点
                If i<Points.Length-1 AndAlso getIntersectPoint(pfs
(1),pfs(2),_
    dblPnts(i,iSide),dblPnts(i+1,iSide),InsectPoint)=1 Then
                    pfs(2)=InsectPoint
                End If
                If i>1 AndAlso getIntersectPoint(pfs(1),pfs(2),
dblPnts(i-2,iSide),_
    dblPnts(i-1,iSide),InsectPoint)=1 Then
                    pfs(1)=InsectPoint
                End If
                ShouldDrawPolygons.Add(pfs)
            Next
```

```
End Sub
```

（3）在交叉点处进行侧面填充的消隐

在交叉点处进行侧面填充的消隐所需要的大量数据已经在双线消隐计算中计算出来了，为了提高系统的运行效率，对双线消隐函数进行修改，利用双线消隐的中间计算数据来计算侧面填充的消隐。具体实现代码如下所示：

```
'''<summary>
    '''计算双线消隐和立体图侧面消隐
    '''</summary>
    '''<param name="L1"> 巷道 1</param>
    '''<param name="L2"> 与巷道 1 进行比较的巷道 2</param>
    '''<param name="DoubleLineWidth"> 双线宽度</param>
    '''<param name="hidePlygons"> 侧面消隐多边形集合</param>
    '''<returns> </returns>
    '''<remarks> </remarks>
Public Shared Function getCrossLinesHidelines(ByVal L1 As lineStruc-
ture,ByVal L2 As lineStructure,ByVal DoubleLineWidth As Double,ByRef
hidePlygons As List(Of PointF))As HideLine
        If L1.Visit OrElse L2.Visit Then Return Nothing
        Dim insectPoint As Point3D=Nothing
    If LineSegment.getIntersectPoint(L1.A,L1.B,L2.A,L2.B,insect-
Point)<>1 Then Return Nothing
    If insectPoint.Equals2D(L1.A,0.1)OrElse insectPoint.Equals2D(L1.
B,0.1)Then Return Nothing
    '两条线段相交
Dim ABz As Double=getABz(L1.A.X,L1.A.Y,L1.A.Z,L1.B.Z,L1.B.Y,L1.B.Z,
insectPoint.X,insectPoint.Y)
Dim CDz As Double=getABz(L2.A.X,L2.A.Y,L2.A.Z,L2.B.Z,L2.B.Y,L2.B.Z,
insectPoint.X,insectPoint.Y)
        If ABz=CDz Then Return Nothing
        Dim hl As New HideLine
        hl.RelateTunnelIDs=New List(Of Integer)
        hl.RelateTunnelIDs.Add(L1.TunnelID)
        hl.RelateTunnelIDs.Add(L2.TunnelID)
        hl.BasePoint=New Point(insectPoint.X,insectPoint.Y)
        Dim dw As Single=(DoubleLineWidth- 1)/ 2
        Dim points As New List(Of Point3D)
        Dim pA(1)As Point3D
        Dim pB(1)As Point3D
        Dim pC(1)As Point3D
```

```
Dim pD(1)As Point3D
pointAB(L1.A,L1.B,pA,pB,dw)
pointAB(L2.A,L2.B,pC,pD,dw)
Dim InsectPointS(3)As PointF
Dim ip(3)As Integer
ip(0)=getIntersectPoint(pA(0),pB(0),pC(0),pD(0),InsectPointS(0))
ip(1)=getIntersectPoint(pA(0),pB(0),pC(1),pD(1),InsectPointS(1))
ip(2)=getIntersectPoint(pA(1),pB(1),pC(0),pD(0),InsectPointS(2))
ip(3)=getIntersectPoint(pA(1),pB(1),pC(1),pD(1),InsectPointS(3))
hl.LinePoints=New List(Of PointF)
'两条线段成 X 形状相交,且有上下关系,如果两线段在三维空间里相交
则忽略

Dim ps(3)As PointF
If ABz>CDz Then 'AB 在 CD 之上
    hl.LinePoints.Add(InsectPointS(0))
    hl.LinePoints.Add(InsectPointS(2))
    hl.LinePoints.Add(InsectPointS(1))
    hl.LinePoints.Add(InsectPointS(3))
ElseIf ABz<CDz Then 'AB 在 CD 之下
    hl.LinePoints.Add(InsectPointS(0))
    hl.LinePoints.Add(InsectPointS(1))
    hl.LinePoints.Add(InsectPointS(2))
    hl.LinePoints.Add(InsectPointS(3))
End If
'计算侧面消隐
If NetWorkDrawType=Enums.NetWorkDrawType.SolidGraph Then
    If ABz>CDz Then 'AB 在 CD 之上
        Dim ang2 As Single=L2.Angle * 180/Math.PI
        If ang2>=90 AndAlso ang2<270 Then
            ps(0)=InsectPointS(1)
            ps(1)=InsectPointS(3)
            ps(2)=InsectPointS(0)
            ps(3)=InsectPointS(2)
        Else
            ps(0)=InsectPointS(0)
            ps(1)=InsectPointS(2)
            ps(2)=InsectPointS(1)
            ps(3)=InsectPointS(3)
        End If
```

```
Else'AB 在 CD 之下
    Dim ang As Single=L1.Angle*180/Math.PI
    If ang>=90 AndAlso ang<270 Then
        ps(0)=InsectPointS(2)
        ps(1)=InsectPointS(3)
        ps(2)=InsectPointS(0)
        ps(3)=InsectPointS(1)
    Else
        ps(0)=InsectPointS(0)
        ps(1)=InsectPointS(1)
        ps(2)=InsectPointS(2)
        ps(3)=InsectPointS(3)
    End If
End If
hidePlygons=New List(Of PointF)
Dim d=MineMap.Mapping.Map.Parameters.TunnelHeight*
2.5/Distance(ps(1),ps(3))
    hidePlygons.Add(ps(2))
    hidePlygons.Add(ps(3))
hidePlygons.Add(New PointF((ps(3).X-ps(1).X)*d+ps(3).X,(ps(3).Y
-ps(1).Y)*d+ps(3).Y))
hidePlygons.Add(New PointF((ps(2).X-ps(0).X)*d+ps(2).X,(ps(2).Y
-ps(0).Y)*d+ps(2).Y))
        End If
        If hl.LinePoints Is Nothing OrElse hl.LinePoints.Count<2
Then Return Nothing
        Return hl
    End Function
```

完全采用巷道的原始数据,为矿井通风系统立体图的自动生成打下了基础,按比例绘制,从视觉上反映巷道的长短,真实感强。但不能够从任意角度实时观察矿井通风系统的立体图,也就是说自动生成的立体图并不是真正的三维立体图,它的本质是在双线图的基础上添加阴影,增加立体感而已。

4.4 矿井通风系统专题图的实现

4.4.1 矿井通风网络分支专题数据可视化

（1）分支专题数据可视化原理及实现效果

如图 4-23 所示,将矿井通风网络各分支风速数据以相应比例面积值的矩形表示,在同一幅图中按照一定规则和算法绘制出来,即为通风网络分支风速可视化专题图,在该专题图中可以直观快速地分析通风网络各分支的风速分布情况,矩形中显示分支编号、分支名称和相应的风速值。

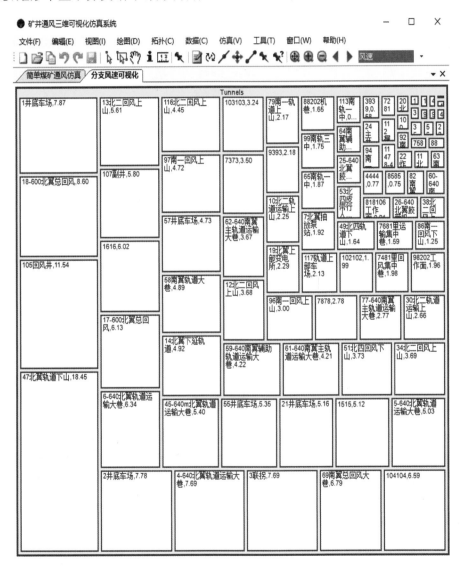

图 4-23　通风网络分支风速数据可视化

同理,可以实现分支风量、风阻、能耗、瓦斯、CO 等各类数据可视化的专题图,如图 4-24 所示。

图 4-24　通风网络分支能耗数据可视化

（2）主要实现核心代码

'针对不同主题加载不同数据模块

```
Sub PopulateMap(oMapControl As mapControl,nw As VentNetWork,Content-
Tag As String)

    Dim oNodes As Microsoft.Research.CommunityTechnologies.Treemap.Nodes
```

```
Dim oNode As Microsoft.Research.CommunityTechnologies.Treemap.Node
Dim oChildNodes As Microsoft.Research.CommunityTechnologies.Treemap.Nodes
Dim oChildNode As Microsoft.Research.CommunityTechnologies.Treemap.Node
oNodes=oMapControl.Nodes
'Add a top-level node to the collection.
  oNode=oNodes.Add("Tunnels",16.0F,100.0F)
'Add child nodes to the top-level node.
oChildNodes=oNode.Nodes
Dim v As Single=0
Select Case MineMap.Mapping.Map.Parameters.TunnelsOrder
  Case TunnelsOrder.a'加载分支摩擦阻力系统 数据
    For Each t As MineMap.Ventilation.ITunnel3D In nw.Tunnels
        v=CSng(Math.Abs(t.Rmodulus))
oChildNode=oChildNodes.Add(t.DisplayID & t.Name & "," & v,v,v)
      Next
  Case TunnelsOrder.CalR'加载分支解算风阻 数据
    For Each t As MineMap.Ventilation.ITunnel3D In nw.Tunnels
        v=CSng(Math.Abs(t.calR))
oChildNode=oChildNodes.Add(t.DisplayID & t.Name & "," & v,v,v)
      Next
  Case TunnelsOrder.CH4'加载分支瓦斯 数据
    For Each t As MineMap.Ventilation.ITunnel3D In nw.Tunnels
        v=CSng(Math.Abs(t.CH4))
oChildNode=oChildNodes.Add(t.DisplayID & t.Name & "," & v,v,v)
      Next
  Case TunnelsOrder.CO'加载分支一氧化碳 数据
    For Each t As MineMap.Ventilation.ITunnel3D In nw.Tunnels
        v=CSng(Math.Abs(t.CO))
oChildNode=oChildNodes.Add(t.DisplayID & t.Name & "," & v,v,v)
      Next
  Case TunnelsOrder.CO2'加载分支 二氧化碳 数据
    For Each t As MineMap.Ventilation.ITunnel3D In nw.Tunnels
        v=CSng(Math.Abs(t.CO2))
  oChildNode=oChildNodes.Add(t.DisplayID & t.Name & "," & v,v,v)
      Next
  Case TunnelsOrder.DisplayID'加载分支编号数据
    For Each t As MineMap.Ventilation.ITunnel3D In nw.Tunnels
        v=CSng(Math.Abs(t.DisplayID))
  oChildNode=oChildNodes.Add(t.DisplayID & t.Name & "," & v,v,v)
```

```
          Next
        Case TunnelsOrder.H'加载分支阻力数据
          For Each t As MineMap.Ventilation.ITunnel3D In nw.Tunnels
          v=CSng(Math.Abs(t.H))
      oChildNode=oChildNodes.Add(t.DisplayID & t.Name & "," & v,v,v)
          Next
        Case TunnelsOrder.HQ'加载分支功耗数据
          For Each t As MineMap.Ventilation.ITunnel3D In nw.Tunnels
              v=CSng(Math.Abs(t.H * t.Q))
      oChildNode=oChildNodes.Add(t.DisplayID & t.Name & "," & v,v,v)
          Next
        Case TunnelsOrder.Humidity'加载分支相对湿度数据
          For Each t As MineMap.Ventilation.ITunnel3D In nw.Tunnels
              v=CSng(t.Humidity)
    oChildNode=oChildNodes.Add(t.DisplayID & t.Name & "," & v,v,v)
          Next
        Case TunnelsOrder.L'加载分支长度数据
      For Each t As MineMap.Ventilation.ITunnel3D In nw.Tunnels
              v=CSng(t.L)
   oChildNode=oChildNodes.Add(t.DisplayID & t.Name & "," & v,v,v)
          Next
        Case TunnelsOrder.NaturalH'加载分支自然风压数据
      For Each t As MineMap.Ventilation.ITunnel3D In nw.Tunnels
              v=CSng(Math.Abs(t.NaturalH))
    oChildNode=oChildNodes.Add(t.DisplayID & t.Name & "," & v,v,v)
          Next
        Case TunnelsOrder.O2'加载分支氧气数据
        For Each t As MineMap.Ventilation.ITunnel3D In nw.Tunnels
              v=CSng(t.O2)
oChildNode=oChildNodes.Add(t.DisplayID & t.Name & "," & v,v,v)
          Next
        Case TunnelsOrder.Q'加载分支风量数据
        For Each t As MineMap.Ventilation.ITunnel3D In nw.Tunnels
              v=CSng(Math.Abs(t.Q))
oChildNode=oChildNodes.Add(t.DisplayID & t.Name & "," & v,v,v)
          Next
        Case TunnelsOrder.R'加载分支风阻数据
          For Each t As MineMap.Ventilation.ITunnel3D In nw.Tunnels
              v=CSng(Math.Abs(t.R))
```

```
                oChildNode=oChildNodes.Add(t.DisplayID & t.Name & "," & v,v,v)
            Next
        Case TunnelsOrder.R100'加载分支百米数据
        For Each t As MineMap.Ventilation.ITunnel3D In nw.Tunnels
                v=CSng(Math.Abs(t.R100))
            oChildNode=oChildNodes.Add(t.DisplayID & t.Name & "," & v,v,v)
        Next
            Case TunnelsOrder.RQ'加载分支 RQ 数据
            For Each t As MineMap.Ventilation.ITunnel3D In nw.Tunnels
                v=CSng(Math.Abs(t.R * t.Q))
        oChildNode=oChildNodes.Add(t.DisplayID & t.Name & "," & v,v,v)
            Next
            Case TunnelsOrder.S'加载分支断面积数据
            For Each t As MineMap.Ventilation.ITunnel3D In nw.Tunnels
                v=CSng(t.SectionArea)
        oChildNode=oChildNodes.Add(t.DisplayID & t.Name & "," & v,v,v)
            Next
            Case TunnelsOrder.t'加载分支温度数据
            For Each t As MineMap.Ventilation.ITunnel3D In nw.Tunnels
                v=CSng(Math.Abs(t.Temperature))
        oChildNode=oChildNodes.Add(t.DisplayID & t.Name & "," & v,v,v)
            Next
            Case TunnelsOrder.U'加载分支断面周长数据
            For Each t As MineMap.Ventilation.ITunnel3D In nw.Tunnels
                v=CSng(t.U)
        oChildNode=oChildNodes.Add(t.DisplayID & t.Name & "," & v,v,v)
            Next
            Case TunnelsOrder.V'加载分支风速数据
            For Each t As MineMap.Ventilation.ITunnel3D In nw.Tunnels
                v=CSng(Math.Abs(t.Q / t.SectionArea))
        oChildNode=oChildNodes.Add(t.DisplayID & t.Name & "," & v,v,v)
            Next
            Case TunnelsOrder.Z'加载分支平均标高数据
            For Each t As MineMap.Ventilation.ITunnel3D In nw.Tunnels
                v=CSng(Math.Abs(t.StartNode.Z+t.EndNode.Z)/2)
        oChildNode=oChildNodes.Add(t.DisplayID & t.Name &","&v,v,v)
            Next
        End Select
    End Sub
```

4.4.2 矿井通风网络全部分支全部数据专题图研究与实现

（1）专题图实现原理与效果

矿井通风网络全部分支数据可以用数值，也可以用颜色或图形的方式直观地反映出数据的相对大小，便于分析问题。可以选择用颜色、数值、矩形、三维矩形和渐变色矩形进行通风网络全部分支全部数据的可视化分析，具体效果如图4-25（渐变色矩形表示数据）、图 4-26（三维矩形大小表示数据）、图 4-27（直接用数值表示）所示。

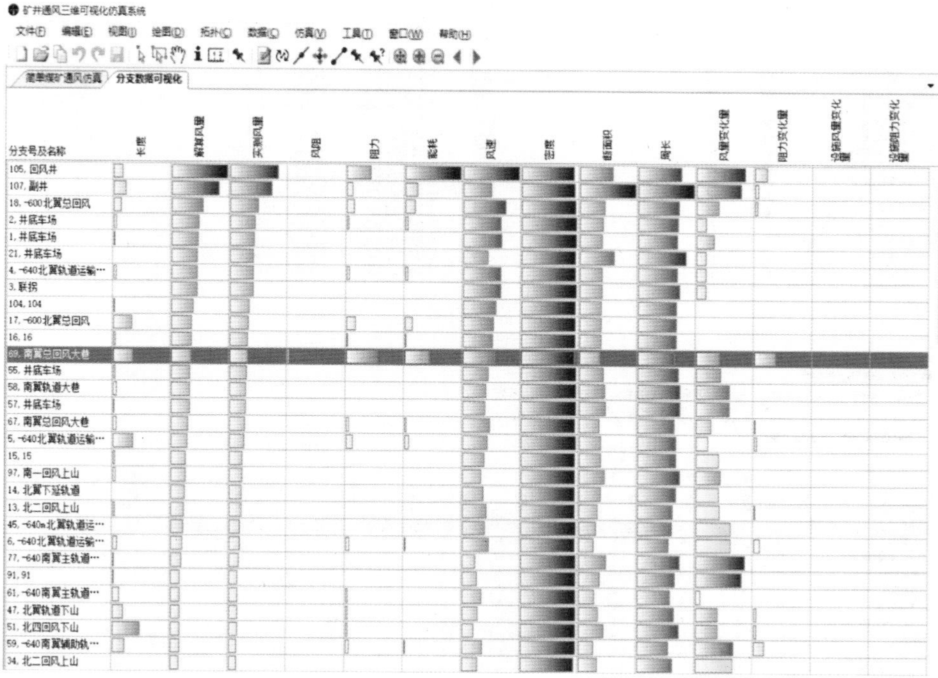

图 4-25 分支数据可视化-渐变色矩形

（2）主要核心实现代码

```
'显示风格设置
Private Sub MenuClicked(ByVal sender As Object,ByVal e As EventArgs)
    Select Case TryCast(sender,ToolStripMenuItem).Text
        Case "颜色"
            Me.MapControl1.ValueStyle=ValueStyle.ColoredRectangle
        Case "数值"
            Me.MapControl1.ValueStyle=ValueStyle.Number
```

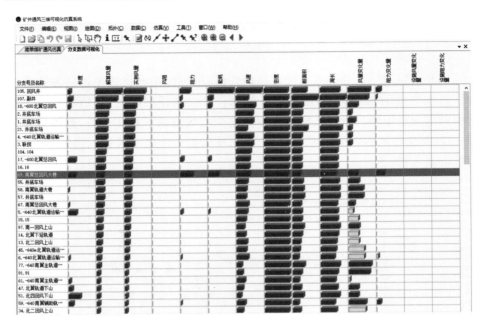

图 4-26　分支数据可视化-三维矩形

图 4-27　分支数据可视化-数值

```
        Case "矩形"
        Me.MapControl1.ValueStyle=ValueStyle.SizedColoredFlatRectangle
        Case "三维矩形"
          Me.MapControl1.ValueStyle=ValueStyle.SizedColored3DRectangle
        Case "渐变色矩形"
         Me.MapControl1.ValueStyle=ValueStyle.SizedColoredFlatRectangleWithGradient
          Case Else
      End Select
    End Sub
    '加载具体的分支数据
    Sub PopulateMapControl(oMapControl As PianoControl,Tunnels As List
(Of ITunnel3D))
    '添加列标题
      Dim oColumnHeaders As ColumnHeaderCollection=oMapControl.ColumnHeaders
      oColumnHeaders.Add("分支号及名称",0)
      oColumnHeaders.Add("长度",1)
      oColumnHeaders.Add("解算风量",2)
      oColumnHeaders.Add("实测风量",2)
      oColumnHeaders.Add("风阻",3)
      oColumnHeaders.Add("阻力",4)
      oColumnHeaders.Add("能耗",5)
      oColumnHeaders.Add("风速",6)
      oColumnHeaders.Add("密度",7)
      oColumnHeaders.Add("断面积",8)
      oColumnHeaders.Add("周长",9)
    Dim oItems As ItemCollection=oMapControl.Items
      Dim oItem As Item
      Dim oValues As ValueCollection
    '添加具体数据
    oMapControl.BeginUpdate()
    For Each t As ITunnel3D In Tunnels
        oItem=oItems.Add(t.DisplayID+(If(t.Name.Length=0,"",","+t.
Name)))
        oValues=oItem.Values
        oValues(0)=CSng(t.L)
        oValues(1)=CSng(t.Q)
        oValues(2)=CSng(t.MeasureQ)
        oValues(3)=CSng(t.R)
```

```
        oValues(4)=CSng(t.R*t.Q*t.Q)
        oValues(5)=CSng(t.R*t.Q*t.Q*t.Q)
        oValues(6)=CSng(t.Q/t.SectionArea)
        oValues(7)=CSng(t.AverageAirDensity)
        oValues(8)=CSng(t.SectionArea)
        oValues(9)=CSng(t.U)
    Next
        oMapControl.EndUpdate()
End Sub
```

4.5   通风机特性可视化仿真实现

通风机是矿井通风的主要动力,是通风系统的重要组成部分,通风机特性可视化仿真是矿井通风可视化仿真的基础之一,通过对通风机运行特性分析,找到通风机运行基本参数。目前矿井通风可视化仿真系统只是对通风机进行了简单的可视化和属性的描述,缺少重要仿真功能,如通风机性能测定、通风机的性能曲线绘制等。基于 MineMap 组件对通风机特性进行可视化仿真,对通风可视化仿真系统的推广应用有重要的意义。

通过研究共用 5 次多项式拟合通风机特性曲线,5 次多项式不仅拟合了通风机稳定工作区而且很好地拟合了大风量下的不稳定工作区,得到的误差较小。

4.5.1   通风机运行特性

通风机的工作状况可用流量、风压、功率、效率、转速和其他参数表达。由通风机的实际特性可知,它的流量、风压、轴功率和效率诸参数都是可变的,而且按一定规律变化。但通风机在一定的风网中工作时,在某时刻这些参数都有确定值。

在矿井通风可视化仿真系统中,所研究的通风机不涉及通风机的机械构造和具体的组成元件。通过对矿井通风系统中通风机使用的理论和功能分析,实现矿井通风可视化仿真系统中通风机特性的可视化应用仿真,具体实现内容如下:

① 通风机的个体特性曲线,根据仿真的需要进行修改;

② 通风机性能测试数据回归分析处理;

③ 通风机性能曲线和风网阻力曲线的自动绘制及对各曲线的相关操作。

4.5.2　特性曲线的最小二乘法拟合

$f(x)$ 为定义在区间 $[a,b]$ 上的函数，$\{X_i\}_{i=1}^n$ 为区间上 $n+1$ 个互不相同的点，φ 为给定的某一函数类，求 φ 上的函数 $g(x)$ 满足 $f(x)$ 和 $g(x)$ 的距离最小，如果距离取为 2 范数的话，称之为最小二乘问题。

用最小二乘法拟合特性曲线。由拟合曲线方程系数的确定可知，对于 N 次拟合曲线，其测试数据点至少也须有 N 个，这样拟合曲线方程的次数不仅直接影响拟合曲线与实际曲线的接近程度，还影响着实际拟合曲线工作量的大小。在特性曲线上取点的个数，一般用 6 个，采用的点要能够代表曲线的基本特征。

下面推导最小二乘法拟合通风机特性曲线的拟合系数，对于实测的 n 组数据 (x_i,y_i)，y_i 可以近似用 x_i 的 n 次多项式来拟合：

$$y_i = a_0 + a_1 \times x_i + a_2 \times x_i^2 + \cdots + a_n \times x_i^n \tag{4-1}$$

写出矩阵表达式，如下所示：

$$\begin{vmatrix} y_1 \\ y_2 \\ \vdots \\ y_n \end{vmatrix} = \begin{vmatrix} 1 & x_1 & x_1^2 & \cdots & x_1^k \\ 1 & x_2 & x_2^2 & \cdots & x_2^k \\ & & \vdots & & \\ 1 & x_n & x_n^2 & \cdots & x_n^k \end{vmatrix} \begin{vmatrix} a_0 \\ a_1 \\ \vdots \\ a_n \end{vmatrix}$$

用矩阵符号可以表示为 $Y = XA$，等式两边同乘以 X^T，得 $X^T Y = X^T X A$，再变形可以得出系数矩阵 A 的计算公式：

$$A = (X^T X)^{-1} X^T Y \tag{4-2}$$

由此可见系数矩阵的计算最终完全是矩阵的运算，因此本书基于 VS2008 实现了矩阵通用类 Matrix，主要实现了矩阵的相乘、相加、相减、转置和求逆等常规矩阵运算，在后面的通风系统三维仿真中也会经常用到该矩阵通用类 Matrix。求解最小二乘法拟合通风机特性曲线系数矩阵 A 的函数，具体实现核心代码为：

```
'''<summary>
'''求最小二乘法拟合曲线时系数数组
'''</summary>
'''<param name="Points"> 点集合</param>
'''<param name="Degree"> 几次项</param>
'''<returns> 返回系数数组</returns>
'''<remarks> </remarks>
Public Shared Function CurveFittingLeastSquares(ByVal Points As
List(Of Drawing.PointF),Optional ByVal Degree As Integer=5)As Double()
    Dim icount As Integer=Points.Count
```

```
        Dim X As New Matrix(icount,Degree)
        Dim y As New Matrix(icount,1)
        Dim a As New Matrix(1,Degree)
        '构造 Y 矩阵
  For i As Integer=0 To icount-1
            y(i,0)=Points(i).Y
        Next
        '构造 X 矩阵
        For i As Integer=0 To icount-1
            For j As Integer=0 To Degree-1
                X(i,j)=Points(i).X^j
            Next
        Next
        '根据 A=(X^T X)-1X^T Y,求解曲线拟合系数矩阵 A
        A=(X.T*X).Inverse*X.T*y'算法的核心计算公式 A=(X^T X)-1X^T Y
        Dim aa(a.RowsCount-1)As Double
        For i As Integer=0 To a.RowsCount-1
            aa(i)=a(i,0)
  Next
        Return aa  '返回系数数组
  End Function
```

根据给定的回归次数,求出 $H—Q$、$N—Q$、$E—Q$ 特性曲线系数矩阵就可以得到拟合函数(图 4-28),由拟合函数就可绘制三条特性曲线。

4.5.3 最佳拟合次数的确定

目前通风机特性曲线的拟合多采用二次多项式,对于通风机稳定工作区域进行拟合是可行的,辽宁工程技术大学和波兰采用 5 次曲线拟合通风机的各种工况[1],为了寻找通风机完整特性曲线的最佳拟合次数,用程序对通风机测试数据进行回归分析,确定 2 次到 5 次拟合 $H—Q$ 曲线的方程分别如下:

2 次:$H=6880.191457+9.769774Q-0.162214Q^2$

3 次:$H=-50000.789455+934.739643Q-5.15201Q^2+0.008929Q^3$

4 次:$H=243196.624853-5407.799669Q+46.105258Q^2-0.174486Q^3+0.000245Q^4$

5 次:$H=-34088901.0251685+921259.8880506Q-9932.45134232Q^2+54.41115633Q^3-0.1432622Q^4+0.00015334Q^5$

拟合曲线与实际通风机特性曲线误差分析对照如表 4-2 所示,用 2 次拟合时,误差较大,当用 3~4 次拟合时,误差较小,几乎都小于 5%,当用 5 次拟合

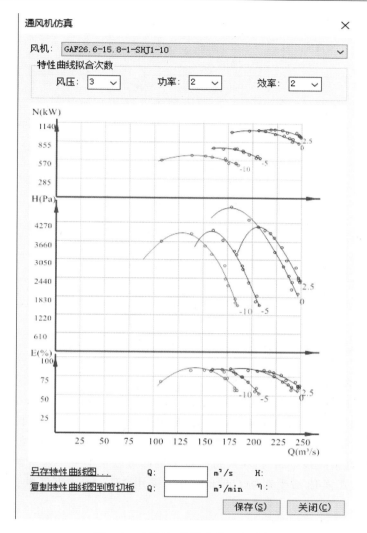

图 4-28　通风机特性曲线回归分析

时,误差均小于 1.5％。实验还证明当大于 5 次时拟合误差逐渐变大,故本书用 5 次多项式拟合通风机特性曲线,不仅用 5 次多项式拟合了通风机稳定工作区,而且用其很好地拟合了大风量下的不稳定工作区,结论准确。

对通风机特性曲线的拟合,当仅拟合工作段时,采用 2～3 次多项式即可满足正常通风下风量模拟的要求。矿井火灾时风量、风压变化较大,需拟合通风机风压的全曲线,采用 5 次多项式也就足够了。

表 4-2　拟合曲线与实际通风机特性曲线误差分析对照表

实测风量 Q /(m³/s)	实测风压 H /Pa	2 次拟合误差 /%	3 次拟合误差 /%	4 次拟合误差 /%	5 次拟合误差 /%
213.59	1 645.70	−4.81	−1.75	−1.27	−0.18
204.84	1 942.50	6.82	5.02	4.20	−1.03
199.71	2 345.80	0.67	−1.34	−1.55	0.94
190.23	2 967.50	−3.33	−4.19	−3.61	−1.15
179.50	3 295.40	3.40	3.99	4.26	1.41
177.19	3 496.80	0.62	1.36	1.44	−0.82
173.41	3 763.10	−1.77	−0.95	−1.17	−1.09
170.51	3 926.70	−2.47	−1.75	−2.14	0.38
160.33	4 217.00	1.42	0.30	0.46	−0.16

4.5.4　特性曲线的自动绘制

（1）坐标系统的建立

通风机的特性曲线是由风压-风量、功率-风量和效率-风量三条曲线构成的，为了能够对通风机的性能进行分析，需要把三曲线绘制在一张图上，且可根据用户的需要自由选择显示各条曲线，同时又可动态地查看各曲线上任一点的数值，所以每条曲线绘制时，相应每一点 y 值都可以乘上一个合适的比例系数，并且各坐标真实值不受影响，坐标系可以采用 MineMap 组件默认的世界坐标系。

（2）坐标轴绘制和最小刻度区间长度的确定

坐标系的绘制包括三个要素：坐标轴的交叉点、坐标轴的范围和坐标最小刻度区间长度。在绘制通风机特性曲线时，只须绘制有效的曲线段，所以坐标轴交叉点就不能选择(0,0)点，而是根据特性曲线最右端的 X 坐标，由系统根据实测最大、最小风量自动选择坐标范围，并标注 X 轴刻度；按从 0 到最大值定义 Y 轴，并标注 Y 轴刻度。

（3）性能曲线的绘制

基于 MineMap 组件用不同的颜色在同一坐标系下绘制风量-风压、风量-功率和风量-效率三条曲线，并且绘制风网风阻曲线。通过对性能测试数据的拟合,获得曲线方程的系数,在曲线自动绘制时,只要协调好坐标轴和曲线间的绘制比例与坐标原点即可,具体绘制效果如图 4-29 所示。

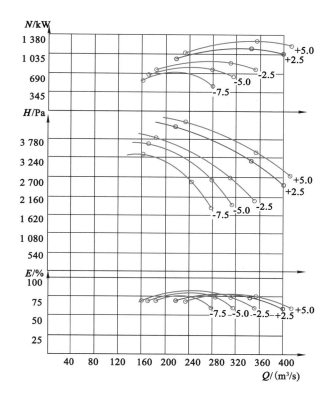

图 4-29 通风机特性曲线图

4.6 矿井通风系统三维可视化仿真

矿井通风网络分布于井下三维空间里,用二维表达三维的井筒巷道的空间分布,很难进行通风网络的可视化仿真。国内通风系统的三维可视化研究起步较晚,2004 年华臻、陈学习等将虚拟现实和粒子算法运用于通风系统的三维可视化[1,2]。目前,很多学者对通风系统的三维可视化进行了研发,取得了良好的效果,但是没有融入更多的通风系统仿真功能。

可以引入 3D-GIS 的理论和思想来进行矿井通风可视化仿真,可以独立自主用 OpenGL 或 Direct3D 从底层开发,也可以利用已有的商业化 3D-GIS 平台。笔者基于匹配线模型技术已成功实现井下三维井巷的自动生成，并且在自动生成的井下三维场景中可以查看相关的空间信息和属性信息。运用计算机图形学中的三维图形变换相关理论，基于 VSE 中的 GDI＋可以实现矿井通风系统的三维仿真，下面介绍三维图形变换基础理论。

4.6.1 三维图形变换

三维图形基本变换有平移变换、比例变换、旋转变换等三种。对于三维空间，变换矩阵为 4×4 阶矩阵，采用假定坐标系不动、图形变换的方式，并且假定变换是在右手坐标系下进行的。

（1）平移变换

平移变换是使三维图形在空间平移一段距离而形状和大小保持不变的过程。已知空间一点的坐标是 $P(x,y,z)$，沿 X、Y 及 Z 轴方向分别平移 t_x、t_y、t_z 后，得新坐标 $P(x',y',z')$ 的表示式为：

$$\begin{cases} x' = x + t_x \\ y' = y + t_y \\ z' = z + t_z \end{cases} \tag{4-3}$$

矩阵形式为：

$$\begin{bmatrix} x' & y' & z' & 1 \end{bmatrix} = \begin{bmatrix} x & y & z & 1 \end{bmatrix} \times \begin{bmatrix} 1 & 0 & 0 & 0 \\ 0 & 1 & 0 & 0 \\ 0 & 0 & 1 & 0 \\ t_x & t_y & t_z & 1 \end{bmatrix} \tag{4-4}$$

（2）比例变换

相对于原点的比例变换的表示式为：

$$\begin{cases} x' = x \cdot S_x \\ y' = y \cdot S_y \\ z' = z \cdot S_z \end{cases} \tag{4-5}$$

矩阵形式为：

$$\begin{bmatrix} x' & y' & z' & 1 \end{bmatrix} = \begin{bmatrix} x & y & z & 1 \end{bmatrix} \times \begin{bmatrix} S_x & 0 & 0 & 0 \\ 0 & S_y & 0 & 0 \\ 0 & 0 & S_z & 0 \\ 0 & 0 & 0 & 1 \end{bmatrix} \tag{4-6}$$

式中：S_x、S_y 和 S_z 分别表示点 $P(x,y,z)$ 沿 X、Y 及 Z 轴方向相对坐标原点的比例变换系数。比例变换系数可赋予任何正数值，当其值小于 1 时缩小图形，其值大于 1 则放大图形。当 S_x、S_y 和 S_z 被赋予相同值时,图形产生三个坐标轴方向相对比例一致的变换,S_x、S_y 和 S_z 值不等时则产生不一致的变换。

相对于给定点 $P_c(x_c, y_c, z_c)$ 的比例变换的矩阵表示为:

$$[x' \quad y' \quad z' \quad 1] = [x \quad y \quad z \quad 1] \times \begin{bmatrix} S_x & 0 & 0 & 0 \\ 0 & S_y & 0 & 0 \\ 0 & 0 & S_z & 0 \\ x_c(1-S_x) & y_c(1-S_y) & z_c(1-S_z) & 1 \end{bmatrix}$$

$$(4-7)$$

(3)旋转变换

三维图形作旋转变换时,需要指定一个旋转轴和旋转角度。二维图形的旋转变换仅发生在 XY 平面上,而三维图形的旋转变换则可能围绕空间任意直线轴进行。通常规定图形绕某轴逆时针方向旋转时角度为正。如果使用左手坐标系,或图形不动而坐标系旋转时,则方向相反。

旋转变换前后三维图形的大小和形状不发生变化,只是空间位置发生了变化。绕坐标轴的旋转变换是最简单的旋转变换,当三维图形绕某一坐标轴旋转时,图形上各点在此轴的坐标值不变,而在另两坐标轴所组成的坐标面上的坐标值相当于一个二维的旋转变换。

① 绕 Z 轴旋转变换。三维图形绕 Z 轴旋转时,图形上各顶点 z 坐标不变,x、y 坐标的变化相当于在 XY 二维平面内绕原点旋转。所以绕 Z 轴旋转变换的表达式为:

$$\begin{cases} x' = x\cos\theta_z - y\sin\theta_z \\ y' = x\sin\theta_z + y\cos\theta_z \\ z' = z \end{cases} \tag{4-8}$$

矩阵形示为:

$$[x' \quad y' \quad z' \quad 1] = [x \quad y \quad z \quad 1] \times \begin{bmatrix} \cos\theta_z & \sin\theta_z & 0 & 0 \\ -\sin\theta_z & \cos\theta_z & 0 & 0 \\ 0 & 0 & 1 & 0 \\ 0 & 0 & 0 & 1 \end{bmatrix} \tag{4-9}$$

② 绕 X 轴旋转变换。三维图形绕 X 轴旋转时,图形上各顶点 x 坐标不变,y、z 坐标的变化相当于在 XY 二维平面内绕原点旋转。所以绕 X 轴旋转变换的表达式为:

$$\begin{cases} x' = x \\ y' = y\cos\theta_x - z\sin\theta_x \\ z' = y\sin\theta_x + z\cos\theta_x \end{cases} \tag{4-10}$$

矩阵形式为：

$$[x' \quad y' \quad z' \quad 1] = [x \quad y \quad z \quad 1] \times \begin{bmatrix} 1 & 0 & 0 & 0 \\ 0 & \cos\theta_x & \sin\theta_x & 0 \\ 0 & -\sin\theta_x & \cos\theta_x & 0 \\ 0 & 0 & 0 & 1 \end{bmatrix}$$

$$(4\text{-}11)$$

③ 绕 Y 轴旋转变换。三维图形绕 Y 轴旋转时，图形上各顶点 y 坐标不变，x、z 坐标的变化相当于在 XZ 二维平面内绕原点旋转。所以绕 Y 轴旋转变换的表达式为：

$$\begin{cases} x' = x\cos\theta_y + z\sin\theta_y \\ y' = y \\ z' = x\sin\theta_y + z\cos\theta_y \end{cases} \quad (4\text{-}12)$$

矩阵形式为：

$$[x' \quad y' \quad z' \quad 1] = [x \quad y \quad z \quad 1] \times \begin{bmatrix} \cos\theta_y & 0 & -\sin\theta_y & 0 \\ 0 & 1 & 0 & 0 \\ \sin\theta_y & 0 & \cos\theta_y & 0 \\ 0 & 0 & 0 & 1 \end{bmatrix} \quad (4\text{-}13)$$

④ 绕三个坐标轴的旋转变换。如果作绕多于一个坐标轴的旋转变换，则需要考虑旋转顺序。因为不同的旋转顺序会得到不同的结果。

当作绕多于一个坐标轴的旋转变换时，一般采用 Y 轴—X 轴—Z 轴的顺序进行变换，这同日常生活中人们观察物体的习惯顺序相似，先观察两侧（绕 Y 轴），再观察上下（绕 X 轴），再观察纵深（绕 Z 轴）。其变换矩阵为：

$$T = T_y T_x T_z \quad (4\text{-}14)$$

三维旋转变换是绕空间任意轴作旋转变换的。可以用平移变换与绕坐标轴旋转变换的复合变换得到其变换公式。如果给定旋转轴和旋转角，可以通过平移及旋转给定轴使其与某一坐标轴重合，绕坐标轴完成指定的旋转，然后再用逆变换使给定轴回到其原始位置。各次变换矩阵乘起来即形成复合变换。

如图 4-30 所示，已知空间一点的坐标是 $P(x, y, z)$，设给定的旋转轴为 I，它对三个坐标轴的方向余弦分别为：

$$\begin{cases} n_1 = \cos\alpha \\ n_2 = \cos\beta \\ n_3 = \cos\gamma \end{cases} \quad (4\text{-}15)$$

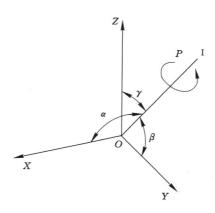

图 4-30　一般三维旋转变换示意图

旋转角为 θ，轴上任一点 $P(x_c, y_c, z_c)$ 为旋转的中心点，则复合变换的过程如下：

将 $P(x_c, y_c, z_c)$ 平移到坐标原点，其变换矩阵为：

$$T_1 = \begin{bmatrix} 1 & 0 & 0 & 0 \\ 0 & 1 & 0 & 0 \\ 0 & 0 & 1 & 0 \\ -x_c & -y_c & -z_c & 1 \end{bmatrix} \tag{4-16}$$

将 I 轴绕 Y 轴旋转 θ_y 角，同 YZ 平面重合，其变换矩阵为：

$$T_2 = \begin{bmatrix} \cos\theta_y & 0 & -\sin\theta_y & 0 \\ 0 & 1 & 0 & 0 \\ \sin\theta_y & 0 & \cos\theta_y & 0 \\ 0 & 0 & 0 & 1 \end{bmatrix} \tag{4-17}$$

将 I 轴绕 X 轴旋转 θ_x 角，同 Y 轴重合，其变换矩阵为：

$$T_3 = \begin{bmatrix} 1 & 0 & 0 & 0 \\ 0 & \cos\theta_x & \sin\theta_x & 0 \\ 0 & -\sin\theta_x & \cos\theta_x & 0 \\ 0 & 0 & 0 & 1 \end{bmatrix} \tag{4-18}$$

将 $P(x, y, z)$ 点绕 Y 轴旋转 θ 角，其变换矩阵为：

$$T_4 = \begin{bmatrix} \cos\theta & 0 & -\sin\theta & 0 \\ 0 & 1 & 0 & 0 \\ \sin\theta & 0 & \cos\theta & 0 \\ 0 & 0 & 0 & 1 \end{bmatrix} \tag{4-19}$$

绕 X 轴旋转 $-\theta_x$ 角,其变换矩阵为:

$$T_5 = \begin{bmatrix} 1 & 0 & 0 & 0 \\ 0 & \cos\theta_x & -\sin\theta_x & 0 \\ 0 & \sin\theta_x & \cos\theta_x & 0 \\ 0 & 0 & 0 & 1 \end{bmatrix} \qquad (4\text{-}20)$$

绕 Y 轴旋转 $-\theta_y$ 角,其变换矩阵为:

$$T_6 = \begin{bmatrix} \cos\theta_y & 0 & \sin\theta_y & 0 \\ 0 & 1 & 0 & 0 \\ -\sin\theta_y & 0 & \cos\theta_y & 0 \\ 0 & 0 & 0 & 1 \end{bmatrix} \qquad (4\text{-}21)$$

将 $P(x_c, y_c, z_c)$ 平移回原位置,其变换矩阵为:

$$T_7 = \begin{bmatrix} 1 & 0 & 0 & 0 \\ 0 & 1 & 0 & 0 \\ 0 & 0 & 1 & 0 \\ x_c & y_c & z_c & 1 \end{bmatrix} \qquad (4\text{-}22)$$

复合变换矩阵为:

$$T = T_1 T_2 T_3 T_4 T_5 T_6 T_7 \qquad (4\text{-}23)$$

变换过程中,$\sin\theta_x$、$\sin\theta_y$、$\cos\theta_x$、$\cos\theta_y$ 为中间变量,应使用已知量 n_1、n_2、n_3 表示出来。考虑 I 轴上的单位向量 n,它在三个坐标轴上的投影值即为 n_1、n_2、n_3。取 Y 轴上一单位向量将其绕 X 轴旋转 $-\theta_x$ 角,再绕 Y 轴旋转 $-\theta_y$ 角,则此单位向量将同单位向量 n 重合,其变换过程为:

$$\begin{bmatrix} n_1 & n_2 & n_3 & 1 \end{bmatrix} = \begin{bmatrix} 0 & 1 & 0 & 1 \end{bmatrix} \times$$

$$\begin{bmatrix} 1 & 0 & 0 & 0 \\ 0 & \cos\theta_x & -\sin\theta_x & 0 \\ 0 & \sin\theta_x & \cos\theta_x & 0 \\ 0 & 0 & 0 & 1 \end{bmatrix} \times \begin{bmatrix} \cos\theta_y & 0 & \sin\theta_y & 0 \\ 0 & 1 & 0 & 0 \\ -\sin\theta_y & 0 & \cos\theta_y & 0 \\ 0 & 0 & 0 & 1 \end{bmatrix}$$

$$= \begin{bmatrix} \sin\theta_x \sin\theta_y & \cos\theta_x & -\sin\theta_x \cos\theta_y & 1 \end{bmatrix} \qquad (4\text{-}24)$$

即 $n_1 = \sin\theta_x \sin\theta_y$,$n_2 = \cos\theta_x$,$n_3 = -\sin\theta_x \cos\theta_y$,同时考虑 $n_1^2 + n_2^2 + n_3^2 = 1$,可解得:

$$\cos\theta_x = n_2 \qquad (4\text{-}25)$$

$$\sin\theta_x = \sqrt{1 - \cos\theta_x^2} = \sqrt{n_1^2 + n_3^2} \qquad (4\text{-}26)$$

$$\cos\theta_y = \frac{n_3}{\sin\theta_x} = \frac{n_3}{\sqrt{n_1^2 + n_3^2}} \qquad (4\text{-}27)$$

$$\sin \theta_y = \frac{n_1}{\sin \theta_x} = \frac{n_1}{\sqrt{n_1{}^2 + n_3{}^2}} \qquad (4-28)$$

将矩阵相乘后并将中间变量替换掉可得复合变换矩阵,展开成代数方程为:

$$x' = (x - x_c)[n_1{}^2 + (1 - n_1{}^2)\cos \theta] + (y - y_c)[n_1 n_2 (1 - \cos \theta) + n_3 \sin \theta] +$$
$$(z - z_c)[n_1 n_3 (1 - \cos \theta) - n_2 \sin \theta] + x_c \qquad (4-29)$$

$$y' = (x - x_c)[n_1 n_2 (1 - \cos \theta) - n_3 \sin \theta] + (y - y_c)[n_2{}^2 + (1 - n_2{}^2)\cos \theta] +$$
$$(z - z_c)[n_1 n_3 (1 - \cos \theta) + n_1 \sin \theta] + y_c \qquad (4-30)$$

$$z' = (x - x_c)[(n_1 n_3 (1 - \cos \theta) + n_2 \sin \theta)] + (y - y_c)[n_2 n_3 (1 - \cos \theta) -$$
$$n_1 \sin \theta] + (z - z_c)[n_3^2 + (1 - n_3^2)\cos \theta] + z_c \qquad (4-31)$$

至此,绕空间任意轴旋转的复杂问题得以全部解决。如果设 $\alpha = 0°$, $\beta = \gamma = 90°$, $x_c = y_c = z_c$,此时 $n_1 = 1$, $n_2 = n_3 = 0$,这是绕 X 轴以原点为中心的旋转变换,同前面推导出的绕 X 轴旋转变换的公式相同。

(4) 投影变换

要用计算机生成一幅三维视图,也需要确定观察点、观察方向,还需要将观察范围以外的部分图形裁剪掉。而且,由于图形输出设备通常都是二维的,还必须将三维图形转换到输出设备的观察平面上,这一转换过程称为投影变换。下面讨论投影变换的实现。

① 投影变换分类

在投影变换中,观察平面称为投影面。将三维图形投影到投影面上,有两种基本的投影方式,即平行投影和透视投影。在平行投影中,图形沿平行线变换到投影面上;在透视投影中,图形沿收敛于某一点的直线变换到投影面上,此点称为投影中心,相当于观察点,也称为视点。投影线与投影面相交在投影面上形成的图像即为三维图形的投影。

平行投影和透视投影的区别在于透视投影的投影中心到投影面之间的距离是有限的,而平行投影的投影中心到投影面之间的距离是无限的。当投影中心在无限远时,投影线互相平行,所以定义平行投影时,给出投影线的方向就可以了,而定义透视投影时,需要指定投影中心的具体位置。图 4-31 是平行投影和透视投影的图例。

平行投影可保持物体的有关比例不变,这是三维绘图中产生比例图画的方法。物体的各个面的精确视图可以由平行投影得到。另一方面,透视投影不保持相关比例,但能够生成真实感视图。对同样大小的物体,离投影面较远的物体的投影图像比离投影面较近物体的要小,产生近大远小的效果。根据不同的投影需要,平行投影和透视投影还可以再分类,其关系大致如下所示:

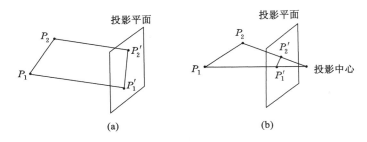

图 4-31 平行投影和透视投影的图例

(a) 平行投影；(b) 透视投影

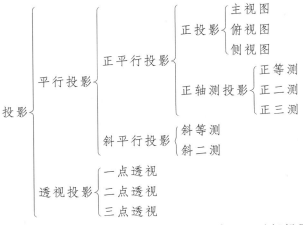

由于在三维通风仿真可视化时主要采用正平行投影，因此下面仅对正平行投影进行介绍。

② 正平行投影

正平行投影根据投影面与坐标轴的夹角又可分成两类：正投影（三视图）和正轴测投影。当投影面与某一坐标轴垂直时，得到的投影为三视图，这时投影方向与这个坐标轴的方向一致。否则，得到的投影为正轴测投影。

正投影有主视图、侧视图和俯视图三种，投影面分别与 X 轴、Y 轴和 Z 轴垂直。三视图的投影变换矩阵分别为：

$$主视图：T_v = \begin{bmatrix} 1 & 0 & 0 & 0 \\ 0 & 0 & 0 & 0 \\ 0 & 0 & 1 & 0 \\ 0 & 0 & 0 & 1 \end{bmatrix} \qquad 侧视图：T_w = \begin{bmatrix} 0 & 0 & 0 & 0 \\ 0 & 1 & 0 & 0 \\ 0 & 0 & 1 & 0 \\ 0 & 0 & 0 & 1 \end{bmatrix}$$

$$
俯视图:T_h=\begin{bmatrix} 1 & 0 & 0 & 0 \\ 0 & 1 & 0 & 0 \\ 0 & 0 & 1 & 0 \\ 0 & 0 & 0 & 1 \end{bmatrix}
$$

正投影由于在三视图上保持了有关比例的不变性,可以精确地测量长度和角度等量,因此常用于工程制图。

正轴测投影是能够显示形体多个侧面的投影变换,如果投影平面不与任一坐标轴垂直,就形成正轴测投影。正轴测投影有正等测、正二测和正三测三种。当投影面与三个坐标轴之间的夹角都相等时为正等测;当投影面与两个坐标轴之间的夹角相等时为正二测;当投影面与三个坐标轴之间的夹角都不相等时为正三测。正等测投影中三个坐标分量保持相同的变化比例;正二测投影中三个坐标分量中的两个保持相同的变化比例;正三测投影中三个坐标分量的变化比例各不相同。

下面推导正轴测的投影变换矩阵。假定选定投影面垂直于 Z 轴,如图 4-32 (a)中虚线所示。首先将投影面绕 Y 轴逆时针旋转 β 角,如图 4-32(a)中实线所示。再绕 X 轴顺时针旋转 α 角,如图 4-32(b)中实线所示。最后在 Z 轴方向上作正投影,即得到正轴测投影的变换矩阵:

$$
T=\begin{bmatrix} \cos\beta & 0 & -\sin\beta & 0 \\ 0 & 1 & 0 & 0 \\ \sin\beta & 0 & \cos\beta & 0 \\ 0 & 0 & 0 & 1 \end{bmatrix} \times \begin{bmatrix} 1 & 0 & 0 & 0 \\ 0 & \cos\alpha & -\sin\alpha & 0 \\ 0 & \sin\alpha & \cos\alpha & 0 \\ 0 & 0 & 0 & 1 \end{bmatrix} \times \begin{bmatrix} 1 & 0 & 0 & 0 \\ 0 & 1 & 0 & 0 \\ 0 & 0 & 0 & 0 \\ 0 & 0 & 0 & 1 \end{bmatrix}
$$

$$
=\begin{bmatrix} \cos\beta & -\sin\alpha\sin\beta & 0 & 0 \\ 0 & \cos\alpha & 0 & 0 \\ \sin\beta & \sin\alpha\cos\beta & 0 & 0 \\ 0 & 0 & 0 & 1 \end{bmatrix} \tag{4-32}
$$

这也是一般形式的正三测投影变换矩阵,适当选取 β 角和 α 角,就可以得到正二测和正等测投影变换,完整的变换式表示如下:

$$
\begin{bmatrix} x' & y' & z' & 1 \end{bmatrix} = \begin{bmatrix} x & y & z & 1 \end{bmatrix} \times \begin{bmatrix} \cos\beta & -\sin\alpha\sin\beta & 0 & 0 \\ 0 & \cos\alpha & 0 & 0 \\ \sin\beta & \sin\alpha\cos\beta & 0 & 0 \\ 0 & 0 & 0 & 1 \end{bmatrix}
$$

$$
\tag{4-33}
$$

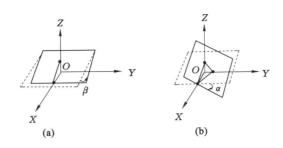

图 4-32　正轴测的投影变换

（a）投影面绕 Y 轴转 β 角同 X 轴和 Z 轴相交；（b）投影面绕 X 轴转 α 角同三轴相交

以上介绍的三维图形基本变换和投影变换，在构建的矿井通风三维仿真系统中是基础的运算。

4.6.2　基于匹配线模型技术的通风系统三维场景的自动生成研究

前文介绍的三维仿真，巷道是用线表示的，三维场景的平移、旋转、缩放等基本功能已具备，不过三维效果不是很好，如果应用基于匹配线模型技术自动生成通风系统三维场景可以更好地提高通风系统的三维效果。

4.6.3　基于 AutoCAD 的通风系统三维可视化仿真研究与实现

（1）实现原理

各种井巷和钻孔等对象比较特殊，可以看成由一个特定的截面沿一条矢量线移动形成的轨迹，因此这类对象三维模型的生成可以采用匹配线模型技术。用匹配线模型的方式来生成三维井巷数据量小，算法简单，适合大规模的三维井巷建模、浏览及分析。具体数据要求，生成井巷的矢量线拐点数据，再加上井巷的匹配模型（主要包括截面数据以及纹理），就可以构建三维井巷，具体效果如图 4-33 所示。

巷道建模步骤如下：首先根据获取的巷道底板中心线三维坐标，建立三维轴线段，确定起始向量和终止向量；其次通过截面参数数据描述巷道剖面，得到剖面图形；然后旋转截面图形，使其法线向量与轴线垂直；最后，沿轴线运用 AutoCAD 中的 AddExtrudedSolidAlongPath 函数拉伸截面图形，获得三维实体模型。

具体实现代码如下：

```
Imports Autodesk.AutoCAD.Interop.Common
```

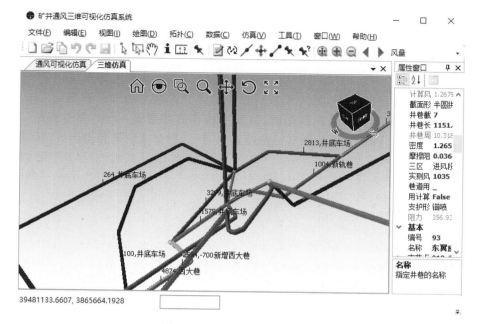

图 4-33   通风系统三维场景图

```
Imports MineMap.Ventilation
Imports Autodesk.AutoCAD
Public Module MineMapCADExtension
<Extension()> _
Public Function AddTunnel3Dsolid(ByVal t As ITunnel3D,ByVal Acadapp
As AcadApplication)As Acad3DSolid
        If t.Nodes Is Nothing OrElse t.Nodes.Count<1 Then Return Nothing
        Dim pArray()As Double
        ReDim pArray(t.Nodes.Count*3-1)
        For i As Integer=0To t.Nodes.Count-1
            pArray(i*3)=t.Nodes(i).X
            pArray(i*3+1)=t.Nodes(i).Y
            pArray(i*3+2)=t.Nodes(i).Z
        Next
        Return AddTunnel3Dsolid(Acadapp,Acadapp.ActiveDocument.Mod-
elSpace.Add3DPoly(pArray),t.SectionArea,t.SectionShape)
    End Function
    < Extension()> _
    Public Function AddTunnelSingleLine(ByVal t As ITunnel3D,ByVal
```

```
Acadapp As AcadApplication)As Acad3DPolyline
        If t.Nodes Is Nothing OrElse t.Nodes.Count<1 Then Return Nothing
        Dim pArray()As Double
        ReDim pArray(t.Nodes.Count*3-1)
        For i As Integer=0 To t.Nodes.Count-1
            pArray(i*3)=t.Nodes(i).X
            pArray(i*3+1)=t.Nodes(i).Y
            pArray(i*3+2)=t.Nodes(i).Z
        Next
        Dim pl As Acad3DPolyline=Acadapp.ActiveDocument.ModelSpace.
Add3DPoly(pArray)
        Return pl
    End Function
    Private Function AddTunnel3Dsolid(ByVal Acadapp As AcadApplication,
ByVal path As Acad3DPolyline,ByVal s As Double,Optional ByVal SectionSha-
peType As SectionShapeType=SectionShapeType.矩形)As Acad3DSolid
        On Error Resume Next
        If Acadapp Is Nothing OrElse path Is Nothing Then Return Nothing
        Dim Tunnel3Dsolid As Acad3DSolid=Nothing   '三维实体造型
        Dim curves(0)As AcadEntity
        Dim center(2)As Double
        center(0)=CDbl(path.Coordinate(0)(0))
        center(1)=CDbl(path.Coordinate(0)(1))
        center(2)=CDbl(path.Coordinate(0)(2))
        '路径第一段线
        Dim lineObj As AcadLine
        lineObj=Acadapp.ActiveDocument.ModelSpace.AddLine(path.Co-
ordinate(0),path.Coordinate(1))
        Dim ax,ay,az As Double
        Dim bx,by,bz As Double
        Dim cx,cy,cz As Double
        '拉伸截面法向单位向量在 XYZ 坐标轴投影(向量坐标)
        ax=0
        ay=0
        az=1
        '路径第一段线向量在 XYZ 坐标轴投影(向量坐标)
        bx=CDbl(lineObj.Delta(0))
        by=CDbl(lineObj.Delta(1))
        bz=CDbl(lineObj.Delta(2))
```

'拉伸截面法向单位向量与路径第一段线向量的向量积向量在 XYZ 坐标轴投影(向量坐标)

```
cx=ay*bz-az*by
cy=az*bx-ax*bz
cz=ax*by-ay*bx
'拉伸截面法向单位向量与路径第一段线向量的夹角
Dim RotAngle As Double
RotAngle=-Acos(CDbl(lineObj.Delta(2))/lineObj.Length)
```

'拉伸截面法向单位向量与路径第一段线向量的向量积向量位于点 center 与点 centerPoint 连线上

```
Dim centerPoint(2)As Double
centerPoint(0)=center(0)+cx
centerPoint(1)=center(1)+cy
centerPoint(2)=center(2)+cz
Dim rr As Double=(s/Math.PI)^0.5*2
'curves(0)=ctype(Acadapp.ActiveDocument.ModelSpace.AddCir-
cle(center,rr),AcadEntity)
```

'拉伸截面绕过 center 点,且与其法向单位向量与路径第一段线向量构成的平面垂直的轴旋转

```
curves(0).Rotate3D(center,centerPoint,RotAngle)
'创建面域
Dim region = Acadapp.ActiveDocument.ModelSpace.AddRegion
(curves)
'沿路径拉伸,得到三维实体造型
Tunnel3Dsolid= Acadapp.ActiveDocument.ModelSpace.AddExtrudedSoli-
dAlongPath(region(0),path)
path.Delete()
lineObj.Delete()
For i As Integer=0 To curves.Length- 1
    curves(i).Delete()
Next
Return Tunnel3Dsolid
End Function
End Module
```

（2）实现效果

本书中各种井巷的三维模型就是采用该技术调用数据库中的相关参数自动生成的,效果见图4-34。

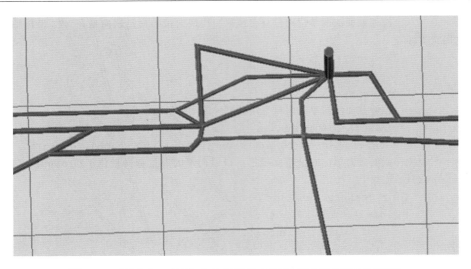

图 4-34　基于 AutoCAD 自动绘制的三维通风系统（截面为圆形）

参考文献

[1] 华臻,范辉,李晋江,等.虚拟现实技术在矿井通风系统中的应用[J].煤炭科学技术,2004,32(3):44-48.

[2] 陈学习,周刚,王平.粒子系统算法在矿井巷道风流三维可视化中的应用[J].华北科技学院学报,2004,1(4):39-43.

5　矿井通风网络实时解算

　　21 世纪以来,我国矿井通风领域的相关学者在矿井通风网络解算的理论研究方面做了很多工作。2005 年西北工业大学张少云分析了通风网络实时解算的必要性和可行性[1],并且对风网解算模型进行改进,进而运用面向对象的 JAVA 和 Oracle9i 数据库设计出了一套风网实时解算与安全预警系统。2008 年中国矿业大学康与涛等进行了基于瓦斯流监测可视化的矿井风网实时解算的研究[2,3]。2012 年中国矿业大学魏连江等结合通风网络子网的判定规则以及全部子网识别对复杂通风网络最简准等效拓扑进行研究[4],提高了通风网络解算效率。2014 年黄光球通过修正 Scott-Hinsley 风网解算方法的缺陷,提出了使所有独立回路分支风压代数和的平方和最小化的方法[5]。2015 年宫良伟等提出了自然风压向量的定义[6],为通风网络解算中的自然风压处理提供了新思路。同年,中南大学钟德云等提出了一种基于 Scott-Hinsley 法改进的回路风量法来解算通风网络[7],可以实现复杂矿井通风网络快速解算。2016 年辽宁工程技术大学马恒等提出了一种矿井自然风压实时计算算法[8],仅需要改变通风网络入口初始值便可以进行自然风压和通风机联合运转下的实时动态计算,同年吴奉亮研究了通风网络雅可比矩阵的对称特性,引入了并行计算方法求解雅可比矩阵,大大提高了计算机解算风网的计算效率[9]。2019 年中国矿业大学吴新忠等提出了一种反向增强型烟花算法[10],该算法可以提高建立的通风网络非线性无约束优化模型的优化能力以及收敛速度。2020 年中国煤炭科工集团的谈国文利用高精度通风参数传感器以及修正技术,建立了通风网络可视化动态解算及预警系统,实现了全矿井的通风网络动态解算,提升了解算准确性[11]。

　　目前在矿井通风领域对矿井通风网络实时解算的定义大致相同,一般都认为它是根据通风三大定律(风压平衡定律、风量平衡定律、阻力定律),按照主要通风机实时特性曲线、风网各分支实时风阻以及各通风参数传感器(风速或风量、压差、湿度、温度、大气压等)的实时监测数据,建立相应方程组在线求解通风网络所有分支风向和风量的过程[12,13]。

5.1 矿井通风主要参数实时计算

5.1.1 矿内空气主要状态参数实时计算

绝对湿度、相对湿度等矿内空气主要状态参数基本都通过查表方法获得，但查表的方法效率低。事实上，可基于理论公式借助编程的方法计算矿内空气的主要状态参数，从而提高计算速度。

（1）饱和水蒸气压力计算

计算饱和蒸汽压的方程、公式繁多，但戈夫-格雷奇（Goff-Gratch）方程是几十年来世界公认的较为准确的计算公式[14,15]。下面介绍利用 Goff-Gratch 方程[16][式(5-1)]计算所给温度下的饱和水蒸气压的方法，由式(5-1)可得水平面上饱和水蒸气压力 $P_s(t_d)$ 的计算公式(5-2)：

$$\lg P_s(t_d) = 10.795\,86\left(1 - \frac{T_0}{T_0 + t_d}\right) - 5.028\,08\lg\left(\frac{T_0 + t_d}{T_0}\right) + 1.504\,74\times10^{-4}\times$$

$$\left[1 - 10^{-8.296\,9\left(\frac{T_0 + t_d}{T_0} - 1\right)}\right] + 4.287\,3\times10^{-4}\left[10^{4.769\,55\left(1 - \frac{T_0}{T_0 + t_d}\right)} - 1\right] +$$

$$2.786\,1\,18 \tag{5-1}$$

$$P_s(t_d) = 10^{\frac{10.795\,86 t_d}{T_0 + t_d} - 5.028\,08\lg\left(\frac{T_0 + t_d}{T_0}\right) - 1.504\,74\times10^{\frac{-8.296\,9 t_d}{T_0} - 4} + 4.287\,3\times10^{\frac{4.769\,55 t_d}{T_0 + t_d} - 4} + 2.785\,839\,744} \tag{5-2}$$

式中　$P_s(t_d)$——水平面上饱和水蒸气压力，Pa；

　　　t_d——测点处的干温度，℃；

　　　T_0——水的三相点温度，273.16 K。

（2）相对湿度计算

相对湿度 φ 的计算公式为

$$\varphi(P, t_w, t_d) = \frac{P_2(P, t_d, t_w)}{P_3(t_d, t_w) \times P_s(t_d)} \tag{5-3}$$

$$P_3(t_d, t_w) = 371\,400 + 40 t_d - 400 t_w \tag{5-4}$$

$$P_2(P, t_d, t_w) = P_s(t_w) \times (371\,400 + 240 t_d - 600 t_w) - 240 P(t_d - t_w) \tag{5-5}$$

式中　$P_s(t_w)$——测点处对应于 t_w 的空气饱和水蒸气绝对压力，Pa；

　　　$P_2(P, t_d, t_w)$、$P_3(t_d, t_w)$——测点处空气对应于 t_d 和 t_w 的实际水蒸气压力，Pa；

　　　P——测点的空气压力，Pa。

综合式(5-3)～式(5-5)可得相对湿度计算公式为：

$$\varphi(P,t_w,t_d) = \frac{P_s(t_w) \times (9\,285 + 60t_d - 15t_w) - 60P(t_d - t_w)}{(9\,285 + t_d - 10t_w) \times P_s(t_d)} \quad (5\text{-}6)$$

（3）绝对湿度计算

根据克拉伯龙方程[17]可知：

$$PV = RT \quad (5\text{-}7)$$

式中　V——空气所占的体积，m^3；

　　　R——气体摩尔常数，$R = 8.314\ \text{J}/(\text{mol} \cdot \text{K})$；

　　　T——热力学温度，$T = 273.15 + t_d$，K。

由相对湿度概念可知：

$$\begin{aligned} P_v(P,t_w,t_d) &= \varphi(P,t_w,t_d)P_s(t_d) \\ &= \frac{P_s(t_w) \times (9\,285 + 60t_d - 15t_w) - 60P(t_d - t_w)}{9\,285 + t_d - 10t_w} \end{aligned} \quad (5\text{-}8)$$

$$P = P_v(P,t_w,t_d) + P_d(P,t_w,t_d) \quad (5\text{-}9)$$

式中　$P_v(P,t_w,t_d)$——相对于干球温度 t_d 的水蒸气分压，Pa；

　　　$P_d(P,t_w,t_d)$——相对于干球温度 t_d 的干空气分压，Pa。

由气态方程可得湿空气和干空气绝对湿度以及湿空气的饱和湿度为：

$$\begin{aligned} \rho_v(P,t_w,t_d) &= \frac{\varphi(P,t_w,t_d)P_s(t_d)}{R_v(273.15 + t_d)} \\ &= \frac{P_s(t_w) \times (9\,285 + 60t_d - 15t_w) - 60P(t_d - t_w)}{R_v(273.15 + t_d) \times (9\,285 + t_d - 10t_w)} \end{aligned} \quad (5\text{-}10)$$

$$\begin{aligned} \rho_d(P,t_w,t_d) &= \frac{P - \varphi(P,t_w,t_d)P_s(t_d)}{R_d(273.15 + t_d)} \\ &= \frac{P \times (9\,285 + t_d - 10t_w) - P_s(t_w) \times (9\,285 + 60t_d - 15t_w) + 60P(t_d - t_w)}{(9\,285 + t_d - 10t_w) \times R_d(273.15 + t_d)} \end{aligned}$$
$$(5\text{-}11)$$

$$\rho_s(t_w,t_d) = \frac{P_s(t_d)}{R_v(273.15 + t_d)} \quad (5\text{-}12)$$

式中　$\rho_v(P,t_w,t_d)$——湿空气绝对湿度，kg/m^3；

　　　$\rho_d(P,t_w,t_d)$——干空气绝对湿度，kg/m^3；

　　　$\rho_s(t_w,t_d)$——湿空气的饱和湿度，kg/m^3。

由于标准状态下水蒸气相对分子质量 $M_v = 18.016$，干空气相对分子质量 $M_d = 28.97$，得：

$$R_v = \frac{R}{M_v} = \frac{8.314}{18.016 \times 10^{-3}} \approx 461.5\ \text{J}/(\text{kg} \cdot \text{K}) \quad (5\text{-}13)$$

$$R_{\mathrm{d}} = \frac{R}{M_{\mathrm{d}}} = \frac{8.314}{28.97 \times 10^{-3}} \approx 287 \ \mathrm{J/(kg \cdot K)} \tag{5-14}$$

（4）湿空气密度

湿空气的密度 $\rho(P, t_{\mathrm{w}}, t_{\mathrm{d}})$ 是 1 m³ 空气中所含干空气质量和水蒸气质量之和，即：

$$\rho(P, t_{\mathrm{w}}, t_{\mathrm{d}}) = \rho_{\mathrm{v}}(P, t_{\mathrm{w}}, t_{\mathrm{d}}) + \rho_{\mathrm{d}}(P, t_{\mathrm{w}}, t_{\mathrm{d}}) \tag{5-15}$$

综合式(5-10)至式(5-15)得湿空气密度公式为：

$$
\begin{aligned}
\rho(P, t_{\mathrm{w}}, t_{\mathrm{d}}) &= \frac{\varphi(P, t_{\mathrm{w}}, t_{\mathrm{d}}) P_{\mathrm{s}}(t_{\mathrm{d}})}{461.5 \times (273.15 + t_{\mathrm{d}})} + \frac{P - \varphi(P, t_{\mathrm{w}}, t_{\mathrm{d}}) P_{\mathrm{s}}(t_{\mathrm{d}})}{287 \times (273.15 + t_{\mathrm{d}})} \\
&= \frac{0.003\,484 \left[P - 0.378 \varphi(P, t_{\mathrm{w}}, t_{\mathrm{d}}) P_{\mathrm{s}}(t_{\mathrm{d}}) \right]}{273.15 + t_{\mathrm{d}}}
\end{aligned}
\tag{5-16}
$$

5.1.2 巷道几何参数的计算

阻力测定中风量的误差除受附近巷道风门开启等偶然因素影响外，断面测量不准是其主要原因之一。对巷道断面和周界采用下面公式计算：

（1）三心拱巷道

$$S(W, H) = W \times (H - 0.086\,7W) \tag{5-17}$$

$$U(W, H) = 3.85 \sqrt{S(W, H)} \tag{5-18}$$

式中　$S(W, H)$——巷道断面面积，m²；

　　　$U(W, H)$——巷道断面周长，m；

　　　W——巷道宽度或腰线间宽度，m；

　　　H——巷道高，m。

（2）半圆拱巷道

$$S(W, H) = W\left(\frac{\pi}{8}W + H\right) \tag{5-19}$$

$$U(W, H) = W\left(\frac{\pi}{2} + 1\right) + 2H \tag{5-20}$$

（3）梯形巷道

$$S(W, H) = \frac{(W_1 + W_2)}{2} \times H \tag{5-21}$$

$$U(W, H) = 4.16 \times \sqrt{S(W, H)} \tag{5-22}$$

式中　W_1、W_2——分别表示巷道上部宽度和巷道下部宽度，m。

（4）矩形巷道

$$S(W, H) = W \times H \tag{5-23}$$

$$U(W, H) = 2 \times (H + W) \tag{5-24}$$

（5）圆形巷道

为统一,圆形和其他形状函数形式相同,W 和 H 都是对应圆的直径。

计算的时候令

$$R(W,H) = (W + H)/4 \tag{5-25}$$

$$S(W,H) = \pi R(W + H)^2/16 \tag{5-26}$$

$$U(W,H) = 2\pi R(W + H)/2 \tag{5-27}$$

5.1.3 矿井通风阻力相关参数实时计算

（1）λ 系数

据报道有学者在壁面能分别胶结各种粗细砂粒的圆管中,实验得出流态不同的水流 λ 系数和管壁的粗糙度、Re 的关系。实验是用管壁平均突起的高度（即绝对的平均直径）$k(\mathrm{m})$ 和管道的直径 $d(\mathrm{m})$ 之比来表示管壁的相对光滑度。在 $\lg Re \geqslant 5.0 (Re \geqslant 100\ 000)$ 时,即当流体作完全紊流状态流动时,λ 系数和 Re 无关,只和管壁的相对光滑度有关,管壁的相对光滑度越大,λ 值越小。其实验式为：

$$\lambda(k,S,U) = \cfrac{1}{\left(1.74 + \lg \cfrac{d(S,U)}{k}\right)^2} \tag{5-28}$$

式中　S——巷道断面面积,m^2；

　　　U——巷道断面周长,m；

　　　$d(S,U)$——管道的当量直径,m；

　　　k——管壁平均突起的高度,也称绝对粗糙度,m。

$$d(S,U) = 4r = \frac{4S}{U} \tag{5-29}$$

则将式（5-29）代入式（5-28）得：

$$\lambda(k,S,U) = \cfrac{1}{\left(1.74 + \lg \cfrac{4S}{kU}\right)^2} \tag{5-30}$$

（2）绝对粗糙度

风流在井巷中作均匀流动时,沿程受到井巷固定壁面的限制,引起内外摩擦阻力。前人实验得出水流在圆管中的沿程阻力公式为：

$$h(k,S,U,L,P,t_w,t_d,Q) = \frac{\lambda(k,S,U)\rho(P,t_w,t_d)LV(Q,S)^2}{2d} \tag{5-31}$$

每一段井巷中的风流流速 v 为：

$$v(Q,S) = Q/S \tag{5-32}$$

式中　Q——井巷中的风流流量，m^3/s。

将式(5-29)、式(5-32)代入式(5-31)得出水流在圆管中的沿程阻力公式是：

$$h(k,S,U,L,P,t_w,t_d,Q) = \frac{\lambda(k,S,U)\rho(P,t_w,t_d)LU}{8S^3}Q^2 \tag{5-33}$$

上式是矿井风流摩擦阻力计算式的基础，它对于不同流态的风流都能应用，只是流态不同时，式中绝对粗糙度 $\lambda(k,S,U)$ 的实验表达式不同，把式(5-30)代入式(5-33)得：

$$h(k,S,U,L,P,t_w,t_d,Q) = \frac{\dfrac{1}{\left(1.74+\lg\dfrac{4S}{kU}\right)^2}\rho(P,t_w,t_d)LU}{8\,S^3}Q^2 \tag{5-34}$$

则根据式(5-34)可推出 $k(S,U,P,t_w,t_d,L,Q)$。

$$k(S,U,L,P,t_w,t_d,Q) = 4\,\frac{S}{U}\times 10^{1.74-\sqrt{\frac{\rho(P,t_w,t_d)LUQ^2}{8S^3h(k,S,U,L,P,t_w,t_d,Q)}}} \tag{5-35}$$

（3）摩擦阻力系数与摩擦阻力

因矿井空气密度 $\rho(P,t_w,t_d)$ 变化不大，而且对于尺度和支护已定型的井巷，其壁面的相对光滑度是定值，则在完全紊流状态下，$\lambda(k,S,U)$ 值是常数，井巷的 α 值只受 $\lambda(k,S,U)$ 或 $\rho(P,t_w,t_d)$ 的影响。对于尺寸和支护已定型的井巷，α 值与 $\lambda(k,S,U)$ 或 ρ 成正比。故把上式中的 $\dfrac{\lambda(k,S,U)\rho(P,t_w,t_d)}{8}$ 用系数 α 来表示，即：

$$\begin{aligned}\alpha(k,S,U,P,t_w,t_d) &= \frac{\lambda(k,S,U)\rho(P,t_w,t_d)}{8}\\ &= \frac{\rho(P,t_w,t_d)}{8\left(1.74+\lg\dfrac{4S}{kU}\right)^2}\end{aligned} \tag{5-36}$$

$$h(k,S,U,L,P,t_w,t_d,Q) = \frac{\alpha(k,S,U,P,t_w,t_d)LU}{S^3}Q^2 \tag{5-37}$$

（4）标准摩擦阻力系数

$$\begin{aligned}\alpha_s(k,S,U) &= \frac{1.2}{\rho(P,t_w,t_d)}\alpha(k,S,U,P,t_w,t_d)\\ &= \frac{3}{20\left(1.74+\lg\dfrac{4S}{kU}\right)^2}\end{aligned} \tag{5-38}$$

$$\alpha(k,S,U,P,t_w,t_d) = \alpha_s(k,S,U)\frac{\rho(P,t_w,t_d)}{1.2} \tag{5-39}$$

$$k_\rho(P,t_w,t_d) = \frac{\rho(P,t_w,t_d)}{1.2} \tag{5-40}$$

$$\alpha(k,S,U,P,t_w,t_d) = k_\rho(P,t_w,t_d)\alpha_s(k,S,U) \tag{5-41}$$

式中　$k_\rho(P,t_w,t_d)$——密度矫正系数；

　　　$\alpha_s(k,S,U)$——标准摩擦阻力系数，$N \cdot s^2/m^4$。

（5）风阻与标准风阻

前面介绍了井下多数风流属于完全紊流状态，故下面重点讨论完全紊流状态下的摩擦阻力。把式（5-41）代入式（5-37），得：

$$h(k,S,U,L,P,t_w,t_d,Q) = \frac{\rho(P,t_w,t_d)}{1.2} \frac{\alpha_s(k,S,U)LU}{S^3} Q^2 \tag{5-42}$$

$$R(k,S,U,L,P,t_w,t_d) = \frac{\rho(P,t_w,t_d)}{1.2} \frac{\alpha_s(k,S,U)LU}{S^3} \tag{5-43}$$

$$R_s(k,S,U,L) = \frac{\alpha_s(k,S,U)LU}{S^3} = \frac{3LU}{20\,S^3\left(1.74+\lg\dfrac{4S}{kU}\right)^2} \tag{5-44}$$

综合式（5-43）、式（5-44）得：

$$R(k,S,U,L,P,t_w,t_d) = \frac{\rho(P,t_w,t_d)}{1.2} R_s(k,S,U,L) \tag{5-45}$$

（6）摩擦阻力

综合上述得摩擦阻力 $h(k,S,U,P,t_w,t_d,L,Q)$：

$$h(k,S,U,L,P,t_w,t_d,Q) = R(k,S,U,L,P,t_w,t_d)Q^2$$
$$= \frac{\rho(P,t_w,t_d)}{1.2} R_s(k,S,U,L)Q^2 \tag{5-46}$$

由于在计算时 Q 可能为负值，为保证摩擦阻力计算的准确性，Q^2 可以用 $Q|Q|$ 代替，可得式（5-47）：

$$h(k,S,U,L,P,t_w,t_d,Q) = \frac{\rho(P,t_w,t_d)}{1.2} R_s(k,S,U,L)Q|Q| \tag{5-47}$$

式（5-47）可以简写为式（5-48）：

$$h = \frac{\rho}{1.2} R_s Q|Q| \tag{5-48}$$

式（5-46）、式（5-47）、式（5-48）都是完全紊流状态下摩擦阻力的计算式。只要知道井巷的 t_w、t_d、k、S、U、P 各值和其中风流的 Q 值，便可用上式计算出摩擦阻力。

5.1.4　两点间风阻的计算

由式（5-46）可知，两测点间风阻可按式（5-49）计算：

$$R_{ij}(k,S,U,L,P,t_w,t_d) = \frac{h_{ij}(k,S,U,L,P,t_w,t_d,Q)}{Q_{ij}^2} \tag{5-49}$$

式中　$R_{ij}(k,S,U,L,P,t_w,t_d)$——测点 i、j 间的风阻，$N \cdot s^2/m^8$；

　　　Q_{ij}——测点 i、j 间风量的算术平均值，m^3/s；

　　　$h_{ij}(k,S,U,L,P,t_w,t_d,Q)$——测点 i、j 间的阻力，Pa。

两点间标准风阻计算按式(5-50)计算：

$$R_{sij}(k,S,U,L,P,t_w,t_d) = \frac{1.2}{\rho_{ij}(P,t_w,t_d)} R_{ij}(k,S,U,L,P,t_w,t_d) \tag{5-50}$$

式中　$R_{sij}(k,S,U,L,P,t_w,t_d)$——标准空气密度下测点 i、j 间的标准风阻，
　　　　　　　　　　　　　　　　$N \cdot s^2/m^8$。

5.1.5　自然风压计算模型

分支自然风压随空气密度变化而变化，其自然风压表达式如下：

$$h_n(P_1,t_{d1},t_{w1},P_2,t_{d2},t_{w2},z_1,z_2) = \frac{\rho_1(P_1,t_{d1},t_{w1})+\rho_2(P_2,t_{d2},t_{w2})}{2}g(z_1-z_2)$$

$$\tag{5-51}$$

式中　$\rho_1(P_1,t_{d1},t_{w1})$、$\rho_2(P_2,t_{d2},t_{w2})$——分支始末节点的实时空气平均密度，
　　　　　　　　　　　　　　　　　　　　　　　kg/m^3；

　　　g——重力加速度，9.80 m/s^2；

　　　P_1、P_2——分支结束节点的绝对压力，Pa；

　　　t_{d1}、t_{d2}——分支始末节点的干温度，℃；

　　　t_{w1}、t_{w2}——分支始末节点的湿温度，℃；

　　　z_{j1}、z_{j2}——分支始末节点的标高，m。

5.1.6　能量守恒定律

在任一闭合回路 i 上所发生的能量转换的代数和为零，其代数和表达式如下：

$$f_i = \sum_{j=1}^{n} b_{ij}\frac{\rho_j}{1.2}R_{sj}Q_j|Q_j| - H_{Ni} - H_{fi}(Q_i) = 0 \quad i = 1,2,\cdots,M$$

$$\tag{5-52}$$

式中　f_i——沿 i 回路的阻力或风压的代数和；

　　　Q_j、R_{sj}、ρ_j——分别为 j 分支的风量、标准风阻和实时密度；

　　　H_{Ni}——i 回路实时自然风压；

　　　Q_i——i 回路通风机所在分支的风量；

$H_{fi}(Q_i)$——第 i 个通风机的风压，$H_f(Q_i)=0,i=n_f+1,n_f+2,\cdots,M$；

n_f——装有通风机的分支数或通风机台数；

b_{ij}——表示分支风流方向的符号函数，b_{ij} 值为 1 时表示 j 分支包括在 i 回路中并与回路同向；b_{ij} 值为 -1 时表示 j 分支包括在 i 回路中并与回路反向；b_{ij} 值为 0 时表示 j 分支不包括在 i 回路中；

M——矿井通风网络独立回路数。

5.1.7 质量守恒定律

在单位时间内，任一节点流入和流出的风流质量的代数和为零。习惯上取流入为正、流出为负，其节点质量守恒表达式如下：

$$\sum_{j=1}^{n} a_{ij} \rho_j Q_j = 0, i=1,2,\cdots,J \tag{5-53}$$

式中　N——矿井通风网络分支数；

　　　J——矿井通风网络节点数；

　　　ρ_j——j 分支的空气实时密度，kg/m^3；

　　　Q_j——j 分支的风量，m^3/s；

　　　a_{ij}——表示风流方向的符号函数。a_{ij} 值为 1 时表示 i 节点为 j 分支的末节点，即风流流向该节点；a_{ij} 值为 -1 时表示 i 节点为 j 分支的始节点，即风流流出该节点；a_{ij} 值为 0 时表示 i 节点不是 j 分支的端点。

5.2　煤矿半圆拱巷道风速监测值快速校正模型

煤矿井巷风量的准确测定是保证合理通风的基础。目前半圆拱巷道中风速传感器的悬挂位置主要凭经验来判断。将风速监测值与人工测得的平均风速值加以比较，确定出相应的修正系数，这显然要受到人工测量精度的影响，往往导致较大的误差，从而影响了监测系统的有效性。针对这个问题，本节通过理论分析、fluent 模拟和现场实测验证研究了半圆拱巷道断面风速分布规律，分析了监测点风速与平均风速的关系，确定了风速监测数据快速校正模型，误差一般不超过5％，为实现通过监测点风速来较准确获取巷道平均风速提供了有力保障。

苏联沃洛宁于 1951 年首次利用紊流流动方程建立了矿井通风的基础理论——巷道中风流速度的分布函数，并用它对矿井通风过程进行了系统的研究，研究了巷道中风速分布函数。1982 年，北京钢铁学院暨朝颂对沃洛宁 ＢＨ 公式提出异议，通过适当调整普朗特混合长度重新定义了紊流流动的切应力，并将稳流切应力视为坐标位置的变量，通过数学处理得到了巷道断面的速度分布函数。

巷道断面某点风速值与该断面平均风速值之间存在线性函数关系，可以利用一元线性回归分析法得到断面某点风速值与平均风速值之间的近似函数关系。

实验表明[19-22]，巷道断面上时均速度分布是不均匀的，巷道断面上某点风速与空间位置有关，因此风速传感器布置在某一巷道断面上不同的位置可能有不同的监测数据。巷道中某一范围的风速分布随着巷道平均风速的变化呈线性关系变化，利用该线性关系，通过巷道中某点的风速监测值校正后可获得该巷道平均风速。若要根据巷道中某点的风速监测值准确获得巷道平均风速值，必须进行巷道风流场实验或模拟研究，才能分析确定出风速传感器合理悬挂位置和平均风速监测校正模型，因此有必要研究确定出风速传感器合理悬挂位置和平均风速监测快速校正模型。

5.2.1 紊流粗糙圆管流动规律分析

当流体呈紊流状态时，由尼古拉兹的实验资料，利用半经验公式[22]，可知通过完全粗糙圆管断面风速分布公式如下。

（1）紊流核心区某点时均流速 $\bar{u}$

$$\bar{u} = U^* \left(2.5\ln\frac{y}{k} + 8.5 \right) \tag{5-54}$$

式中　U^*——湍流特征速度；

　　　y——由壁面起沿半径内向的距离；

　　　k——绝对粗糙度。

（2）平均流速 V_m

$$V_m = U^* \left(2.5\ln\frac{r_o}{k} + 4.75 \right) \tag{5-55}$$

式中　r_o——管道半径。

（3）最大流速 V_{max}

$$V_{max} = U^* \left(2.5\ln\frac{r_o}{k} + 8.5 \right) \tag{5-56}$$

由式（5-54）和式（5-55）可得圆管时均速度与平均流速之比的表达式：

$$\frac{\bar{u}}{V_m} = \frac{2.5\ln\dfrac{y}{k} + 8.5}{2.5\ln\dfrac{r_o}{k} + 4.75} = \frac{1}{\ln r_o - \ln k + 1.9}\ln y + \frac{3.4 - \ln k}{\ln r_o - \ln k + 1.9}$$

$$\tag{5-57}$$

因此 $\bar{u}/V_m$ 与半径 r_o、粗糙度 k 及位置 y 成对数关系，对于确定的巷道，其半径 r_o（当量半径）、绝对粗糙度 k 均为常数，$\bar{u}/V_m$ 只与某点本身的径向位置 y 有关。下面通过数值模拟和现场实测数据拟合验证公式(5-57)是否可以应用于煤矿半圆拱巷道风速分布。

5.2.2　半圆拱巷道断面风速分布数值模拟

（1）数值模型建立

考虑到风速分布场受巷道交汇点影响,因而选取三河尖煤矿长为 80 m 的规则半圆拱巷道建立模型[23,24],取其中 40 m 处的横截面为研究对象,如图 5-1 所示。对所建立的巷道模型进行网格划分,其中断面网格划分如图 5-2 所示。

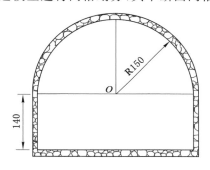

图 5-1　水平巷断面网格划分图

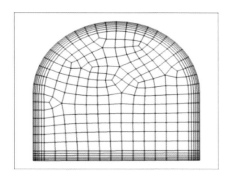

图 5-2　水平半圆拱巷道断面网格划分

对所建立的巷道模型利用标准 $k:\varepsilon$ 模型进行计算,标准 $k:\varepsilon$ 模型具有适用范围广、经济、精度合理的特点。标准 $k:\varepsilon$ 二方程模型假定湍动黏度 μ_i 各向同性,其基本方程如下。

$$\frac{\partial(\rho k)}{\partial t}+\frac{\partial(\rho k u_i)}{\partial x_i}=\frac{\partial}{\partial x_j}\left[\left(\mu+\frac{\mu_i}{\alpha_k}\right)\frac{\partial k}{\partial x_j}\right]+G_K+G_b-\rho\varepsilon-Y_M+S_K$$

(5-58)

$$\frac{\partial(\rho\varepsilon)}{\partial t}+\frac{\partial(\rho\varepsilon\,u_i)}{\partial x_i}=\frac{\partial}{\partial x_j}\left[\left(\mu+\frac{\mu_i}{\alpha_\varepsilon}\right)\frac{\partial\varepsilon}{\partial x_j}\right]+C_{1\varepsilon}\frac{\varepsilon}{K}(G_K+C_{3\varepsilon}G_b)-C_{2\varepsilon}\rho\frac{\varepsilon^2}{K}+S_\varepsilon$$

$$(5-59)$$

式中　　k——紊流脉动动能,J;

　　　　ε——紊流脉动动能耗散率;

　　　　G_K——由于平均速度梯度引起的湍动能产生项;

　　　　G_b——由于浮力引起的湍动能 K 的产生项;

　　　　Y_M——代表可压缩流中脉动扩张的贡献;

　　　　$C_{1\varepsilon}$、$C_{2\varepsilon}$、$C_{3\varepsilon}$——经验常数;

　　　　α_K、α_ε——分别为湍动能 K 和耗散率对应的普朗特数;

　　　　S_K、S_ε——用户定义的源项。

（2）数值模拟

对巷道不同断面三维模型风速分布进行数值模拟,以了解不同断面下风速分布规律,并分析半圆拱巷道断面风速分布特点。

以巷道长度方向（80 m方向）为 X 轴方向,则研究对象为风流沿 X 轴向的速度。设置半圆拱巷道模型流速为该巷道实测风速 2.7 m/s,对巷道 40 m 处的横截面风速分布进行模拟。设置迭代次数及边界条件,对模型计算残差并得到其断面速度分布云图,结果如图 5-3（a）所示。残差曲线趋于平缓,并且 X 轴的速度残差趋于 10^{-3} 以下,显示残差趋于收敛,对 X 轴的速度分析误差合理。图 5-3（b）所示为模拟半圆拱巷道断面风速分布场。

通过数值模拟研究表明,在半圆拱巷道断面中心部分区域存在最大风速,在半圆拱巷道断面上方半圆区域内风速分布与圆形分布比较相似,受下面矩形区域影响较小,圆管时均速度与平均流速之比的公式（5-58）可以在半圆拱巷道断面风速分布研究中应用。下面将用煤矿现场实测数据进行进一步验证,并进行误差分析。

5.2.3　现场实测及 $\bar{u}/V_m$ 校正模型分析

（1）测定方案及测定结果

选取三河尖煤矿某一规则半圆拱巷道中 80 m 处进行现场实测,测风方案如图 5-4 所示,其中圆点为风速测点,在测定直线 AO、BO、CO、DO、EO 上的位置依次是 1、2、3、4,距离壁面的距离分别为 0.38 m、0.75 m、1.13 m、1.50 m,相邻两条测定直线间夹角为 45°,共布置 16 个测点,测定的巷道平均风速 $V_m=$ 2.63 m/s,测点风速测定结果如表 5-1 所示。

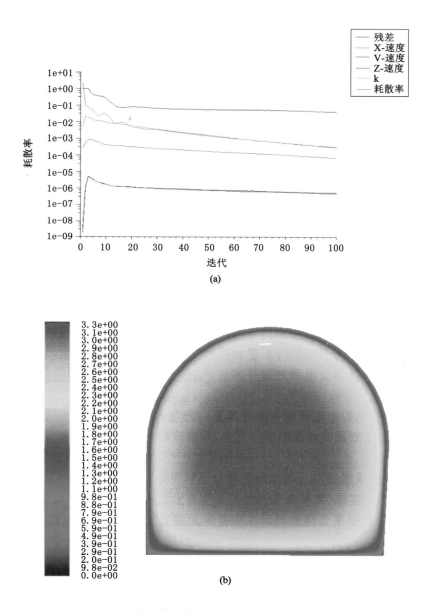

(a)

(b)

图 5-3 半圆拱巷道断面风速分布规律、分布特点

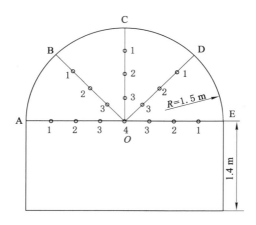

图 5-4　半圆拱巷道测点布置图

表 5-1　$R=1.5$ m 半圆拱巷道断面风速测定数据

测点编号	Y/m	$\bar{u}/(m/s)$	$\bar{u}/V_m$
A1	0.38	2.66	1.011 4
B1	0.38	2.65	1.007 6
C1	0.38	2.71	1.030 4
D1	0.38	2.72	1.034 2
E1	0.38	2.70	1.026 6
A2	0.75	2.91	1.106 5
B2	0.75	2.84	1.079 8
C2	0.75	2.87	1.091 3
D2	0.75	2.93	1.114 1
E2	0.75	2.90	1.102 7
A3	1.13	3.01	1.144 5
B3	1.13	2.98	1.133 1
C3	1.13	2.94	1.117 9
D3	1.13	2.96	1.125 5
E3	1.13	2.99	1.136 9
O4	1.50	3.07	1.167 3

（2）$\bar{u}/V_m$ 快速校正模型分析

应用 Excel 对表 5-1 中 $\bar{u}/V_m$ 与测点坐标之间的关系进行拟合，得到拟合曲线如图 5-5 所示,拟合函数如式(5-60)所示。

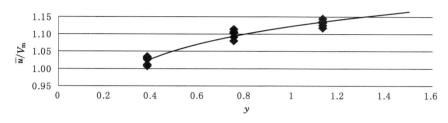

图 5-5　断面某点风速 $\overline{u}$ 与平均风速 V_m 函数关系拟合曲线

$$\overline{u}/V_m = 0.099\ 8\ln(y) + 1.093\ 9 \tag{5-60}$$

　　根据表 5-1 实测数据值以及巷道径向某点风速与平均风速的关系,可由各实测风速值 $\overline{u}$ 利用拟合公式(5-60)计算得到 y 与其对应的平均风速值 V_m',结果见表 5-2。平均风速值 V_m' 与实际平均风速 V_m 相对误差计算公式如式(5-61)所示,由各点计算得到的相对误差如表 5-2 所示。

$$\delta = \frac{|V_m' - V_m|}{V_m} \times 100\% \tag{5-61}$$

表 5-2　由各点计算平均风速值及相应误差

测点编号	y	$\overline{u}/(\mathrm{m/s})$	$V_m'/(\mathrm{m/s})$	$\delta/\%$
A1	0.38	2.66	2.67	1.41
B2	0.38	2.65	2.66	1.03
C3	0.38	2.71	2.72	3.32
D4	0.38	2.72	2.73	3.70
E5	0.38	2.7	2.71	2.94
A2	0.75	2.91	2.73	3.87
B2	0.75	2.84	2.67	1.38
C2	0.75	2.87	2.69	2.45
D2	0.75	2.93	2.75	4.59
E2	0.75	2.9	2.72	3.52
A3	1.13	3.01	2.72	3.47
B3	1.13	2.98	2.69	2.44
C3	1.13	2.94	2.66	1.06
D3	1.13	2.96	2.68	1.75
E3	1.13	2.99	2.70	2.78
O4	1.50	3.07	2.71	2.90

由表 5-2 可知，误差介于 $1.03\%\sim4.59\%$，平均误差为 2.66%，远小于工程容许 5% 的误差，说明可以在该半圆拱巷道断面半圆区域内监测任意一点风速，利用式(5-60)计算可以得到该巷道的平均风速。

式(5-60)的拟合结果与式(5-58)的理论分析结果相吻合，写成一般表达式为：

$$\overline{u}/V_{\mathrm{m}} = a\ln y + b \tag{5-62}$$

式中 a、b——常数。

根据断面某点风速 $\overline{u}$ 与平均风速 V_{m} 函数关系[式(5-62)]，得到断面平均风速 V_{m} 与其径向坐标 y 的一元函数关系式，即：

$$V_{\mathrm{m}} = \overline{u}/(a\ln y + b) \tag{5-63}$$

由式(5-63)得到了井巷断面某点风速值，从而取代了测定其平均风速值。

由式(5-58)和式(5-62)做比较可知：

$$a = \frac{1}{\ln r_{\circ} - \ln k + 1.9} \tag{5-64}$$

$$b = \frac{3.4 - \ln k}{\ln r_{\circ} - \ln k + 1.9} \tag{5-65}$$

从式(5-64)和式(5-65)可以看出，a、b 系数只与断面半径 $r_{\circ}$ 和绝对粗糙度 ε 有关系。

绝对粗糙度 k，一般介于 $0.001\sim0.010$ m 之间，取 $r_{\circ}=1.5$ m，利用公式(5-61)和表 5-1 实测数据分别计算绝对粗糙度 k 取值为 $0.001\sim0.010$ 时的误差如表 5-3 所示。

表 5-3 不同 k 取值条件下计算各测点相对误差分析　　　　　单位:%

测点	k									
	0.001	0.002	0.003	0.004	0.005	0.006	0.007	0.008	0.009	0.010
A1	−0.23	−0.34	−0.42	−0.47	−0.52	−0.56	−0.60	−0.63	−0.66	−0.68
B1	−0.61	−0.72	−0.79	−0.85	−0.89	−0.93	−0.97	−1.00	−1.03	−1.06
C1	1.64	1.53	1.45	1.40	1.35	1.31	1.27	1.24	1.21	1.18
D1	2.02	1.90	1.83	1.77	1.72	1.68	1.65	1.61	1.58	1.56
E1	1.27	1.15	1.08	1.02	0.98	0.94	0.90	0.87	0.84	0.81
A2	1.74	1.07	0.64	0.31	0.03	−0.20	−0.41	−0.60	−0.77	−0.92
B2	−0.71	−1.36	−1.78	−2.11	−2.37	−2.60	−2.81	−2.99	−3.15	−3.30
C2	0.34	−0.31	−0.74	−1.07	−1.34	−1.58	−1.78	−1.96	−2.13	−2.28
D2	2.44	1.77	1.33	1.00	0.72	0.48	0.27	0.09	−0.08	−0.24

表 5-3(续)

测点	k									
	0.001	0.002	0.003	0.004	0.005	0.006	0.007	0.008	0.009	0.010
E2	1.39	0.73	0.29	-0.04	-0.31	-0.55	-0.75	-0.94	-1.11	-1.26
A3	1.10	0.15	-0.47	-0.95	-1.34	-1.67	-1.97	-2.23	-2.47	-2.69
B3	0.09	-0.85	-1.47	-1.94	-2.32	-2.65	-2.94	-3.20	-3.44	-3.66
C3	-1.25	-2.18	-2.79	-3.25	-3.63	-3.96	-4.25	-4.50	-4.73	-4.95
D3	-0.58	-1.52	-2.13	-2.59	-2.98	-3.31	-3.59	-3.85	-4.09	-4.30
E3	0.43	-0.52	-1.14	-1.61	-1.99	-2.33	-2.62	-2.88	-3.11	-3.33
O4	0.39	-0.74	-1.48	-2.04	-2.50	-2.90	-3.24	-3.55	-3.83	-4.09

从表 5-3 可以看出,对于煤矿巷道通风而言,绝对粗糙度 k 对风速分布影响不是很大,为便于在煤矿使用,绝对粗糙度 k 取 0.001～0.010 之间的平均值 0.005 5,如果令 $k=0.005 5$,由式(5-63)、式(5-64)、式(5-65)可以得到断面平均风速 V_m 与其径向坐标 y 的简化函数关系式,即:

$$V_m = \frac{\ln r_o + 7.1}{\ln y + 8.6} \bar{u} \tag{5-66}$$

从简化的公式(5-66)可以看出,在平均风速一定的情况下,断面中某一点的时均风速仅与半径和点位置有关,而且如果令 $V_m = \bar{u}$,那么 $y = e^{-1.5} r_o$,当风速传感器与壁面的距离 $y = e^{-1.5} r_o$ 时,$\bar{u}/V_m = 1$,即监测的点风速 $\bar{u}$ 就是巷道的平均风速 V_m。

为了进一步验证公式(5-66)在不同面积、不同风量、不同半径 r_o 半圆拱巷道断面下是否适用,如图 5-6 所示,随机选取了 F、G、H 三个断面,半径 r_o 分别为

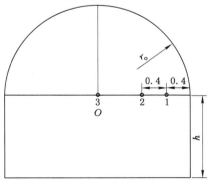

图 5-6 半圆拱巷道测点布置图 2

2.38 m、2.07 m、1.50 m,按照图 5-6 的测定方案,每个断面测 3 个点,共测了 9 个点风速,运用公式(5-66)计算了相应的平均风速,并用公式(5-61)计算了相应的相对误差,具体如表5-4所示,结果显示相对误差在 0.32%~2.68%之间,进一步证明了公式(5-66)可以在煤矿半圆拱巷道断面风速监测值校正中应用。

表 5-4   F、G、H 半圆拱巷道断面点风速测定结果及误差分析

测点编号	r_o/m	h/m	y/m	$\bar{u}$/(m/s)	V_m/(m/s)	V_m'/(m/s)	δ/%
F1	2.38	1.52	0.40	2.59		2.69	2.50
F2	2.38	1.52	0.80	2.79	2.62	2.65	1.28
F3	2.38	1.52	2.38	3.06		2.58	1.71
G1	2.07	1.43	0.40	6.45		6.57	1.87
G2	2.07	1.43	0.80	6.85	6.45	6.40	0.76
G3	2.07	1.43	2.07	7.48		6.28	2.68
H1	1.52	1.60	0.40	3.81		3.73	0.32
H2	1.52	1.60	0.80	4.25	3.74	3.81	2.00
H3	1.52	1.60	1.52	4.43		3.69	1.25

通过表 5-3 分析可以知道,绝对粗糙度越大、距离巷道壁面越远误差越大,因此建议风速传感器悬挂在风速稳定、断面比较光滑的位置,距离壁面的距离为 0.4~0.6 m。

如果有条件的话,可以将巷道绝对粗糙度测出来,应用式(5-63)对监测点的风速进行校正,误差应该会更小。

5.3   矿井通风网络实时解算条件与准确率分析

5.3.1   通风网络实时解算条件与数学模型

(1)巷道断面面积和周长确定

巷道断面面积和周长用激光断面仪测定后确定,或者按巷道断面形状,根据测量数据计算其断面面积和周长。

(2)井巷通风标准阻力系数确定

进行通风网络实时解算之前必须提供矿井通风网络井巷的准确的通风阻力系数。矿井巷道通风阻力系数依据 MT/T 440 用压差计法进行阻力测定后计算确定[25]。

（3）井巷实时风阻确定

对于井巷实时风阻，可以采用高精度线风速传感器监测风量（精度不低于0.1 m/s），采用压差计法监测阻力（精度不低于1 Pa），然后可以实时计算井巷风阻。

（4）固定风量分支实时风量确定

对于部分变风阻分支（如回采工作面分支）无法监测阻力，可以采用高精度线风速传感器监测风量（精度不低于0.1 m/s），实时解算时该分支作为固定风量分支处理。

（5）变风阻分支实时风阻确定

对于部分变风阻分支，监测实时风阻时要依据（3）所给出的方法。

（6）最大固定风量分支数

去掉固定风路后通风网络仍能保持连通性[26]。

（7）实时通风机特性曲线

通风机特性曲线的测试依据 MT 421 进行[27]。网络解算中，通风机特性曲线方程可以采用分段三次以上非线性方程等任何能够完整准确表达通风机特性曲线的方程来描述，不宜采用容易导致网络解算假收敛的单一二次抛物线方程来描述通风机风压特性曲线。计算通风机风压特性曲线中的风压应先测算出通风机入风侧风流的相对静压h_i以及同一断面上的动压h_{vi}，计算公式如下：

$$H_s = h_i - h_{vi} \tag{5-67}$$

$$h_{vi}(P, t_w, t_d, v) = \frac{\rho_i(P, t_w, t_d) v_i^2}{2} \tag{5-68}$$

则综合式（5-67）、式（5-68）得：

$$H_s(P, t_w, t_d, v) = h_i - \frac{\rho_i(P, t_w, t_d) v_i^2}{2} \tag{5-69}$$

式中 $H_s(P, t_w, t_d, v)$——通风机风压，Pa；

h_i——通风机入风侧i点的相对静压，Pa；

$h_{vi}(P, t_w, t_d, v)$——通风机入风侧i点所在断面的动压，Pa；

$\rho_i(P, t_w, t_d)$——通风机入风侧i点的空气密度，kg/m³；

v——通风机入风侧i点所在断面的平均风速，m/s。

由式（5-67）、式（5-68）可知通风机风压会随着空气密度的变化而变化，所以在绘制通风机特性曲线时应参考空气密度的变化对通风机风压进行校正。

（8）矿井通风网络实时解算数学模型

对矿井通风网络实时解算数学模型的求解可采用牛顿法、克劳斯法（又称斯考德-恒斯雷法)以及节点风压法等有效数值计算方法。井巷摩擦阻力系数、风阻、自然风压、通风机特性曲线要根据井巷实时空气密度进行修正;井巷实时空气密度根据实时监测的大气压力、干湿温度进行确定。

5.3.2 实时解算准确率分析

(1) 分支风量实时解算准确率

运用高精度线风速传感器(精度不低于 0.1 m/s)监测一定数量主要风路的风量,用于检验矿井通风网络实时解算风量准确率。程序应包含一个检验风量解算准确率的模块,以便在完成矿井通风网络实时解算后,验证实时解算的效果。要求风量实时解算准确率 $a_q \geqslant 95\%$,其表达式如下:

$$a_q = \frac{j}{k} \times 100\% \tag{5-70}$$

式中　a_q——矿井通风网络风量实时解算准确率,%;

　　　k——运用高精度线风速和风压传感器监测的基准井巷总数量;

　　　j——实时解算结果中风量误差 $\varepsilon \leqslant 5\%$ 的井巷数量。

ε 依据式(5-71)计算:

$$\varepsilon = \frac{|q - q'|}{q} \times 100\% \tag{5-71}$$

式中　ε——风路的风量误差,%;

　　　q——风路的实时监测风量值,m³/s;

　　　q'——风路的解算风量值,m³/s。

(2) 通风机风压实时解算准确率

矿井通风网络实时解算的通风机风压误差依据式(5-72)计算:

$$a_p = 1 - \frac{|h - h'|}{h} \times 100\% \tag{5-72}$$

式中　a_p——通风机风压实时解算准确率,%;

　　　h——通风机的实时监测风压值,Pa;

　　　h'——通风机的解算风压值,Pa。

(3) 实时解算准确率

综合考虑风量实时解算准确率和通风机风压实时解算准确率,取两者中的较小值,作为矿井通风网络实时解算准确率,其表达式如下:

$$a_c = \min(a_q, a_p) \tag{5-73}$$

式中　a_c——矿井通风网络实时解算准确率,%。

5.4　基于子网识别技术的通风网络拓扑等效简化

随着开采深度的增加和机械化程度的提高,通风网络拓扑结构也更加复杂,给矿井通风系统分析、优化和预测工作增加了很大难度[4,28,29]。应用目前的通风网络拓扑理论研究复杂与极复杂矿井通风网络的解算,网络图的绘制,通风系统可靠性、灵敏性及多通风机耦合运转模拟等问题难度较大,特别是矿井通风网络实时解算的效率受到影响,中国矿业大学、辽宁工程技术大学、英国诺丁汉大学、美国西弗吉尼亚大学等对网络拓扑方面进行了大量研究,但缺乏对通风网络等效拓扑简化的深入研究[4,28-31]。

由于通风网络越来越复杂,网络图的自动绘制、复杂通风网络等效简化、网络解算也越来越难,有时增加一条分支有可能导致通路总数的成倍增加,所以通风网络拓扑简化研究具有非常重要的意义[4]。作者近年来对于网络简化的研究表明:网络中子网的识别是复杂通风网络等效简化的关键技术。子网的快速识别对于提高网络的简化速度具有非常重要的意义,本章基于子网识别技术提出复杂通风网络递归等效简化方法。

复杂通风网络等效简化就是将符合条件的子网,利用参数等效变换将其转为等效复合分支,因此,子网的判断规则与快速识别研究对于通风网络的研究具有重要的意义。

1965 年,Parikh 和 Jewell 提出了一种网络随机分解方法,每个子网络只允许一个起始节点和一个终止节点[32]。1980 年,H. J. Genrich 正式给出网与子网的定义[4],所谓网(net)是指描述系统的组成结构,一个网就是一个没有孤立节点的有向二分图,记为 N。设 $N = (S,T;F)$ 为一个网,如果 $S_1 \subseteq S$,$T_1 \subseteq T$,$F_1 \subseteq ((S_1 \times T_1) \bigcup (T_1 \times S_1)) \bigcap F$,则称 $N = (S_1,T_1;F_1)$ 为网 N 的一个子网(subnet),子网记为 S。1983 年李毓芝给出了网络分解的三个原则:① 子网络的并集为总网络;② 各子网络中工序互不重叠;③ 每个子网络均只有一个起始节点,一个终止节点。网络层次分解法开始广泛应用。1989 年,Muller 和 Spinrad 提出组件分解法(modular decomposition),该方法是将项目网络分解成活动所组成的子集,称之为组件(module)。在上一层网络中用一个宏活动来代替它,对应于上一层网络的一道工作。实际上这就是一个子网络,它只有一个起始节点和一个终止节点,是早期的网络简化[4]。1992 年,W. W. Bein 和 J. E. Kamburowski等正式提出"网络简化"(network reduction)方法来分解网络图,其做法是将网络分为三类,一类是串联网络,一类是平行网络,一类是其他网络,串联网络和平行网络很容易简化为一个活动来代替[4]。1993 年,有学者提出将非线性设计技术 MINOS 和广义既约梯度法（generalized reduced gradient）应用到矿井通风网络简化中，并设计了相应的简化程序 MVENTOPT-GRG[4]。1997 年，刘剑教授将网络层次分析法用于通风网络的简化，并且重新定义了子网的概念，即子网必须是连通的子图，除了分支数要大于等于 2 以外，还要满足去掉子网后的网络与子网有而且必须仅有两个交点[4]。2010 年，作者对给定条件下的复杂通风网络简化过程与原理进行了研究。

将串联、并联及复杂子网等效简化为一条复合分支，基于参数等效变换对通风网络进行简化后得到的通风网络（与真实模型不同）称之为准等效拓扑通风网络；不能够再基于子网进行参数等效简化的准等效拓扑通风网络称为最简准等效拓扑通风网络[32]。最简准等效拓扑通风网络是基于复合分支和参数等效变换对通风网络进行的等效最简化，没有引入任何误差，但与真实模型不同，基于最简准等效拓扑通风网络可以对通风网络进行各种计算与分析，并且可以大大提高计算的效率，降低计算复杂度，可以对极复杂通风系统的宏观特性进行快速分析与模拟研究。

5.4.1 子网相关概念的定义

矿井通风网络结构往往是比较复杂的，为了便于对特定的研究对象进行研究，必须对复杂通风网络进行等效简化，简化的原则是简化后的网络结构必须体现出原通风系统的结构特点，不失真。常用的简化方法就是将原复杂网络中不含通风动力、研究对象、固定风量分支的子网简化为等效分支，子网简化为等效分支后，通风网络就可以得到简化。因此，子网识别研究对于通风网络的研究具有重要的意义。为了给通风网络的后续研究打好坚实的概念基础，介绍或定义子网相关概念如下[4]：

（1）子网：由网络图中分支数大于等于 2 的一部分分支组成，记为 $S(v_1, e_1)$，其必须是连通的，还要满足去掉 $S(v_1, e_1)$ 后的网络与 $S(v_1, e_1)$ 有且仅有两个分支相连[32]；

（2）子网始节点：子网开始的节点；

（3）子网末节点：子网结束的节点；

（4）子网内节点：从子网始节点到达子网末节点所经过的节点，包括子网始节点和子网末节点；

（5）子网的长度：子网内节点最多的独立通路的节点个数；

（6）根据子网中的网络拓扑关系，将子网划分为 3 种类型，即串联子网、并联子网及其他复杂连接形式的子网，其中串联子网、并联子网称为简单子网，其他子网均称为复杂子网；

（7）最简子网：不能基于复合分支再简化的子网，也就是子网内部不再含有更小子网的子网。

如图 5-7 所示，图中 $N(v(1-10),e(1-12))$ 是子网，而 $N(v(1-7),e(1-7))$ 则不是子网，$N(v(1-10),e(1-12))$ 的子网始节点为 1，末节点为 10，1～10 均为 $N(v(1-10),e(1-12))$ 的子网内节点，$N(v(1-10),e(1-12))$ 子网长度为 8；该子网还嵌套几个更小的子网，例如子网 $N(v(1-5),e(1-5))$，其子网始节点为 1，子网末节点为 5，子网内节点为 1～5，$N(v(1-5),e(1-5))$ 子网长度为 4；$N(v(1-5),e(1-5))$ 为简单子网，$N(v(6-10),e(7-12))$ 为复杂子网。

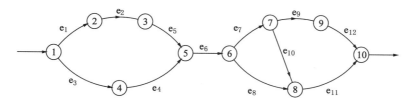

图 5-7　子网示意图

5.4.2　全部子网的识别思路

（1）简单子网的识别

一个复杂的通风网络拓扑简化时首先要进行简单子网的识别与递归简化。由于简单子网仅有两种形式，因此分别做简单判断即可。

① 并联子网的识别

始末节点相同的分支构成的子网络为并联子网，遍历通风网络分支集合，可以快速找出所有的并联子网。

② 串联子网的识别

从任一节点开始，一直向两边寻找，直到遇到分风点，这时寻找到的通路即为串联子网。遍历通风网络访问节点集合，可以快速找出所有的串联子网。

③ 递归进行并联子网和串联子网的识别

网络的复杂性在于简化过程具有层次性。即分支 x 与分支 y 并联后可能与分支 z 串联，分支 a 与分支 b 串联后可能与分支 c 并联，因此简单子网的简化需要递归进行并联子网和串联子网的识别并根据参数等效变换将其转为复合分支，直至网络中不存在串联或并联分支。

④ 复杂子网的识别

经过上述简单子网的简化，接下来需要找出复杂子网。

　　a. 利用通风网络的独立通路将所有可能为子网的始末节点对找出来。所有可能为子网的始末节点对必须满足两个条件：两节点必须同时在某条独立通路上，始节点能量高于末节点能量。

　　b. 首先从子网长度最小的开始，直至对子网长度最长的始末节点对，遍历所有可能为子网的始末节点对，根据两节点间的独立通路确定可能为子网的分支集合，再依据子网的判定方法，即判断两节点间的分支数与入度数及出度数是否相等来识别该分支集合是否为复杂子网。

　　c. 如果判断为子网后，需要继续对子网内部是否还有最简子网进行判断。为了找出子网中的复杂子网，需要对复杂子网的特性做研究：

　　图中很明显网络 $N(v(1,7,8,10,11),e(7-10,12-14))$ 为子网，而该子网中 $N(v(1,7,8,10),e(7-10,12))$ 也为子网，找出 $N(v(1,7,8,10),e(7-10,12))$ 具有非常重大的意义。

　　图中子网 $e'(1-10)$ 是由 4 条通路构成的，同时由 3 条独立通路构成。由于子网的独立通路较少，因此我们可以利用独立通路间的组合来判断是否存在复杂子网，而其判断依据和子网的判断依据相同。

　　⑤ 递归进行并联子网、串联子网和复杂子网的识别，并根据参数等效变换将其转为复合分支，直至不再含有并联子网、串联子网或复杂子网。

　　通过以上操作，可识别出全部子网。

　　(2) N 角联子网快速识别

　　在煤矿生产过程中，由于通风、行人、救灾等需要，在矿井通风网络中会形成一定数量风量和风向不稳定的角联风路。角联风路是煤矿生产过程中瓦斯、火灾、自燃事故的重要因素之一。虽然角联风路具有不稳定性，但是通风网络中如果存在角联风路，可以提高网络整体的稳定性和可靠性，而且还会降低网络的总风阻，因此，正确识别角联，无论是对于加强角联风路的管理，提高网络整体的可靠性，还是对于利用角联风路控制灾害的发生范围均有非常重要的意义。

　　以往国内外学者研究较多的是角联分支的判别问题，1925 年波兰学者 H. Czeczott 首次提出角联分支的概念[33]，H. Bystron 继而从角联分支流向与相邻分支分阻的关系给出了角联分支的严谨定义[33,34]，国际著名采矿专家波兰科学院院士 W. Budryk 对角联分支的性质、流向判别以及对通风系统的影响等问题做过系统的研究[33,34]，此外，W. Muller，M. Kolarczyk 等学者也对此进行过一系列研究[33,34]，上述学者的研究重点集中在角联分支流向的判别上，然而，确定网络中哪些分支为角联分支是判别角联分支流向的前提。1976 年法国学者 E. Simode 首次提出从网络拓扑关系上判别角联分支的数学模型[35]，并给出了两种方法,1997年刘剑教授证明了E. Simode法的其中之一是错误的[35],而另一种方法也只能确定哪条分支是角联,并不能确定角联分支的关联分支,同年刘剑教授提出了角联结构的通路法及其数学模型,2003年刘剑提出了基于θ型角联七元组的计算机自动识别方法,解决了角联结构七元组的识别问题,但是该方法的效率并不高。2005年,为了简化运算,蔡峰等利用角联分支两侧通路与正负导线的等价关系,提出了基于串并联简化后的角联分支的快速识别法[35]。由于反向推理识别角联的盲目性,2010年,为了继续提高搜索速度,司俊鸿、陈开岩提出了基于无向图的角联独立不相交通路法[36]。

上述方法确定角联结构的效率均不高,基于此,本书提出了基于子网模型快速寻找 N 角联结构的方法。N 角联是角联中最常见的一种,所谓 N 角联是指直接连接两个独立不相交通路的角联,而且角联必须是子网。图5-8所示为3角联(分支可以是由任意子网简化而来的复合分支)。

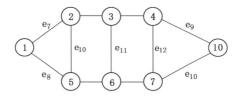

图5-8　角联

N 角联具有如下性质:

① 其节点数为 $2n+2$;

② 其分支数为 $3n+2$;

③ 其入度数为 $3n+2$,出度数为 $3n+2$,度数为 $6n+4$;

④ 分支数－节点数＝角联数。

因此我们判断 N 角联可以从两方面来入手:

第一,特征法。凡是满足 N 角联四个性质的角联都可以叫作 N 角联。

第二,最长通路法。由于 N 角联的对称性,即最长通路数有且仅有两条,而且这两条通路数的相同分支方向相反的个数即为 N 角联的 N;独立不相交通路数也有且仅有两条,而且其分支数比最长通路少 $2n-1$。因此,对于一个子网,如果其最长通路数有且仅有两条,而且其独立不相交通路数也有且仅有两条,而且假设两条最长通路相同分支方向相反的个数 n,而该子网独立不相交的分支数比最长通路少 $2n-1$,那么就可以说该子网为 N 角联。

上述两种方法简单可靠,易于判断。

5.4.3　子网的判定规则

为找出所有的子网,需要对子网的特性进行研究。节点的入度数定义为进入该节点的分支数,节点的出度数定义为从该节点出去的分支数,子网始节点的入度数定义为 0,子网末节点的出度数定义为 0。

从图 5-9 中可以看出,该子网的入度数为 5,出度数为 5,分支数量也为 5,子网入度数＝子网出度数＝子网分支数,这是因为子网的入度数或者出度数正好将每个分支遍历一遍,而如果不是子网,那么其必然有旁支,如图 5-10 所示。该网络分支为 5,入度数为 5,出度数为 6,上述等式不再成立,简单子网也满足上述关系式。

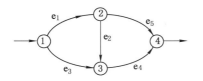

图 5-9　经简单子网简化后的子网　　　　图 5-10　存在旁支的网络

综上可以得出子网的一个重要性质,子网的分支数＝子网入度数＝子网分度数。那么可以对子网的识别制定出判定规则,即只要该网络的分支数大于 1,而且分支数等于其出度数和入度数,就称该网络为子网。

找出子网后,应继续判断其内部是否有子网,如果没有,可以将其等效简化为复合分支。如果有,继续寻找更小的子网,直到找到最简子网为止,为找出子网中的复杂子网,需要对复杂子网的特性做研究。如图 5-11 所示,很明显网络 $N(v(1-5),e(1-7))$ 为子网,而该子网中 $N(v(1-4),e(1-5))$ 也为子网,找出子网 $N(v(1-4),e(1-5))$ 同样具有重要意义。由于子网的独立通路很少,因此可以利用独立通路间的组合来判断内部是否存在子网,而其判断依据和子网的判断依据相同。

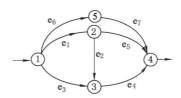

图 5-11　复杂子网

5.4.4　最简准等效拓扑简化

如图 5-12 所示,对复杂通风网络基于复合分支对串联子网、并联子网及复杂子网进行识别、参数等效变换递归简化后,可得到最简准等效拓扑通风网络[16],代替真拓扑通风网络来研究各类通风问题,可以提高计算效率,可以对通风系统的宏观特性进行快速模拟与分析研究。

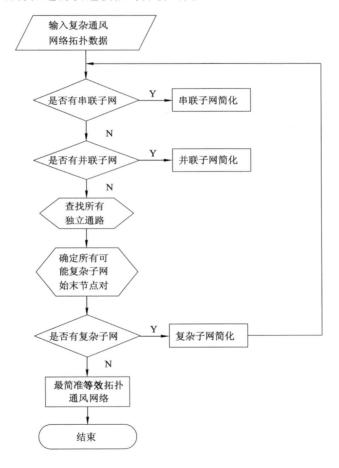

图 5-12　最简准等效拓扑通风网络简化流程

5.4.5　最简准等效拓扑在网络图自动绘制中的应用

基于子网的通风网络图绘制,是指在网络简化、当前最长通路的基础上,将子网以复合分支的形式参与布局,网络图绘制完后,再对子网内的分支进行布局,该方法大大提高了网络图绘制时优化布局的效率,从而达到快速绘制网络图的目的。

应用基于以上成果开发的 VSE 软件分析霍州煤电辛置煤矿通风网络(含 179 条分支、116 个节点,含有 57 条独立通路)时,有效提高了分析速度。以最简准等效拓扑简化在分析与绘制通风网络图方面的应用为例:为使自动绘制的通风网络图美观实用,需要进行大量运算以优化分支曲率,在未应用通风网络拓扑最简准等效简化之前,分析与自动绘制通风网络图需要 8.01 s;在进行通风网络拓扑最简准等效简化之后,通过分析、优化分支曲率及相关算法绘制相同的通风网络图需要 5.08 s,节省了 2.93 s,分析效率提高了 36.58%。

5.5　基于参数等效变换的通风网络解算改进

为提高解算效率,对基于复合分支的通风网络简化和参数等效变换进行研究。

5.5.1　改进思路

矿井通风网络简化对提高与通风网络拓扑关系相关的计算程序的运算速度以及降低计算机内存占有量具有重要意义,有时风路增加一条有可能导致通路总数的成倍增加,所以对通风网络进行自动简化处理具有非常重要的意义。

结合矿井通风网络解算及子网中的分支关系,将能够进行参数等效变换的子网划分为两种类型,即并联、串联子网。网络简化具有层次性,比如分支 1 与分支 2 串联后又与分支 3 并联;一个较复杂的子网被简化成一条复合分支后又与其他的分支形成串联或并联关系。这样逐层进行简化,这种过程一直进行下去,直到不能再简化为止,简化过程具有递归的思想。

简化的原则是简化后的网络结构必须体现出原通风系统的结构特点,不失真。简单的串联或并联分支可用一条等效分支代替。等效分支的风阻值,按串、并联风阻计算公式求算。但由于角联子网很难进行参数等效变换,目前简化只考虑串并联子网的简化。网络简化时必须考虑子网是否含有动力设施,是否含有固定风量分支,简化的内容和方法是:

(1) 研究对象所在分支不参与简化;

(2) 若并联子网全为固定风量分支,那么简化成一条固定风量复合分支,若不全为固定风量分支,那么简化成一条非固定风量复合分支;

(3) 若串联子网含一条以上固定风量分支,则简化成固定风量复合分支;

（4）若并联子网含有通风机分支时,需去掉通风机分支,再考虑剩余并联子网是否继续进行简化;

（5）若串联子网含有通风机,则将串联的若干分支简化成一条分支,将串联分支的若干动力设备作用效果合成一个动力设备后附在简化后的复合分支上;

（6）若并联子网、串联子网及复杂子网不含任何动力设施和研究对象,则可以直接参与网络等效简化。

5.5.2 具体实现

基于通风网络简化和参数等效变换的网络解算需要先找出子网,然后将符合条件的子网简化成一复合分支,递归简化后进行风网解算,接着再递归,对复合分支根据串并联的计算公式对复合分支内部的分支进行风量递归计算。

（1）将符合条件的子网简化成一复合分支

具体实现代码如下:

```
Private Sub InitCompoundData()
    If Me._Tunnels Is Nothing OrElse Me._Tunnels.Count<1 Then Return
    For i As Integer=0 To Me._Tunnels.Count-1
        If Me._Tunnels(i).Fan IsNot Nothing AndAlso Me._Tunnels(i).Fan.SRID<0 Then Return
    Next
    Me._R=0
    Me._Q=0
    Select Case Me._ComTunnelType
        Case Enums.ComTunnelType.Parallel '复合分支为并联
            Me._BeginNode=Me._Tunnels(0).StartNode
            Me._EndNode=Me._Tunnels(0).EndNode
            Me._BeginNode.OutTunnels.Add(Me)
            Me._EndNode.InTunnels.Add(Me)
            Dim Rs As New List(Of Double)
            Dim calRs As New List(Of Double)
            Dim isFixq As Boolean=True
            Me._FixQ=0
            Me._Q=0
            Me._MeasureQ=0
            For i As Integer=0 To Me._Tunnels.Count - 1
                Me._BeginNode.OutTunnels.Remove(Me._Tunnels(i))
                Me._EndNode.InTunnels.Remove(Me._Tunnels(i))
                Rs.Add(Me._Tunnels(i).R)
```

```
                calRs.Add(Me._Tunnels(i).calR)
                If Me._Tunnels(i).BranType<>2 Then
                    isFixq=False
                Else
                    Me._FixQ+=Me._Tunnels(i).FixQ
                End If
                Me._Q+=Me._Tunnels(i).Q
                Me._MeasureQ+=Me._Tunnels(i).MeasureQ
            Next
            Me._R=Ventilation.vMath.R_parallel(Rs) '计算并联分支
的风阻

            Me._calR=Ventilation.vMath.R_parallel(calRs) '计算并
联分支的风阻

            If isFixq Then Me._Type=2 '设置固定风量分支标志
        Case Enums.ComTunnelType.Series '复合分支为串联
            Me._BeginNode=Me._Tunnels(0).StartNode
            Me._EndNode=Me._Tunnels(Me._Tunnels.Count-1).EndNode
            Me._BeginNode.OutTunnels.Remove(Me._Tunnels(0))
            Me._BeginNode.OutTunnels.Add(Me)
             Me._EndNode.InTunnels.Remove(Me._Tunnels(Me._Tun-
nels.Count-1))
            Me._EndNode.InTunnels.Add(Me)
            Me.Q=Me._Tunnels(0).Q
            Me._MeasureQ=Me._Tunnels(0).MeasureQ
            For i As Integer=0 To Me._Tunnels.Count-1
                If Me._Tunnels(i).Fan IsNot Nothing AndAlso Me._
Tunnels(i).Fan.SRID>-1 Then
                    Me._Fan=Me._Tunnels(i).Fan
                    Me._Type=3
                End If
If MeasureQ<_Tunnels(i).MeasureQ Then_MeasureQ=_Tunnels(i).MeasureQ
                Me._R+=Me._Tunnels(i).R
                If Me._Tunnels(i).BranType=2 Then
                    Me._Q=Me._Tunnels(i).FixQ
                    Me._FixQ=Me._Tunnels(i).FixQ
                    Me._Type=2
                End If
            Next
            Me._calR=Me._R
```

```
        Case Else
    End Select
End Sub
```

（2）对复合分支根据串并联的计算公式对内部的分支进行风量递归计算

具体实现代码如下：

```
Public Function NetWorkCalSubTunnels() As Boolean
        Select Case Me._ComTunnelType
            Case Enums.ComTunnelType.Parallel
                Dim h As Double=Ventilation.vMath.H(Me.R，Me.Q)
                For i As Integer=0 To Me._Tunnels.Count - 1
                    If Me._Tunnels.Item(i).BranType<>2 Then
                        Me._Tunnels(i).Q = (System.Math.Abs(h / Me._
Tunnels(i).R))^0.5
                    ElseIf Me._Tunnels(i).BranType=2 Then
                        Me._Tunnels(i).Q=Me._Tunnels(i).FixQ
                        Me._Tunnels(i).calR=h/Me.Q^2
                    End If
                Next
            Case Enums.ComTunnelType.Series
                '如果串联风路中,固定风量分支的风阻按照分支长度平分,如果分
支均不知道长度,则按照分支数来平分(注:固定风量分支的风阻仅供参考)
                Dim FixedLength As Double=0
                Dim fixedR As Double=Me.R
                Dim iFixed As Integer=0
                For i As Integer=0 To Me._Tunnels.Count-1
                    Me._Tunnels(i).Q=Me.Q
                    If Me._Tunnels(i).BranType<>2 Then
                        fixedR-=Me._Tunnels(i).R
                    Else
                        FixedLength+=Me._Tunnels(i).Length
                        iFixed+=1
                    End If
                Next
                If FixedLength=0 Then FixedLength=iFixed
                Dim avrR As Double=fixedR/FixedLength
                For i As Integer=0 To Me._Tunnels.Count - 1
                    If Me._Tunnels(i).BranType=2 Then
                        If Me._Tunnels(i).Length=0 Then
                            Me._Tunnels(i).calR=avrR
```

```
            Else
                    Me._Tunnels(i).calR=avrR*Me._Tunnels
(i).Length
                End If
            End If
        Next
    Case Enums.ComTunnelType.Cross
    Case Else
End Select
For i As Integer=0 To Me._Tunnels.Count - 1
    If Me._Tunnels(i).GeometryType=Enums.GeometryType.Tun-
nelCompound Then
            DirectCast(Me._Tunnels(i),TunnelCompound).NetWork-
CalSubTunnels()
        End If
    Next
    Return True
End Function
```

（3）改进后的通风网络解算特点

基于复合分支的网络简化对于通风网络解算没有产生任何误差，基于复合节点的网络简化对网络解算会产生一些误差。改进后的通风网络解算，提高了仿真速度，但不降低精度，简化后形状不发生变化，只是拓扑关系发生了变化。

（4）解算结果可视化

为使通风网络解算结果更直观，解算结果以对话框形式显示，每一分支风速校核是否通过、风速偏高还是偏低、分支处于进风路线还是处于回风路线及每一分支上的重要动力设备和通风构筑物均可以图标的形式直观表示（图5-13），各符号含义如下：||||表示风门；||表示密闭；T表示可调节风窗；表示污风；表示新风；Ⓕ表示通风机；表示分支风量风速复合要求；表示分支风速偏高；表示分支风速偏低。

基于复合分支参数等效变换的通风网络简化进行风网解算，可以选择复合分支内部的分支是否需要递归解算每一分支的参数，占用内存小，大大提高了风网解算速度。

基于准等效拓扑网络的网络解算需要先找出串联、并联子网，然后将符合条件的子网简化成一复合分支，递归简化后进行网络解算。接着再对复合分支内部的分支进行风量或风阻递归计算（根据串并联的计算公式），具体实现过程如下：

图 5-13　风流分配仿真结果可视化

① 将符合条件的子网递归简化成一复合分支

具体实现核心代码如下：

```
Sub InitTunnelCompoundData()
        dim ts as list(o fitunnel3D)=_Tunnels
        If ts Is Nothing OrElse ts.Count<1 Then Return
        For i As Integer=0 To ts.Count-1
            If ts(i).Fan IsNot Nothing AndAlso ts(i).Fan.SRID<0
Then Return
        Next
        _R=0
        _Q=0
        Select Case _ComTunnelType
            Case Enums.ComTunnelType.Parallel '复合分支为并联
                _BeginNode=ts(0).StartNode
                _EndNode=ts(0).EndNode
                _BeginNode.OutTunnels.Add(Me)
                _EndNode.InTunnels.Add(Me)
                Dim Rs As New List(Of Double)
                Dim calRs As New List(Of Double)
```

• 163 •

```
Dim isFixq As Boolean=True
_FixQ=0
_Q=0
_MeasureQ=0
For i As Integer=0 To ts.Count-1
    _BeginNode.OutTunnels.Remove(ts(i))
    _EndNode.InTunnels.Remove(ts(i))
    Rs.Add(ts(i).R)
    calRs.Add(ts(i).calR)
    If ts(i).BranType<>2 Then
        isFixq=False
    Else
        _FixQ+=ts(i).FixQ
    End If
    _Q+=ts(i).Q
    _MeasureQ+= ts(i).MeasureQ
Next
_R=Ventilation.vMath.R_parallel(Rs)    '计算并联分
支的风阻
_calR=Ventilation.vMath.R_parallel(calRs) '计算并
联分支的风阻

If isFixq Then _Type=2 '设置固定风量分支标志
Case Enums.ComTunnelType.Series '复合分支为串联
_BeginNode=ts(0).StartNode
_EndNode=ts(ts.Count-1).EndNode
_BeginNode.OutTunnels.Remove(ts(0))
_BeginNode.OutTunnels.Add(Me)
_EndNode.InTunnels.Remove(ts(ts.Count-1))
_EndNode.InTunnels.Add(Me)
Me.Q=ts(0).Q
_MeasureQ=ts(0).MeasureQ
For i As Integer=0 To ts.Count-1
    If ts(i).Fan IsNot Nothing AndAlso ts(i).Fan.
SRID>-1 Then
        _Fan=ts(i).Fan
        _Type=3
    End If
    If Me.MeasureQ<ts(i).MeasureQ Then _MeasureQ=ts
(i).MeasureQ
```

```
                                  _R+=ts(i).R
                        If ts(i).BranType=2 Then
                            _Q=ts(i).FixQ
                            _FixQ=ts(i).FixQ
                            _Type=2
                        End If
                    Next
                    _calR=_R
                Case Else
            End Select
    End Sub
```

② 网络解算(回路风量法)模块核心代码

```
''' <summary>
'''通过通风机实测值和风网数据进行网络解算(回路风量法)
''' </summary>
''' <param name="Precision">迭代精度</param>
''' <param name="DeltaQType">求解修正风量的方法</param>
''' <param name="IterationCount">最大迭代次数</param>
''' <remarks></remarks>
Public Function CalByRing(ByVal Precision As Double,ByVal DeltaQType
As DeltaQType,Optional ByVal IterationCount As Integer=100,Optional By-
Ref S As String="",Optional ByVal OutResult As Boolean=True) As Boolean
Implements IVentilationNetWork.CalByRing '通过回路信息/网图进行迭代计算
                If Me._Tunnels Is Nothing Then Return False
                '产生网络解算开始 事件 f
                RaiseEvent OnCalculationBegin(Precision,DeltaQType,It-
erationCount)
                Dim IsFinished As Boolean=False
                deltaQ=0
                Dim iiCount As Integer=0
                While Not IsFinished
                    iiCount+=1
                        RaiseEvent OnIterationBegin(iiCount,Precision,
DeltaQType)
                    Dim max As Double=0
                    '根据计算出的 deltaQ,对回路进行修正。
                    For i As Integer=0 To Me.M-1
                            RaiseEvent OnRingIterationBegin(Precision,
DeltaQType)
```

```
            '有固定风量分支的回路,固定风量分支重新计算其R理论值
            If Me._IsRingHaveFixedTunnel(i) Then
                '对i回路固定风量分支,重新计算其R理论值
                calFixedTunnelR(i)
            Else
                deltaQ=getDeltaQ(i,DeltaQType)
                '用A(i,j)*deltaQ对回路分支进行修正
                modifyRingTunnelQ(i,deltaQ)
            End If
            RaiseEvent OnRingIterationComplete(iiCount,deltaQ,
Precision,DeltaQType)
        Next
        If Math.Abs(deltaQ)>max Then max=Math.Abs(deltaQ)
        '如果达到迭代精度或达到最大迭代次数,则完成迭代任务
    If(max<Precision OrElse iiCount>=IterationCount) Then IsFinished
=True
        '如果迭代次数超过20,那么就以计算后的RQ,重新选回路
        If iiCount Mod 20=0 Then
            Me.ReSelectRing()
        End If
    End While
    RaiseEvent OnCalculationComplete(Precision,DeltaQType,iiCount)
    'Debug.Print(String.Format("迭代次数:{0}",iiCount))
    Me._IterationCount=iiCount
    Me._CalQClosingError=Me.GetNodeQError
    Me._CalRingHClosingError=Me.GetRingHError
    For Each t In Me._Tunnels
        If t.R<>0 Then t.GeometryState=GeometryState.Modified
    Next
    Return True
End Function
```

③ 根据串并联的计算公式对复合分支内部的分支进行风量或风阻进行递归计算,具体实现代码如下:

```
Function NetWorkCalSubTunnels() As Boolean
dim ts as list(of itunnel3d)=_Tunnels
    Select Case _ComTunnelType
        Case Enums.ComTunnelType.Parallel
            Dim h As Double=Ventilation.vMath.H(Me.R,Me.Q)
            For i As Integer=0 To ts.Count-1
```

```
            If ts.Item(i).BranType<>2 Then
                ts(i).Q=(Math.Abs(h / ts(i).R))^0.5
            ElseIf ts(i).BranType=2 Then
                ts(i).Q=ts(i).FixQ
                ts(i).calR=h/Me.Q^2
            End If
        Next
    Case Enums.ComTunnelType.Series
        '如果串联风路中,固定风量分支的风阻按照分支长度平分
        Dim FixedLength As Double=0
        Dim fixedR As Double=Me.R
        Dim iFixed As Integer=0
        For i As Integer=0 To ts.Count-1
            ts(i).Q=Me.Q
            If ts(i).BranType<>2 Then
                fixedR-=ts(i).R
            Else
                FixedLength+=ts(i).Length
                iFixed+=1
            End If
        Next
        If FixedLength=0 Then FixedLength=iFixed
        Dim avrR As Double=fixedR/FixedLength
        For i As Integer=0 To ts.Count-1
            If ts(i).BranType=2 Then
                If ts(i).Length=0 Then
                    ts(i).calR=avrR
                Else
                    ts(i).calR=avrR*ts(i).Length
                End If
            End If
        Next
    Case Enums.ComTunnelType.Cross
    Case Else
End Select
For i As Integer=0 To ts.Count-1
    If ts(i).GeometryType=Enums.GeometryType.TunnelCom-
pound Then
        DirectCast(ts(i),TunnelCompound).NetWorkCalSub-
```

```
Tunnels()
            End If
        Next
        Return True
    End Function
```

④ 改进后的效果

基于准等效拓扑网络的网络简化对于通风网络解算没有产生任何误差,改进后的通风网络解算,提高了仿真速度,但不降低精度,如图 5-14 所示,188 条分支、119 个节点的通风网络,解算迭代 15 次,只需要 0.017 s 即可解算完毕,具体解算结果如图 5-15 至图 5-18 所示。风量闭合差为 0.000 m³/s,风压闭合差为 0.000 Pa,简化后形状不发生变化,只是拓扑关系发生了变化。

图 5-14 解算时间及闭合差

图 5-15 解算闭合回路风压差

		序号	名称	始节点	末节点	解算风量	实测风量	断面积	长度	密度
↓	↗	32	-700掘进回风联络巷	12	43	0.175	0	7.8	75	1.3074
✓	Ⓕ	67	7429运输	16	49	11.1859	11.2	11.6	345	1.279
↓	↗	101	-420东翼回风巷	29	30	27.3068	27.2333	6.9	390	1.2237
✓	↗	202	-690总回风巷	155	25	1.159	1.1667	15.5	52.1625	1.2608
✓	▶	96	7105岩中巷	46	29	23.4023	23.3333	12.8	870	1.2303
✓	▶	118	-700西大巷	74	90	22.1336	22.1667	14.9	690	1.3034
✓	↗	219	南二7煤回风	159	158	2.517	2.5	10	730.01	1.3015
✓	✦	161	南翼运输下山	90	94	17.1507	17.1667	12.4	1970	1.311
✓	✦	209	-690回风及东三运输下山	154	115	50.7524	50.8833	13.3	792	1.2614
✓	✦	119	西二运输下山上车场	74	75	2.869	2.8333	10.7	40	1.3008
✓	↓	23	东上仓联络巷	10	9	0.7197	0.7	11.5	30	1.3047
✓	↗	45	-690回风巷	14	155	20.8805	20.8833	15	405	1.283

图 5-16 风流分配仿真结果可视化

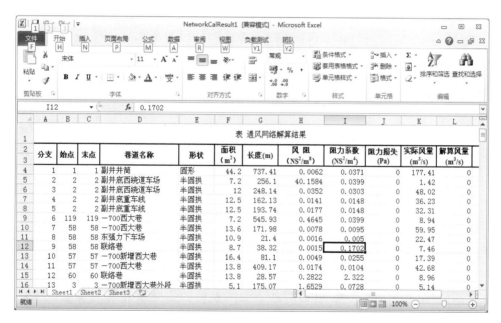

图 5-17 风流分配仿真结果可导出至 Excel

⑤ 解算结果可视化改进

解算结果以可视化形式显示,分支风速偏高还是偏低、分支上的动力设备和构筑物均可以以图标的形式直观表示(如图 5-16 所示),还可以导出至 Excel 中(如图 5-17 所示)。

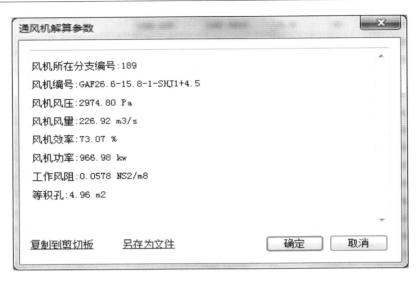

图 5-18 网络解算后主要通风机的主要参数

参考文献

[1] 张少云.矿井风网实时解算与安全预警系统的研究和实现[D].西安:西北工业大学,2005.

[2] 康与涛,罗新荣,杨飞,等.基于瓦斯流监测可视化的矿井风网实时解算[J].能源技术与管理,2008,33(2):1-3.

[3] 吴奉亮,周澎,李晖,等.基于智能对象的矿井通风 CAD 模型研究[J].煤炭科学技术,2009,37(5):54-57.

[4] 魏连江,许占营,郝宪杰,等.复杂通风网络最简准等效拓扑研究[J].金属矿山,2012(1):158-160.

[5] 黄光球,孙鹏,陆秋琴.风窗对井下通风系统的影响及其调节与定位优化[J].中国安全生产科学技术,2014,10(3):160-167.

[6] 宫良伟,何华,邹德均.通风网络解算中自然风压处理[J].矿业安全与环保,2015,42(6):113-116.

[7] 钟德云,王李管,毕林,等.基于回路风量法的复杂矿井通风网络解算算法[J].煤炭学报,2015,40(2):365-370.

[8] 马恒,张跃,周西华.含自然风压通风网络的自动解算及应用[J].金属矿山,2016(1):157-161.

［9］吴奉亮,高佳南,常心坦,等.矿井风网雅可比矩阵对称特性及并行求解模型［J］.煤炭学报,2016,41(6):1454-1459.

［10］吴新忠,胡建豪,魏连江,等.矿井通风网络的反向增强型烟花算法优化研究［J］.工矿自动化,2019,45(10):17-22.

［11］谈文国.复杂矿井通风网络可视化动态解算及预警技术［J］.工矿自动化,2020,46(2):6-11.

［12］李伟,霍永金,张浪,等.矿井通风实时网络解算技术研究［J］.中国矿业,2016,25(3):167-170.

［13］周福宝,魏连江,夏同强,等.矿井智能通风原理、关键技术及其初步实现［J］.煤炭学报,2020,45(6):2225-2235.

［14］周西华,梁茵,王小毛,等.饱和水蒸汽分压力经验公式的比较［J］.辽宁工程技术大学学报,2007,26(3):331-333.

［15］郝天轩,魏建平,杨运良.数字化及可视化技术在矿井通风系统中的应用［M］.北京:煤炭工业出版社,2009.

［16］SMITHSONIAN. Smithsonian Meteorological Tables[S]. Washington:Smithsonian Institution,1951.

［17］张英辉.气体实验定律与克拉伯龙方程［J］.开封教育学院学报,1992,12(1):67-70.

［18］WEI L J. Topology theory of mine ventilation network:The 6th international conference on mining science & technology[J]. Procedia Earth and Planetary Science,2009:354-360.

［19］HU Y N,KOROLEVA O I,KRSTIC M. Nonlinear control of mine ventilation networks[J]. Systems & Control Letters,2003,49(4):239-254.

［20］ZHOU F,WEI L,CHEN K,et al. Analyses of cascading failure in mine ventilation system and its effects in a serious mine gas explosion disaster[J]. Journal of Failure Analysis and Prevention,2013,13(5):538-544.

［21］郝元伟,陈开岩,蒋中承,等.基于CFD模拟的巷道风速监测值修正处理［J］.煤矿安全,2011,42(2):1-3.

［22］刘楚,邢玉忠.提高巷道风量测定精度的最大风速法［J］.煤矿安全,2013,44(7):159-161.

［23］昝军,刘祖德,赵云胜.独头巷道受限贴附射流特征参数对流场的影响研究［J］.中国安全科学学报,2010,20(3):24-28.

［24］李新星,易丽军,谭香.基于FLUENT的巷道型采场局部通风数值模拟［J］.有色金属(矿山部分),2010,62(6):60-61.

[25] 国家安全生产监督管理总局. 矿井通风阻力测定方法:MT/T 440—2008 [S]. 北京:煤炭工业出版社,2010.

[26] 国家安全生产监督管理总局. 矿井通风网络解算程序编制通用规则:MT/ T 442—2008[S]. 北京:煤炭工业出版社,2010.

[27] 中华人民共和国煤炭工业部. 煤矿用主要通风机现场性能参数测定方法: MT 421—1996[S]. 北京:煤炭工业出版社,1997.

[28] 魏连江,周福宝,朱华新. 通风网络拓扑理论及通路算法研究[J]. 煤炭学 报,2008,33(8):926-930.

[29] 刘云岗,魏连江,李晓峰. 通风网络拓扑关系的自动生成[J]. 矿业工程, 2009,7(1):47-49.

[30] ZAMANIGHOMI M. Network topology identification based on measured data[D]. Ames:Iowa State University,2015.

[31] MARGARIDA FAJARDA O O. Network topology discovery[D]. Aveiro:University of Aveiro Department of Mathematics,2017.

[32] 魏连江,周福宝,梁伟,等. 矿井通风网络特征参数关联性研究[J]. 煤炭学 报,2016,41(7):1728-1734.

[33] 宋磊. 矿井通风系统角联分支灵敏度计算的程序设计与应用研究[D]. 阜 新:辽宁工程技术大学,2009.

[34] 李中华. 矿井通风网络结构可靠性的研究[D]. 青岛:山东科技大学,2004.

[35] 张浪,李伟,王翰峰,等. 矿井通风角联风路识别的算法改进[C]//第七 届全国煤炭工业生产一线青年技术创新大会论文集.[S.l.:s.n.],2012.

[36] 司俊鸿,陈开岩. 基于无向图的角联独立不相交通路法[J]. 煤炭学报, 2010,35(3):429-433.

6　矿井通风可视化仿真系统在三河尖煤矿的应用

6.1　三河尖煤矿通风现状

三河尖煤矿位于江苏省徐州市沛县境内,矿井开拓方式采用立井单水平分区式上、下山开拓,矿井现有东四、西二两个生产采区。矿井主采煤层为 7 煤,9 煤、17 煤、21 煤局部可采,设计生产能力为 120 万 t/a,1988 年建成投产,1991 年达到设计产量,核定通风能力为 210.5 万 t/a,实际生产原煤为 169.9 万 t/a。

矿井通风方式采用中央分列式,通风方法为抽出式,主、副井进风,南风井回风,风井直径为 6 m。南风井安装有两台 GAF-26.6-15.8-1 型轴流式通风机,一台工作一台备用;矿井应进风量为 10 346 m^3/min,实进风量为 11 003 m^3/min,总进风量比为 106.35%,南风井主要通风机总排风量为 11 569 m^3/min,南风井水柱计读数为 2 300 Pa,矿井等积孔为 4.88 m^2,属通风容易矿井。

6.2　三河尖煤矿通风可视化仿真系统构建

在三河尖煤矿通风系统普查中共普查巷道近 200 条,构筑物 55 个,节点 130 多个。根据三河尖煤矿采掘平面图和通风系统图生成三河尖煤矿通风可视化仿真系统。生成仿真文档后,利用 VSE 本身的拓扑检查功能进行检查。

6.2.1　巷道几何数据录入

矿井通风可视化仿真系统巷道的输入方式有两种:

① 利用鼠标在矿井通风可视化仿真系统中手工绘制。首先选中绘制巷道的菜单或者相应工具栏的按钮,按住鼠标左键确定巷道始节点,然后用鼠标在屏幕上拾取一系列点,绘制一条巷道。在已存在巷道相应的位置可以插入一节点,使该巷道自动变成两段,该巷道的构筑物、通风动力装置根据其中心位置确定隶属关系。也可以通过捕捉已存在的若干节点完成新巷道的绘制。

② 利用 AutoCAD 的图形交换文件（DXF 文件）生成系统图。利用 Auto-CAD 绘制矿井通风系统图，绘制结束后将图形另存扩展名为 dxf 文件即可，然后单击"文件"菜单，选择"导入井巷数据"子菜单项后，选择相应的文件单击确定即可。

采用此方式对三河尖煤矿通风系统图的巷道进行录入，录入完毕还需要修改每一条巷道的编号，以便根据该编号从数据库匹配相应的属性数据。

6.2.2　绘制构筑物与通风动力装置

发出绘制构筑物或通风机命令，然后单击要添加构筑物或通风机的巷道对应的位置，系统会自动计算相应的角度，则添加构筑物或通风机结束。添加完通风构筑物或通风机后，可以在图形上选中构筑物或通风机，在左侧的属性窗口中修改相应的属性数据，并且可以通过对话框形式来录入通风机相关参数和通风机测试数据。

6.2.3　三河尖煤矿通风系统属性数据编辑

当通风系统的巷道、构筑物或通风机图形信息录入后，还需要对其属性数据进行编辑。

巷道和构筑物的相关参数修改可以通过属性窗口来实时修改，下面以巷道的属性修改为例介绍如何修改系统对象的属性数据。首先利用鼠标选中"选择"菜单或相应的工具栏按钮，单击目标井巷，在图 6-1 的右边属性窗口，可以对其所有数据（包括始末节点信息）进行编辑。

对于矿井通风动力装置特性曲线，可输入拟合系数，也可以输入测试点，如图 6-2 所示，采取五次拟合进行拟合。

6.3　三河尖煤矿通风系统现状可视化仿真

6.3.1　矿井通风可视化仿真系统基础数据可视化检查

矿井通风可视化仿真数据可视化检查内容包括孤立分支、悬挂分支、摩擦风阻为零的分支、标高异常分支、固定风量分支、通风机分支和虚拟分支等。进行数据检查时，选中相应的菜单后，VSE 能够把满足条件的所有巷道高亮显示，单击某个分支可以在属性窗口查看和修改属性值，图 6-3 所示为检查标高异常分支的结果。

图 6-1　查看与编辑巷道属性信息

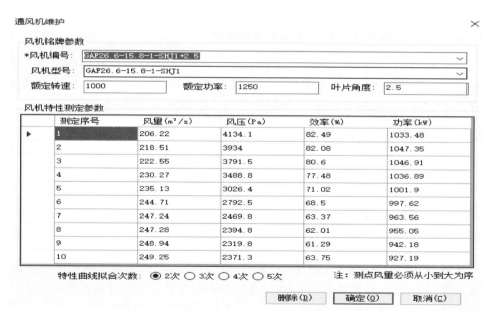

图 6-2　查看与编辑通风机属性信息

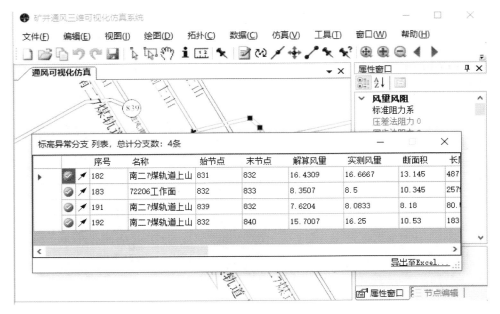

图 6-3　检查与修改通风系统标高异常分支

6.3.2　通风系统双线图和立体图的自动生成

单击"仿真"菜单的"双线图"或"立体图"菜单项,系统可以自动根据通风系统单线图自动生成通风系统双线图或通风系统立体图。利用 VSE 自动生成没有经过任何修改的通风系统双线图、立体图分别如图 6-4、图 6-5 所示。

6.3.3　通风系统网络图的自动生成

单击"仿真"菜单的"网络图"菜单项,VSE 可以自动生成通风系统网络图,对自动生成的网络图还可以用不同颜色区分进风段、用风段和回风段的分支,如图 6-6 所示。

6.3.4　通风系统三维可视化仿真

单击"仿真"菜单的"三维仿真"菜单项,VSE 可以自动根据通风系统图生成三维通风系统,如图 6-7 所示,通过单击相应的按钮可以实现矿井通风系统三维场景的平移、任意旋转、缩放、全图显示及其选择等常用功能。

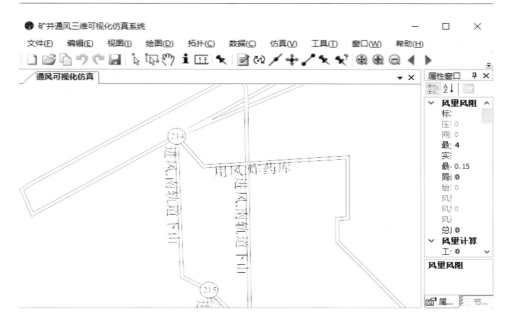

图 6-4 矿井通风系统双线图

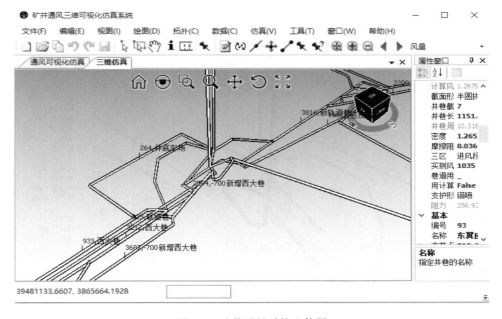

图 6-5 矿井通风系统立体图

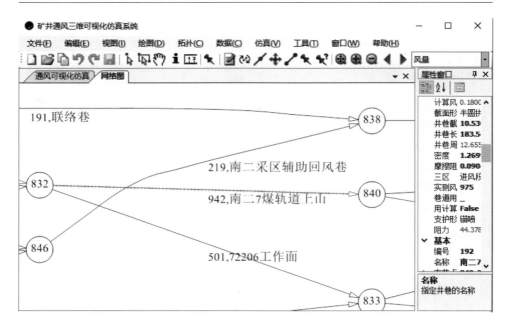

图 6-6 用不同颜色区分三区的矿井通风系统网络图

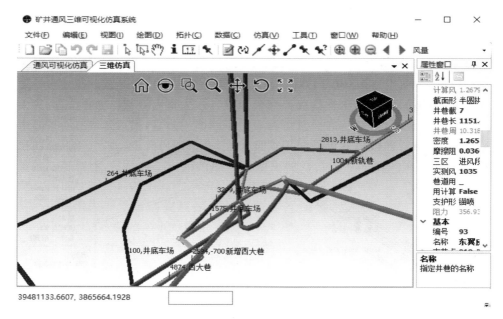

图 6-7 矿井通风系统三维场景图

6.3.5 主要通风机特性可视化仿真

单击"仿真"菜单的"通风机特性仿真"菜单项,VSE 系统可以弹出通风机特性仿真对话框,如图 6-8 所示,可以在该对话框中编辑通风机测试数据。根据测试数据,基于最小二乘法用 2～5 次拟合并自动绘制风压曲线、功率曲线、效率曲线和风阻特性曲线。

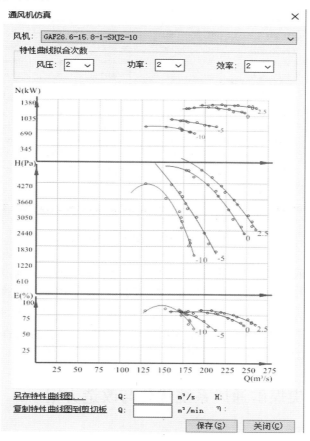

图 6-8　叶片安装角度为 5°时通风机特性曲线图

6.3.6 通风系统现状风流分配仿真

在矿井通风系统阻力测定和各通风巷道风量测定基础上,依据目前矿井通风系统现状,由各风路的风量和风压值,计算出各风路的风阻值,并将实测的通风机性能数据输入，将南风井现有通风机按－5°模拟通风机性能曲线利用 VSE 进行风流分配仿真，结果见图 6-9。

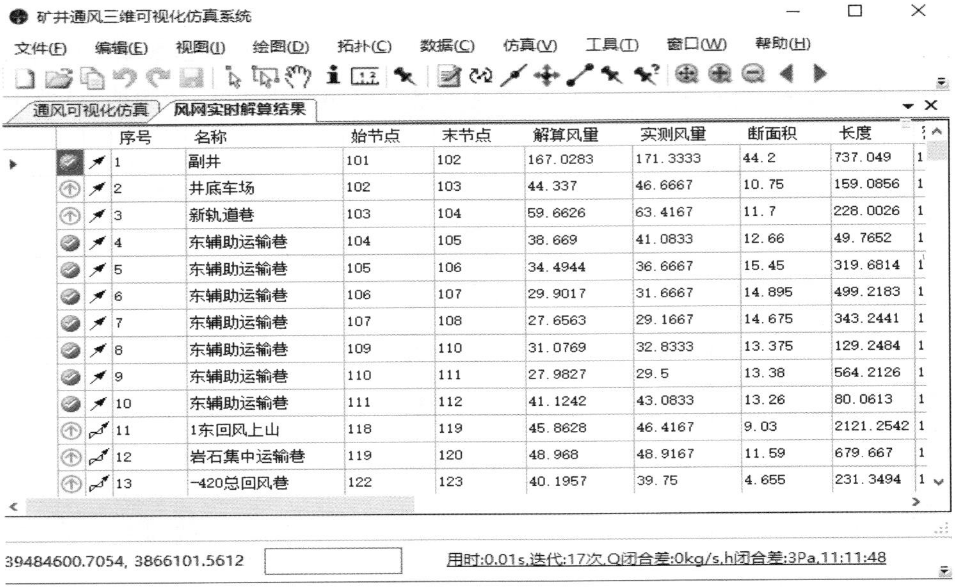

序号	名称	始节点	末节点	解算风量	实测风量	断面积	长度	
1	副井	101	102	167.0283	171.3333	44.2	737.049	1
2	井底车场	102	103	44.337	46.6667	10.75	159.0856	1
3	新轨道巷	103	104	59.6626	63.4167	11.7	228.0026	1
4	东辅助运输巷	104	105	38.669	41.0833	12.66	49.7652	1
5	东辅助运输巷	105	106	34.4944	36.6667	15.45	319.6814	1
6	东辅助运输巷	106	107	29.9017	31.6667	14.895	499.2183	1
7	东辅助运输巷	107	108	27.6563	29.1667	14.675	343.2441	1
8	东辅助运输巷	109	110	31.0769	32.8333	13.375	129.2484	1
9	东辅助运输巷	110	111	27.9827	29.5	13.38	564.2126	1
10	东辅助运输巷	111	112	41.1242	43.0833	13.26	80.0613	1
11	1东回风上山	118	119	45.8628	46.4167	9.03	2121.2542	1
12	岩石集中运输巷	119	120	48.968	48.9167	11.59	679.667	1
13	-420总回风巷	122	123	40.1957	39.75	4.655	231.3494	1

图 6-9　风流分配仿真结果

实测主要通风机运行工况：风量 188.555 m^3/s、矿井通风阻力 2 729.7 Pa、通风机静压 2 150 Pa、矿井自然风压 564.3 Pa。由 VSE 解算结果可知，仿真模拟解网的风量为 192.883 m^3/s、矿井通风阻力为 2 719.52 Pa、通风机静压为 2 109.03 Pa、矿井自然风压为 610.49 Pa，实测结果与计算机仿真解网结果基本吻合，误差 0.373%，远远小于 5%。

6.4　三河尖煤矿通风系统优化与改造方案

按“以风定产”原则，使改造后的通风系统能力与矿井生产能力相匹配；改造设计技术上合理可靠，风量充足，风流稳定，风速合理；以最少的投资，较少的工程量与材料消耗，获得最好的经济效益；根据本单位的实际情况，尽可能选用先进技术和装备；改造后的系统安全可靠，防灾、抗灾能力强。

6.4.1　通风系统改造的必要性

目前，三河尖煤矿主要开采－700 m 水平的东四采区和西二采区，布置 3 个工作面和 9 个独立通风的掘进头,矿井等积孔为 5.06 m²,通风系统合理、稳定、可靠,通风状况良好,矿井供风量能满足井下要求。然而,随着矿井生产接续情况,东四采区煤炭资源已相继回采完毕,矿井生产将逐步转入以－980 m 水平为主的采区进行,通风系统将由两翼通风转为以单翼为主的通风方式。根据矿井开拓布局和生产接续安排,自下半年开始,采煤一区固定在刘庄区西侧工作面进行回采,采煤二区在东四和刘庄区域进行跳采,刘庄区域最多时将布置 2 个回采工作面和 5 个掘进工作面,刘庄区需风量将达 8 256.24 m³/min。

同时,由于矿井开采深度、开采范围的进一步加大,以及产量由现在的 170 万 t/a 增加到 220 万 t/a,地温问题异常突出,由此将会带来矿井通风阻力的进一步升高,矿井将会出现回风不畅、部分地段风速高甚至超限、用风地点进回风路线变长、风量调配困难、风网结构复杂化、矿井抗灾能力减弱等问题,以及防火、地温、瓦斯等一系列的安全问题。尤其是南翼回风下山、南翼－700 回风巷和南翼－700～－400 回风上山风速将达 8.18～8.49 m/s,至刘庄区最困难时期需风量将达 9 706.8 m³/min,而南翼回风下山、南翼－700 回风巷和南翼－700～－400 回风上山风速将达 9.67～9.96 m/s,超过《煤矿安全规程》规定。

与此同时,随着生产地点向深部刘庄区域的转移,吴庄区的开拓将逐步开展起来,南风井现有通风机的最大供风量是否还能满足刘庄区生产时期全矿井通风系统的需风要求,吴庄区回风井是否还需要再施工等等一系列问题,这些都需要提前进行论证。因此,优化调整矿井通风系统,合理安排采掘接替,改善风网结构,降低矿井总风阻和阻力,然后通过现状风网的模拟解网及其预测分析,确定一种安全、经济、合理的通风系统优化调整方案。

6.4.2   生产时期的风流分配仿真与分析

(1) 刘庄区通风容易时期解网结果

采掘工作面按照固定风量分支,按预选通风机利用 VSE 进行解网,由解算结果可以看出,南风井通风机运行工况:风量 237 m³/s、风压 4 703.97 Pa、输出功率 1 114.84 kW,工作风阻 0.095 762 Ns²/m⁸、等积孔 3.85 m²,矿井自然风压 674.87 Pa。矿井通风阻力分段统计见表 6-1。

表 6-1   通风容易时期矿井通风阻力分段统计

	进风段	采区段	回风段	合计
通风阻力/Pa	2 207.73	609.01	2 484.19	5 300.93
占比/%	41.65	11.49	46.86	

（2）刘庄区通风困难时期解网结果

采掘工作面作为固定风量分支，按预选通风机利用 VSE 进行模拟解网，由解算结果可以看出，刘庄区通风困难时期，南风井通风机运行工况为：风量 263.00 m^3/s，风压 6 509.05 Pa，输出功率 1 711.88 kW，工作风阻 0.103 860 Ns^2/m^8，等积孔 3.69 m^2，矿井自然风压 674.87 Pa。矿井通风困难时期通风阻力分段统计见表 6-2。

表 6-2　矿井通风困难时期矿井通风阻力分段统计

	进风段	采区段	回风段	合计
通风阻力/Pa	2 974.40	1 071.33	3 054.47	7 100.20
占比/%	41.89	15.09	43.02	

（3）解网结果分析

从解网结果可以看出，刘庄区两个工作面同时正常生产时，南风井按预选通风机运行，以 72203 和 72202 工作面需要风量为优化控制目标，矿井供风按理论计算能满足全井正常生产的开拓开采需风要求，但应注意，这时的矿井通风系统阻力较大，通风机输入功率已超过现在配套电机的额定功率，且整个回风巷风速高甚至超限，南风井通风机风压较高，接近通风机最高风压的 0.9 倍时，通风机工况基本处于"饱和"位置。

在刘庄区通风困难时期，南风井按预选通风机运行，以 92211 和 92213 工作面需要风量为优化控制目标，主要通风机总排风量为 263 m^3/s，通风机风压为 6 509.05 Pa，已超过现有通风机理论最高极限风压 6 300 Pa，这说明现在的南风井通风机无法满足困难时期开拓开采需风的要求。

同时从解网结果可以看出，两个时期进、回风段的通风阻力均占矿井总阻力的 40% 以上，因此需要对矿井进行通风系统优化改造。实际上不难发现通风系统存在用风地点、采区风量高度集中，采掘布局失衡，矿井通风流程长，部分地段风速甚至超限等问题。在综合各种存在问题的基础上，本着针对现状、对症下药、理论联系实际的优化控制思路，必须对矿井通风系统进行优化改造。

6.4.3　通风系统改造方案的确定

根据以上分析，刘庄区正常生产后，初期基本上能满足生产要求，但后期南风井通风机无法满足生产用风，同时南翼回风下山、南翼 -700 m 水平回风巷和 -700 m、-400 m 水平回风上山风速均超过规程规定，因此必须对刘庄区通风系统进行改造。根据三河尖煤矿实际情况，提出三个在技术上可行的改造方案,现将三个方案进行简易比较,如表 6-3 所示。

方案一简称建设吴庄区回风井方案,在南翼－980 m 水平回风石门与南三采区回风下山合适位置向上再施工一条回风巷至－700 m 水平大巷,长度为 1 165 m,断面面积为 16.2 m²,由－700 m 水平西大巷向西施工 1 453.5 m 的回风巷至吴庄区回风井,可以配合吴庄区进行开拓,断面面积为 17.9 m²。在吴庄区回风井工业广场内施工吴庄区回风井,井筒直径为 6 m,井筒深度为 726.7 m,落底标高为－689.2 m。

方案二简称增补回风巷方案,在南翼－980 回风石门平行的南翼回风下山再施工一条回风巷至南翼－700 回风巷,长度为 1 165 m,断面面积为 16.2 m²,然后平行南翼－700 m 水平回风巷和南翼－700 m、－400 m 水平回风上山施工回风巷至南风井,长度为 1 472 m,断面面积为 16.4 m²。

方案三简称建设刘庄区回风井和吴庄区进风井方案,在南二 7 煤上山采区上部施工一段回风巷,长度为 194 m,断面面积为 16.4 m²,初期在地面施工刘庄区回风井,井筒直径为 6 m,专门用于刘庄区前期的回风。后期在吴庄区施工一个进风井,作为刘庄区的辅助进风井,井筒直径为 6 m,井筒深度为 726.7 m,落底标高为－689.2 m,提前开拓吴庄区－700 m 水平西大巷和运输大巷。

表 6-3 方案简易比较

	优点	缺点
方案一	可以兼顾吴庄区开拓,－700 西大巷初期可以作为刘庄区的回风巷,后期可以作为吴庄区的进风巷	井下开拓工程量较大,工期长,通风阻力较高
方案二	地质资料清晰,掘进时运输方便,通风系统简单,投资少	工程量较大,只能满足刘庄区通风系统,无法解决吴庄区通风问题,通风阻力较高,后期需要再施工吴庄区回风井和进风井
方案三	缩短了进风路线,减少了进风路线阻力高的问题,刘庄区多一条安全出口,吴庄区进风井在吴庄区生产时还可以作为吴庄区的回风井使用。初期井下开拓工程量少,投资小,见效快	占地较多,需要二次征迁,投资较大,矿井开采后期吴庄区的通风阻力较高,吴庄区生产时需要再施工一个回风井和进风巷

6.4.4 通风系统优化改造方案风流分配仿真

通过以上初步比较分析,各方案都存在优缺点,需要进行通风阻力模拟解算和经济效益分析,最后再确定最优方案。

（1）方案一建设吴庄区回风井方案模拟解网与分析

① 建设吴庄区回风井方案解网条件

生产布局及需风量分别按刘庄区通风容易时期和困难时期分别仿真，巷道施工按建设吴庄区回风井方案。在南翼－980 m 水平回风石门与南三采区回风下山合适位置向上再施工一条回风巷至－700 m 水平大巷，长度为 1 165 m，断面为 16.4 m²，由－700 m 水平西大巷向西施工 1 453.5 m 的回风巷至吴庄区回风井，配合吴庄区开拓进行，断面面积为 17.9 m²。

② 刘庄区正常生产时解网结果

两工作面正常生产后，按预选通风机利用 VSE 进行模拟解网，南风井通风机运行工况为：风量 159 m³/s，风压 2 689.23 Pa，输出功率 427.59 kW，工作风阻 0.130 525 Ns²/m⁸，等积孔 3.29 m²，矿井自然风压 610.58 Pa；吴庄区回风井通风机运行工况为：风量 83 m³/s、风压 2 656.69 Pa，输出功率 220.50 kW，工作风阻 0.482 893 Ns²/m⁸、等积孔 1.71 m²，矿井自然风压 669.96 Pa。满足需风量要求。

③ 刘庄区通风困难时期解算结果

刘庄区通风困难时期，按预选通风机利用 VSE 进行模拟解网，南风井通风机运行工况为：风量 168 m³/s，风压 4 082.08 Pa，输出功率 685.79 kW，工作风阻 0.168 543 Ns²/m⁸，等积孔 2.90 m²，矿井自然风压 674.87 Pa；吴庄区回风井通风机运行工况为：风量 100 m³/s，风压 4 130.93 Pa，输出功率 413.09 kW，工作风阻 0.486 535 Ns²/m⁸，等积孔 1.71 m²，矿井自然风压 734.42 Pa。满足需风量要求。

④ 解算结果分析

从解算结果可以看出，新建投运的吴庄区回风井通风机，按照预选的通风机前期工况（风量、风压），与南风井一起构成的混合抽出式通风方式，以刘庄区 2 个综采工作面回采需风量为优化控制目标，其矿井供风能够满足深部区域水平的全井正常生产的开拓开采需风要求，全矿井通风系统运行安全、稳定、可靠。但同时必须指出，根据矿井通风阻力统计可知，无论是通风容易时期还是困难时期，进风段通风阻力占矿井总通风阻力的 60% 以上，阻力分布不合理，同时在刘庄区通风困难时期，南风井通风机和新建投运的吴庄区回风井通风机负压都较高，都已达到 4 100 Pa 左右，矿井通风阻力已达到 4 600 Pa，这在国内尚不多见，给通风管理带来很大的难度。

（2）方案二增补回风巷方案模拟解网与分析

① 增补回风巷方案解网条件

生产布局及需风量分别按刘庄区通风容易时期和困难时期分别仿真，巷道施工按增补回风巷方案,在南翼-980 m 水平回风石门平行的南翼回风下山再施工一条回风巷至南翼-700 m 水平回风巷,长度为 1 165 m,断面为 16.2 m²,然后平行南翼-700 m 水平回风巷和南翼-700 m、-400 m 水平回风上山施工回风巷至南风井,长度为 1 472 m,断面面积为 16.4 m²。

② 刘庄区正常生产时解网结果

按预选通风机利用 VSE 进行模拟解网,由解算结果可以看出,南风井通风机运行工况为:风量 237 m³/s,风压 3 482.73 Pa,输出功率 825.41 kW,工作风阻 0.070 764 Ns²/m⁸,等积孔 4.47 m²,矿井自然风压 492.01 Pa。满足需风量要求。

③ 刘庄区通风困难时期解网结果

刘庄区通风困难时期,按预选通风机利用 VSE 进行模拟解网,由解算结果可以看出,南风井通风机运行工况为:风量 263 m³/s,风压 4 820.47 Pa,输出功率 1 267.78 kW,工作风阻 0.074 630 Ns²/m⁸,等积孔 4.36 m²、矿井自然风压 341.62 Pa。满足需风量要求。

④ 解算结果分析

从解算结果可以看出,采取增补回风巷方案后,刘庄区两个工作面正常生产时,以刘庄区两个工作面回采需风量作为优化控制目标,其供风能力能够满足全矿井正常生产的开拓开采需风要求,但到刘庄区最困难时期时,刘庄区两个工作面的需风量能满足,但南风井通风机负压则达 4 820 Pa 以上,矿井通风阻力则达 5 411.63 Pa,通风阻力高,通风管理十分困难。

(3)方案三建设刘庄区回风井和吴庄区进风井方案模拟解网与分析

① 建设刘庄区回风井和吴庄区进风井方案解网条件

生产布局及需风量分别按刘庄区通风容易时期和困难时期分开解网,巷道施工按建设刘庄区回风井和吴庄区进风井方案,在南二 7 煤上山采区上部施工一段回风巷,长度为 194 m,断面为 16.4 m²,初期在地面施工刘庄区回风井,井筒直径 6 m,专门用于刘庄区前期的回风,暂时解决刘庄区供风的燃眉之急。随着矿井的生产,在刘庄区通风困难时期,在吴庄区施工一个进风井和进风大巷,作为进风井,解决矿井进风路线阻力高的问题。

② 刘庄区正常生产时只有刘庄区回风井时的解网结果

按预选通风机利用 VSE 进行模拟解网,由解算结果可以看出,南风井通风机运行工况为:风量 165 m³/s,风压 2 780.22 Pa,输出功率 458.74 kW,工作风阻 0.126 909 Ns²/m⁸,等积孔 3.34 m²,矿井自然风压 674.87 Pa;刘庄区回风井通风机运行工况为:风量 77 m³/s,风压 2 809.24 Pa,输出功率 216.31 kW,工作风阻 0.496 168 Ns²/m⁸,等积孔 1.69 m²,矿井自然风压为 132.54 Pa,满足需风量要求。

③ 刘庄区通风困难时期且吴庄区进风井施工后解网结果

刘庄区通风困难时期,按预选通风机利用 VSE 进行模拟解网,由解算结果可以看出,南风井通风机运行工况为:风量 176 m^3/s,风压 2 343.49 Pa,输出功率 412.45 kW,工作风阻 0.097 478 Ns^2/m^8,等积孔 3.81 m^2,矿井自然风压 675.99 Pa;刘庄区回风井通风机运行工况为:风量 92 m^3/s,风压 2 337.64 Pa,输出功率 215.06 kW,工作风阻 0.271 759 Ns^2/m^8,等积孔 2.20 m^2,矿井自然风压 131.80 Pa。

④ 解算结果分析

从解算结果可以看出,刘庄区回风井施工完毕后,无论是刘庄区通风容易时期还是通风困难时期,新建投运的刘庄区回风井通风机,按照预选的通风机工况(风量、风压),与南风井一起构成的混合抽出式通风方式,以刘庄区 2 个综采工作面回采需风量为优化控制目标,其矿井供风能够满足深部区域水平的全井正常生产的开拓开采需风要求。且通风机与风网之间、通风机能力之间匹配较好,矿井通风顺畅,通风阻力不高,风网结构较为合理,防灾抗灾能力较强。全矿井通风系统运行安全、稳定、可靠。

⑤ 刘庄区回风井通风机优化选型

从解算结果可以看出,南风井现有 GAF26.6-15.8-1 型轴流式通风机按-10°运行时可满足生产需要,新建投运的刘庄区回风井通风机也选择 GAF26.6-15.8-1 型轴流式通风机,按-20°运行,也可满足生产需要,且处在合理的工况运行范围之内。在刘庄区通风困难时期,南风井现有 GAF26.6-15.8-1 型轴流式通风机按-10°运行,新建投运的刘庄区回风井通风机按-17.5°运行,可满足生产,矿井通风阻力中等,工况点比较合理,都可以满足生产需要。

⑥ 刘庄区回风井通风机性能验证

根据刘庄区回风井所选通风机,输入通风机性能曲线,利用 VSE 进行通风能力验证。刘庄区两个工作面正常生产时期,南风井通风机按-10°时的实时运行工况为:风量 166.59 m^3/s、风压 2 961.16 Pa、工作风阻 0.101 681 s^2/m^8;刘庄区回风井通风机按-20°时的实时运行工况为:风量 83.11 m^3/s、风压 3 027.67 Pa、工作风阻 0.447 112 Ns^2/m^8;72203 和 72202 工作面的风量为 25.88 和 25.876 m^3/s,能满足需风量要求,矿井通风阻力中等。

在刘庄区通风困难时期,南风井通风机按-10°时实时运行工况为:风量 173.94 m^3/s、风压 2 477.28 Pa,工作风阻 0.101 681 Ns^2/m^8;刘庄区回风井通风机按-17.5°时的实时运行工况为:风量 104.34 m^3/s、风压 2 623.62 Pa、工作风阻 0.246 042 Ns^2/m^8;92211 和 92213 工作面的风量为 26.16 和 25.93 m^3/s,

能满足需风量要求,矿井通风阻力中等。

6.4.5 通风系统优化改造方案仿真结果分析

以上各方案通过对利用 VSE 模拟解网及对其经济技术参数进行比较后可以看出,方案一建设吴庄区回风井方案和方案二增补回风巷方案,在刘庄区生产后期主要通风机负压均达 4 100 Pa 以上,通风阻力较高,通风管理十分困难,根据《矿井防灭火规范》第 19 条:自燃矿井的主扇风压不得超过 3 000 Pa(约 300 mm H$_2$O),已超过者应列入矿井通风系统改造规划,尽快降至 3 000 Pa。因此首先排除方案一和方案二。

方案三为同时建设刘庄区回风井和吴庄区进风井,分为两个阶段,在初期建设刘庄区回风井,首先投入运行,可以解决刘庄区初期用风和降温的燃眉之急,随着刘庄区生产逐步转入山西组 9 煤采区,可以再施工吴庄区进风井和开拓吴庄区,而且在通风容易和通风困难时期主要通风机风压都不超过 3 000 Pa。

经过技术比较、经济比较和矿井通风系统模拟解网,初步确定采取方案三即同时建设刘庄区回风井和和吴庄区进风井方案最优。

本章运用矿井通风可视化仿真系统 VSE 对三河尖煤矿通风系统进行了可视化仿真,主要包括三河尖煤矿通风可视化仿真系统的构建,通风网络拓扑关系的自动创建,仿真系统基础数据可视化检查,通风系统的双线图、立体图、网络图的自动生成,通风机特性可视化仿真,通风系统三维可视化仿真,通风系统风流分配仿真,并对三河尖煤矿通风系统优化与改造方案进行仿真,确定了最优化方案。

附表 矿井通风系统现状风流分配仿真结果

序号	始点	末点	解算风量/(m³/s)	实测风量/(m³/s)	断面积/m²	长度/m	密度/(kg/m³)	计算风阻/(Ns²/m⁸)	风阻系数/(Ns²/m⁴)	阻力/Pa	风速/(m/s)
1	1	2	182.09	177.41	44.2	737	1.298	0.006 7	0.037 1	223.4	4.12
2	2	119	1.47	1.42	7.2	175	1.338	44.780 0	0.039 9	97.2	0.21
3	2	58	49.76	48.02	12.0	180	1.338	0.039 2	0.030 3	97.2	4.15
4	2	6	37.35	36.23	12.5	165	1.341	0.015 7	0.014 8	22.0	2.99
5	2	6	33.31	32.31	12.5	180	1.341	0.019 8	0.014 8	22.0	2.67
6	119	60	9.18	8.94	7.2	513	1.321	0.511 3	0.039 9	43.1	1.28
7	58	57	61.29	59.95	13.6	174	1.327	0.008 6	0.009 5	32.2	4.51
8	58	56	23.33	22.47	10.9	39	1.324	0.001 8	0.005 0	1.0	2.14
9	58	119	7.71	7.46	8.7	39	1.327	0.001 7	0.170 2	0.1	0.89
10	57	59	17.22	17.39	16.4	66	1.324	0.005 5	0.025 5	1.6	1.05
11	57	61	44.07	42.68	13.8	372	1.324	0.019 2	0.010 4	37.2	3.19
12	60	61	9.18	8.96	13.8	27	1.318	0.310 0	2.322 0	26.1	0.67
13	3	56	4.84	5.14	5.1	168	1.320	1.818 6	0.072 8	42.7	0.95
14	56	59	28.18	27.65	16.7	237	1.321	0.041 4	0.056 5	32.9	1.69
15	3	38	6.40	4.42	9.8	1105	1.291	0.261 1	0.020 4	10.7	0.65
16	4	9	6.37	3.63	13.6	401	1.305	0.037 2	0.005 8	1.5	0.47
17	6	7	70.66	69.08	13.6	195	1.330	0.004 7	0.004 6	23.6	5.20
18	7	8	24.05	24.19	7.7	30	1.327	0.006 1	0.009 6	3.5	3.12
19	7	10	23.28	22.54	10.3	300	1.322	0.028 2	0.009 2	15.3	2.26
20	7	5	23.34	22.59	12.0	220	1.328	0.020 8	0.013 2	11.3	1.95
21	5	10	2.81	2.74	6.1	30	1.322	0.498 2	0.425 4	3.9	0.46

附表（续）

序号	始点	末点	解算风量/(m³/s)	实测风量/(m³/s)	断面积/m²	长度/m	密度/(kg/m³)	计算风阻/(Ns²/m⁸)	风阻系数/(Ns²/m⁴)	阻力/Pa	风速/(m/s)
22	9	5	1.32	0.48	8.7	465	1.311	4.9593	0.6887	8.6	0.15
23	9	10	5.05	3.15	11.5	30	1.305	0.4917	2.1039	12.6	0.44
24	5	13	21.85	20.52	6.8	1170	1.316	0.1304	0.0169	62.2	3.21
25	13	12	3.84	3.61	6.1	75	1.310	0.0070	0.0024	0.1	0.63
26	13	15	18.00	17.09	8.3	1017	1.303	0.2377	0.0072	77.0	2.17
27	10	11	54.71	51.15	14.6	1125	1.316	0.0188	0.0000	56.4	3.75
28	8	10	23.57	22.54	6.1	225	1.321	0.0211	0.0025	11.7	3.86
29	8	37	0.48	1.79	7.2	1110	1.291	5.8154	0.0080	1.3	0.07
30	11	12	48.99	45.91	15.0	45	1.316	0.0009	0.0048	2.1	3.27
31	11	43	5.72	5.29	7.8	69	1.308	0.2906	0.2068	9.5	0.73
32	12	43	6.38	5.89	7.8	75	1.308	0.1818	0.1190	7.4	0.82
33	12	14	46.45	43.88	15.1	1041	1.309	0.0201	0.0049	43.4	3.08
34	14	110	41.90	39.74	15.3	150	1.302	0.0029	0.0049	5.1	2.74
35	43	42	12.10	11.37	6.8	1095	1.286	3.5462	0.1161	519.2	1.78
36	38	37	4.58	2.85	7.1	204	1.259	0.047	0.0092	1.0	0.65
37	38	42	1.83	1.67	7.2	400	1.268	180.2200	0.0049	601.3	0.25
38	37	39	2.14	1.97	6.9	200	1.255	142.6330	0.0092	655.6	0.31
39	43	32	2.91	2.77	5.7	855	1.239	244.9830	24.1613	2077.0	0.51
40	39	31	7.13	6.90	8.0	1041	1.237	27.6917	1.4700	1409.6	0.89
41	31	30	3.48	3.69	5.7	21	1.222	0.2222	0.2475	2.7	0.61
42	31	33	44.98	45.31	6.4	186	1.219	0.022	0.0038	44.4	7.03

附表（续）

序号	始点	末点	解算风量/(m³/s)	实测风量/(m³/s)	断面积/m²	长度/m	密度/(kg/m³)	计算风阻/(Ns²/m⁸)	风阻系数/(Ns²/m⁴)	阻力/Pa	风速/(m/s)
43	30	32	28.91	29.07	9.4	240	1.224	0.008 6	0.003 0	7.2	3.08
44	32	117	31.82	31.97	6.1	339	1.219	0.118 2	0.009 8	119.7	5.22
45	14	25	4.56	4.45	15.0	405	1.283	62.047 9	25.387 8	1 289.3	0.30
46	110	15	38.32	36.33	14.7	426	1.301	0.019 6	0.010 3	28.8	2.61
47	110	114	3.57	3.48	5.4	252	1.280	92.679 0	7.461 1	1 183.4	0.66
48	15	111	56.33	53.50	15.2	120	1.300	0.005 5	0.011 1	17.5	3.71
49	111	16	52.08	49.55	14.7	105	1.298	0.004 8	0.010 4	13.1	3.54
50	111	113	4.25	4.12	10.7	390	1.277	60.499 3	17.272 0	1091.6	0.40
51	16	18	24.06	23.04	15.4	285	1.293	0.230 6	0.203 5	133.6	1.56
52	18	19	24.06	23.10	10.9	78	1.290	0.037 2	0.055 0	21.6	2.21
53	16	17	28.02	26.62	15.1	129	1.295	0.069 6	0.129 8	54.6	1.86
54	19	112	2.70	2.64	10.9	39	1.277	108.439 0	164.869 0	793.1	0.25
55	19	20	21.36	20.50	9.0	375	1.289	0.030 8	0.005 6	14.1	2.37
56	20	21	16.29	15.77	7.5	4395	1.279	2.872 9	0.012 5	762.7	2.17
57	20	21	5.07	4.90	7.7	300	1.279	29.702 3	0.464 5	762.7	0.66
58	21	112	21.36	20.86	8.6	627	1.267	0.050 7	0.004 8	23.1	2.48
59	112	22	24.06	23.61	9.5	243	1.262	0.163 7	0.055 8	94.8	2.53
60	22	54	7.85	7.49	9.5	195	1.264	0.049 6	0.017 4	3.1	0.83
61	22	23	16.21	16.19	10.0	429	1.256	0.107 7	0.023 9	28.3	1.62
62	23	113	16.35	16.34	13.7	21	1.253	0.005 3	0.052 2	1.4	1.19
63	55	23	0.14	0.12	11.9	183	1.254	255.794 0	202.793 0	5.0	0.01

附表（续）

序号	始点	末点	解算风量/(m³/s)	实测风量/(m³/s)	断面积/m²	长度/m	密度/(kg/m³)	计算风阻/(Ns²/m⁸)	风阻系数/(Ns²/m⁴)	阻力/Pa	风速/(m/s)
64	113	24	20.60	20.48	15.2	291	1.257	0.026 3	0.024 2	11.2	1.36
65	17	49	27.09	25.82	11.6	405	1.291	0.104 1	0.032 9	76.4	2.34
66	17	54	0.92	0.90	10.1	100	1.281	1 166.670 0	0.000 0	991.7	0.09
67	49	40	9.39	9.12	11.6	345	1.279	10.469 4	3.891 8	922.7	0.81
68	49	52	17.71	16.86	12.7	168	1.285	0.043 0	0.040 3	13.5	1.39
69	52	51	0.38	0.36	8.8	48	1.276	350.877 0	476.787 0	50.0	0.04
70	52	50	17.33	16.54	11.7	45	1.282	0.006 5	0.018 3	2.0	1.48
71	50	51	16.42	15.75	8.8	834	1.276	0.177 9	0.013 9	48.0	1.87
72	50	53	0.91	0.87	7.7	108	1.273	1 109.660 0	469.420 0	909.1	0.12
73	51	53	16.80	16.23	11.4	108	1.267	3.052 7	0.463 7	861.6	1.47
74	53	54	17.71	17.12	8.7	474	1.266	0.003 2	0.000 4	1.0	2.04
75	54	40	26.48	25.45	7.6	78	1.269	0.003 5	0.001 9	2.5	3.48
76	40	55	35.87	34.80	9.6	333	1.263	0.014 9	0.003 5	19.1	3.74
77	55	24	35.73	34.84	12.6	306	1.257	0.013 6	0.007 5	17.3	2.84
78	24	114	56.33	55.26	13.5	60	1.258	0.013 2	0.043 8	41.8	4.17
79	114	25	59.90	58.69	15.5	381	1.261	0.028 1	0.020 6	101.0	3.87
80	25	115	14.42	14.13	13.3	792	1.261	0.597 4	0.145 7	124.2	1.08
81	25	115	50.04	49.05	12.7	786	1.261	0.049 6	0.010 7	124.2	3.94
82	42	41	11.34	10.73	6.2	30	1.273	0.096 1	0.090 6	12.4	1.83
83	42	45	2.58	2.44	8.8	150	1.270	5.6922	2.5690	38.0	0.29
84	41	39	4.99	4.80	6.6	366	1.263	1.7313	0.1593	43.1	0.76

附表（续）

序号	始点	末点	解算风量/(m³/s)	实测风量/(m³/s)	断面积/m²	长度/m	密度/(kg/m³)	计算风阻/(Ns²/m⁸)	风阻系数/(Ns²/m⁴)	阻力/Pa	风速/(m/s)
85	41	44	6.35	5.98	6.2	132	1.269	0.4396	0.0929	17.7	1.02
86	44	45	4.65	4.37	6.4	30	1.267	0.3678	0.3772	7.9	0.73
87	45	47	7.23	6.85	6.4	405	1.261	19.5633	0.6730	1022.8	1.13
88	115	47	4.99	4.73	9.3	660	1.258	3.4102	0.3758	84.9	0.54
89	47	48	15.64	13.05	9.3	20	1.257	0.0131	0.9461	3.2	1.68
90	26	47	3.42	1.44	9.9	441	1.256	0.2561	0.0515	3.0	0.35
91	115	26	59.47	58.67	11.2	189	1.257	0.0226	0.0151	80.0	5.31
92	26	48	4.63	4.26	9.7	380	1.256	0.3307	0.0000	7.1	0.48
93	26	27	51.42	53.41	8.3	1155	1.247	0.0708	0.0037	187.2	6.20
94	44	27	1.71	1.63	8.5	336	1.253	420.5180	78.1909	1222.9	0.20
95	48	46	20.27	17.45	7.7	579	1.247	0.6178	0.0510	253.9	2.63
96	46	29	20.27	17.68	12.8	870	1.230	0.1790	0.0366	73.5	1.58
97	27	116	53.12	55.61	9.7	675	1.234	0.0379	0.0051	106.9	5.48
98	116	28	30.05	31.64	10.3	420	1.227	0.0335	0.0084	30.3	2.92
99	116	28	23.07	24.30	6.3	105	1.227	0.0568	0.0165	30.3	3.66
100	28	29	5.15	7.57	5.7	264	1.225	0.0942	0.0085	2.5	0.90
101	29	30	25.42	25.35	6.9	390	1.225	0.1154	0.0112	74.6	3.69
102	28	31	47.97	48.59	6.1	600	1.222	0.0324	0.0015	74.5	7.86
103	31	33	6.64	6.69	9.7	186	1.219	1.0066	0.0000	44.4	0.69
104	33	118	51.62	52.09	7.2	396	1.217	0.0213	0.0023	56.7	7.17
105	118	35	29.62	29.86	6.9	105	1.216	0.0504	0.0000	44.2	4.29

附表（续）

序号	始点	末点	解算风量/(m³/s)	实测风量/(m³/s)	断面积/m²	长度/m	密度/(kg/m³)	计算风阻/(Ns²/m⁸)	风阻系数/(Ns²/m⁴)	阻力/Pa	风速/(m/s)
106	118	117	22.00	22.22	5.9	21	1.215	0.0581	0.0000	28.1	3.73
107	117	35	53.82	54.24	7.6	60	1.216	0.0056	0.0000	16.1	7.08
108	35	36	182.09	189.14	22.1	438	1.217	0.0068	0.0211	225.1	8.24
109	59	105	45.40	45.45	16.9	1704	1.311	0.1358	0.0095	279.9	2.69
110	61	62	24.57	23.57	7.9	102	1.319	0.0052	0.0025	3.2	3.11
111	61	73	28.68	28.37	7.4	1020	1.313	0.1247	0.0050	102.6	3.88
112	73	69	45.40	45.97	14.8	435	1.282	0.0201	0.0341	41.4	3.07
113	62	73	16.72	16.56	7.4	918	1.310	0.3557	0.0309	99.4	2.26
114	69	104	40.97	42.02	13.9	120	1.281	0.0593	0.0292	99.6	2.95
115	104	105	2.91	4.86	7.8	81	1.301	0.0069	0.0041	0.1	0.37
116	69	85	4.43	4.05	9.3	45	1.260	38.0824	29.5431	748.1	0.48
117	104	74	38.06	36.48	13.3	66	1.303	0.0183	0.0513	26.6	2.86
118	74	90	28.77	29.26	14.9	690	1.303	0.1918	0.0681	158.7	1.93
119	74	75	9.30	7.21	10.7	40	1.301	0.1399	0.3748	12.1	0.87
120	105	76	45.93	48.51	16.3	45	1.300	0.0156	0.1076	32.9	2.82
121	105	103	2.37	2.19	8.3	435	1.293	0.0371	0.0094	0.2	0.29
122	76	90	24.23	24.19	17.0	710	1.302	0.2594	0.0000	152.3	1.43
123	76	75	21.70	24.27	10.1	42	1.300	0.0120	0.0268	5.6	2.15
124	75	88	5.64	4.85	9.8	198	1.294	0.6885	0.2459	21.9	0.58
125	75	77	25.36	26.50	10.2	395	1.308	0.1133	0.0274	72.9	2.49
126	62	63	7.85	7.14	11.4	75	1.315	0.8721	1.4639	53.7	0.69

附表（续）

序号	始点	末点	解算风量 /(m³/s)	实测风量 /(m³/s)	断面积 /m²	长度 /m	密度 /(kg/m³)	计算风阻 /(Ns²/m⁸)	风阻系数 /(Ns²/m⁴)	阻力 /Pa	风速 /(m/s)
127	63	64	1.67	1.57	8.6	207	1.307	341.1480	102.6340	951.6	0.19
128	63	65	6.18	5.76	6.9	1704	1.272	30.9401	0.4467	1180.7	0.90
129	64	65	1.67	1.63	5.7	1627	1.265	75.7227	1.0597	211.2	0.29
130	88	65	3.10	2.70	6.7	950	1.259	95.5941	0.0000	918.7	0.46
131	88	87	2.54	2.28	4.4	95	1.281	143.1960	18.2363	920.7	0.58
132	65	67	4.58	4.22	3.9	171	1.234	14.0012	0.1977	293.6	1.17
133	65	66	6.37	6.16	5.8	75	1.230	1.7670	0.5923	71.7	1.10
134	87	66	1.74	1.88	6.2	900	1.252	13.4824	0.4223	40.6	0.28
135	87	86	0.80	0.41	10.5	189	1.261	25.4734	14.4709	16.3	0.08
136	66	70	8.10	8.07	6.4	225	1.231	3.3125	0.4624	217.5	1.27
137	70	71	8.10	8.09	8.8	51	1.227	6.9092	9.4242	453.7	0.92
138	77	81	5.96	6.18	10.0	450	1.299	10.4216	2.0377	370.1	0.60
139	77	78	19.40	20.26	9.4	165	1.315	0.4888	0.2317	184.1	2.06
140	78	79	15.05	15.69	10.8	90	1.312	0.0237	0.0268	5.4	1.39
141	78	82	3.50	3.74	9.2	84	1.306	0.2471	0.2061	3.0	0.38
142	78	82	0.85	0.91	11.6	14	1.306	4.1448	0.0000	3.0	0.07
143	79	80	13.93	14.81	11.6	2720	1.285	0.4733	0.0215	91.8	1.20
144	79	80	1.13	1.20	5.0	70	1.285	72.4333	0.0000	91.8	0.23
145	80	81	15.05	16.19	9.0	50	1.271	0.3604	0.4885	81.7	1.67
146	81	85	21.01	22.52	9.1	228	1.270	0.2918	0.0903	128.8	2.31
147	85	86	25.44	26.88	5.3	72	1.253	0.5292	0.2455	342.6	4.80

附表（续）

序号	始点	末点	解算风量 /(m³/s)	实测风量 /(m³/s)	断面积 /m²	长度 /m	密度 /(kg/m³)	计算风阻 /(Ns²/m⁸)	风阻系数 /(Ns²/m⁴)	阻力 /Pa	风速 /(m/s)
148	86	67	26.24	27.54	5.4	783	1.242	0.3261	0.0082	224.6	4.86
149	67	68	30.82	31.88	7.8	114	1.237	0.0074	0.0033	7.0	3.95
150	68	71	30.82	32.08	9.7	246	1.229	0.4648	0.2779	441.6	3.18
151	71	34	38.93	40.38	9.6	165	1.222	0.0407	0.0216	61.7	4.06
152	82	120	4.35	4.73	12.8	393	1.282	31.8366	14.0145	603.1	0.34
153	83	120	51.37	53.20	7.0	555	1.264	0.0463	0.0031	122.1	7.34
154	120	84	55.72	58.19	10.2	549	1.260	0.1518	0.0279	471.3	5.46
155	83	84	4.00	4.14	12.0	51	1.259	37.3744	108.2920	598.8	0.33
156	84	106	59.72	63.32	16.8	690	1.240	0.0222	0.0112	79.1	3.56
157	106	34	59.72	64.17	11.5	93	1.224	0.0577	0.0851	205.7	5.19
158	34	35	98.65	104.86	12.9	21	1.220	0.0052	0.0448	50.3	7.65
159	103	102	2.37	2.22	17.3	60	1.278	140.8150	858.0540	793.7	0.14
160	90	91	38.03	36.90	13.1	27	1.304	0.0267	0.1782	38.6	2.90
161	90	94	14.97	16.41	12.4	1970	1.311	0.4158	0.0330	93.1	1.21
162	94	95	5.90	6.80	12.6	24	1.318	0.0051	0.0343	0.2	0.47
163	94	99	9.06	9.60	16.9	324	1.308	2.6840	1.6528	220.5	0.54
164	95	93	5.90	6.80	12.9	193	1.318	0.0080	0.0000	0.3	0.46
165	122	97	20.38	21.18	12.2	1610	1.303	0.0122	6544.1400	5.0	1.67
166	96	122	20.38	21.08	9.8	20	1.309	0.3401	0.0000	141.2	2.08
167	124	97	0.24	0.25	12.5	84	1.310	3497.0100	0.0000	196.0	0.02
168	97	125	20.61	21.50	10.3	74	1.299	0.0326	0.4011	13.8	2.00

附表（续）

序号	始点	末点	解算风量/(m³/s)	实测风量/(m³/s)	断面积/m²	长度/m	密度/(kg/m³)	计算风阻/(Ns²/m⁸)	风阻系数/(Ns²/m⁴)	阻力/Pa	风速/(m/s)
169	91	101	4.73	4.19	2.8	315	1.284	22.6981	0.2577	507.9	1.69
170	91	89	33.30	32.78	13.9	42	1.304	0.0415	0.2057	46.0	2.40
171	89	100	2.26	1.96	5.2	200	1.284	87.2035	0.0000	443.8	0.43
172	89	101	2.24	1.96	9.1	246	1.284	92.1988	16.6656	461.8	0.25
173	89	92	28.81	28.95	13.0	126	1.303	0.0051	0.0071	4.2	2.22
174	92	121	28.81	28.70	14.2	1010	1.300	0.0191	0.0041	15.8	2.03
175	121	126	3.61	3.77	2.1	104	1.297	20.9189	0.3812	272.2	1.72
176	121	124	25.20	25.02	13.0	124	1.310	0.0050	0.0070	3.2	1.94
177	124	93	24.96	24.59	11.1	70	1.320	0.0286	0.0047	17.8	2.25
178	93	96	30.87	31.53	13.6	242	1.313	0.0383	0.0307	36.5	2.27
179	96	123	10.49	10.61	10.0	92	1.302	1.4825	1.4675	163.1	1.05
180	123	125	0.40	1.15	14.3	244	1.298	1.3330	1.1754	0.2	0.03
181	123	98	10.08	9.51	11.6	270	1.294	0.0563	0.0268	5.7	0.87
182	125	98	21.02	22.66	12.0	44	1.298	0.0092	0.0279	4.1	1.75
183	98	99	31.10	32.18	13.6	72	1.297	0.0256	0.0667	24.8	2.29
184	99	126	40.17	41.83	13.2	54	1.298	0.0192	0.1023	31.0	3.04
185	126	100	43.77	46.27	16.2	1024	1.280	0.0508	0.0093	97.3	2.70
186	100	101	46.03	48.85	16.2	106	1.264	0.0085	0.0249	17.9	2.84
187	101	102	53.00	54.96	15.9	612	1.267	0.0224	0.0571	62.9	3.33
188	102	83	55.37	57.24	13.2	75	1.266	0.0145	0.0365	44.6	4.20
189	36	130	186.61	192.88	15.8	10	1.217	0.0001	0.0000	3.5	11.81

附表（续）

序号	始点	末点	解算风量/(m³/s)	实测风量/(m³/s)	断面积/m²	长度/m	密度/(kg/m³)	计算风阻/(Ns²/m⁸)	风阻系数/(Ns²/m⁴)	阻力/Pa	风速/(m/s)
191	1	36	4.52	3.69	1.0	10	1.232	153.9940	0.0000	3145.6	4.52
192	2	3	17.62	12.91	9.8	60	1.334	0.2071	0.0000	64.3	1.80
193	3	4	6.37	3.56	8.6	60	1.318	0.0025	0.0000	0.1	0.74
194	2	58	42.57	41.08	12.8	291	1.338	0.0536	0.0000	97.2	3.33